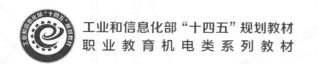

工业和信息化部“十四五”规划教材
职 业 教 育 机 电 类 系 列 教 材

数控多轴加工编程与仿真

微课版

陈小红 / 主编
郭伟强 赵传强 / 副主编
邱葭菲 杜红文 / 主审

E L E C T R O M E C H A N I C A L

人 民 邮 电 出 版 社
北 京

图书在版编目（CIP）数据

数控多轴加工编程与仿真 ：微课版 / 陈小红主编
. -- 北京 ：人民邮电出版社，2023.6
职业教育机电类系列教材
ISBN 978-7-115-60713-3

Ⅰ. ①数… Ⅱ. ①陈… Ⅲ. ①数控机床－程序设计－职业教育－教材 Ⅳ. ①TG659

中国版本图书馆CIP数据核字(2022)第255402号

内 容 提 要

本书遵循《国家职业教育改革实施方案》，结合在线开放课程教学，由实践经验及教学经验丰富的双师型教师编写。本书通俗易懂，案例丰富，以项目为导向、任务为驱动，并包含官方演示版软件仿真内容。

本书以海德汉系统为基础，详细介绍数控多轴加工编程的基本理论知识与操作技能。全书共8个项目，主要内容包括数控多轴加工编程基础、按轮廓编程、极坐标编程、循环、子程序与程序块、FK编程、定向加工编程和多轴加工自动编程。本书将知识点和技能点融入项目实施中，适合“教、学、做”一体化教学。

本书可作为职业院校、技师学院数控技术专业、模具设计与制造专业、机械制造与自动化专业及其他相关专业的数控多轴加工编程入门教材，并可作为应用型本科院校工程训练用书、“1+X”培训用书，也可作为从事数控加工编程工作的工程技术人员的参考用书和企业继续教育的学习资料。

本书配有丰富的教学资源，教师可登录浙江省高等学校在线开放课程共享平台，加入课程，实施线上、线下混合式教学；也可登录人邮教育社区（www.ryjiaoyu.com）下载配套教学资源。

◆ 主　　编　陈小红
副 主 编　郭伟强　赵传强
主　　审　邱葭菲　杜红文
责任编辑　王丽美
责任印制　王　郁　焦志炜

◆ 人民邮电出版社出版发行　　北京市丰台区成寿寺路11号
邮编　100164　　电子邮件　315@ptpress.com.cn
网址　https://www.ptpress.com.cn
三河市君旺印务有限公司印刷

◆ 开本：787×1092　1/16
印张：13　　2023年6月第1版
字数：399千字　　2023年6月河北第1次印刷

定价：56.00元

读者服务热线：(010)81055256　印装质量热线：(010)81055316
反盗版热线：(010)81055315
广告经营许可证：京东市监广登字20170147号

前言

数控多轴加工是近年来快速发展的一项先进制造技术，已成为21世纪机械制造业升级换代的重要技术。随着职业院校数控多轴加工编程教学的普及，一本通俗易懂、适应现代职业技术教学的教材显得越来越重要，为此编者编写了本书。

本书分基础、手工编程和自动编程3部分。项目1为基础部分，讲解数控多轴加工编程基础知识和操作技能；项目2至项目7为手工编程部分，讲解各种手工编程的方法与技巧，供教学选用；项目8为自动编程部分，包括四轴编程、五轴编程和综合案例。

本书以项目为导向、任务为驱动、仿真软件为平台，适合“教、学、做”一体化教学。本书内嵌二维码，引入多媒体资源，纸质教材与数字资源结合，是一本立体化新形态教材，适合线上与线下相结合的混合式教学。本书内容与职业技能标准融合，基于“1+X”证书制度，产教融合、课证融通，可用于职业技能培训；同时本书贯彻落实党的二十大精神，书中融入素质培养等内容，以培养读者的工匠精神。本书表述力求通俗易懂、言简意赅，图文并茂。

本书是国家级资源共享课“数控机床操作技能实训”（“爱课程”平台）和浙江省职业教育在线精品课程“多轴加工工程序编制”指定用书。书中配套资源丰富，有课程标准、教学视频、PPT课件、习题和多轴自动编程源文件等。

为表述方便，机床操作面板上的功能键表述为“【名称】”，操作动作为“按”；显示屏显示的软键表述为“[名称]”，操作动作为“单击”。如

机床操作面板上的切入/切出轮廓的功能键表述为【APPR/DEP】，按【APPR/DEP】键可在屏幕底部弹出刀具各种切入、切出轮廓方式，单击直线相切切入轮廓方式软键[APPR LT]，在编程区会弹出……

在自动编程项目中，软件界面直接显示的键表述为“图标”，弹出的对话框中的键表述为“按钮”，所有菜单命令与文字键均带“【 】”符号，并表示动作。如

在软件界面单击创建工序图标，弹出“创建工序”对话框，在该对话框中单击可变流线铣按钮，完成后【确定】（即单击“确定”按钮），弹出“可变流线铣”对话框。

本书由国家“双高计划”的高职院校、国家示范性高等职业院校联合企业开发，“教师+专家+工程师+技术能手”联合编写。本书由浙江机电职业技术学院高级工程师陈小红教授任主编，浙江机电职业技术学院高级技师郭伟强、“全国技术能手”赵传强任副主编；项目1至项目7由陈小红编写，项目8的任务8.1由赵传强编写，任务8.2由刘绍伟编写，任务8.3由郭伟强编写，叶俊、顾其俊提供了相关素材，许向华审校了全部工艺；全书由邱葭菲、杜红文教授审阅。在编写本书过程中，编者得到了德马吉森精机机床贸易有限公司、杭州川宙精密机械有限公司等单位及同事的支持与帮助，在此深表谢意。

由于编者水平有限，书中欠妥之处在所难免，敬请广大读者提出宝贵意见和建议，联系邮箱：601788357@qq.com。

编者

2022年11月

目录

基础部分

手工编程部分

自动编程部分

附　录

参考文献

基础部分

项目1 数控多轴加工编程基础

01

本项目是本书的基础部分，以海德汉 TNC（HEIDENHAIN TNC）系统（简称 TNC 系统）为例，系统地介绍数控多轴机床特点、加工操作和编程操作，为读者学习其他项目奠定基础。

项目目标

（1）了解数控多轴机床的特点。
（2）掌握数控多轴机床基本操作。
（3）培养工匠精神。

项目任务

（1）数控多轴机床认知。
（2）数控多轴机床加工操作。
（3）数控多轴机床编程操作。

任务 1.1　数控多轴机床认知

了解数控多轴机床的结构和特点、明确数控机床坐标轴布设方式是数控机床操作与编程的基础。完成本任务的学习，为数控多轴机床操作做准备。

1.1.1　任务目标

（1）掌握多轴的含义。
（2）了解数控多轴机床的特点。
（3）能够确定数控多轴机床坐标轴布设方式。

1.1.2　任务内容

观察并分析图 1-1 所示的机床有哪些坐标轴，并在图上标示出来。

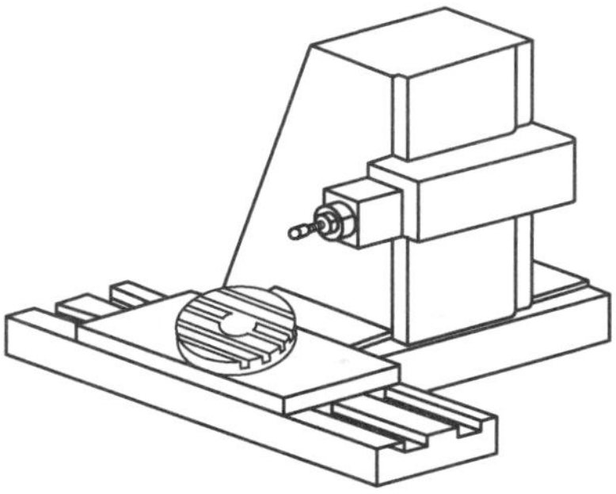

图 1-1　任务 1.1

1.1.3　相关知识

1．坐标轴

数控机床有机床坐标系，坐标系由坐标轴构成，常用的坐标轴有 3 组：*X*、*Y*、*Z* 为 3 个基本线性轴，*A*、*B*、*C* 为 3 个旋转轴，*U*、*V*、*W* 为 3 个平行线性轴。3 个基本线性轴相互垂直，符合右手定则，构成右手笛卡儿直角坐标系。3 组坐标轴有对应关系，绕 *X* 轴旋转的轴为 *A* 轴，绕 *Y* 轴旋转的轴为 *B* 轴，绕 *Z* 轴旋转的轴为 *C* 轴；平行于 *X* 轴的线性轴为 *U* 轴，平行于 *Y* 轴的线性轴为 *V* 轴，平行于 *Z* 轴的线性轴为 *W* 轴。线性轴的正方向规定为“刀具远离工件的方向”。*A*、*B*、*C* 旋转轴的正方向按右手螺旋定则确定，旋进的方向为正方向。坐标轴关系如图 1-2 所示。

数控多轴机床概述

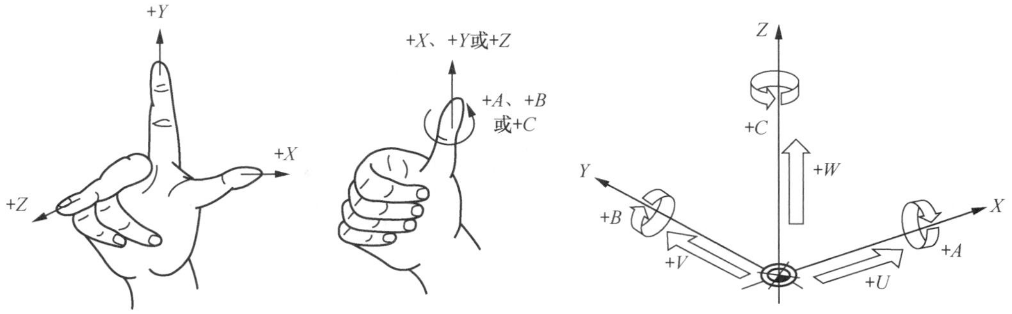

（a）右手定则　（b）右手螺旋定则　（c）坐标轴对应关系

图 1-2　坐标轴关系

机床坐标轴的设置有一定规律，判别时要注意次序与方法。一般先确定 *Z* 轴，其次确定 *X* 轴，再确定 *Y* 轴，最后确定其他坐标轴。

（1）确定 *Z* 轴的方法：观察机床主轴，与主轴轴线平行的坐标轴为 *Z* 轴，在数控加工设备中，钻、铣或镗入工件的方向为 *Z* 轴的负方向。如图 1-3 所示的立式铣床，主轴上下设置，故铅直方向为 *Z* 轴；刀具远离工件的方向为正方向，故 *Z* 轴向上。如机床无主轴，那么与工件装夹面垂直的方向为 *Z* 轴，如图 1-4 所示的刨床，工件装夹面是水平的，则 *Z* 轴铅直设置。

（2）确定 *X* 轴的方法：人在机床操作位置观察工作台，平行于工作台长边的为 *X* 轴，如图 1-3 所示。另外，相对 *Y* 轴而言，*X* 轴有水平性，即卧式机床水平面上的坐标轴为 *Z* 轴与 *X* 轴（不是 *Z* 轴与 *Y* 轴）。如图 1-5 所示的卧式镗床，*Z* 轴与 *X* 轴是水平设置的，*Y* 轴是铅直设置的，正方向向上，*X* 轴正方向按右手定则确定。

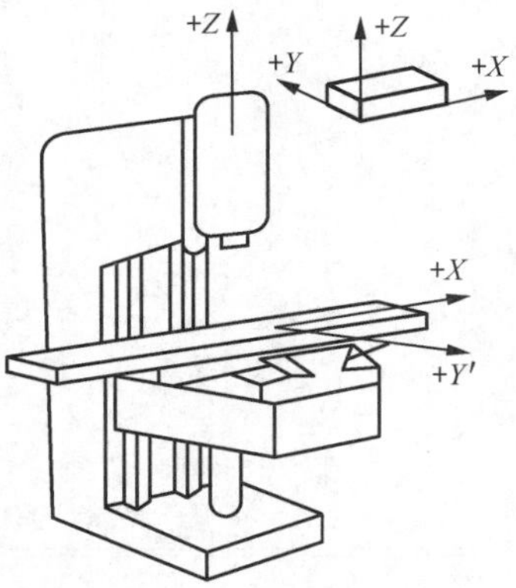

图 1-3　立式铣床坐标系

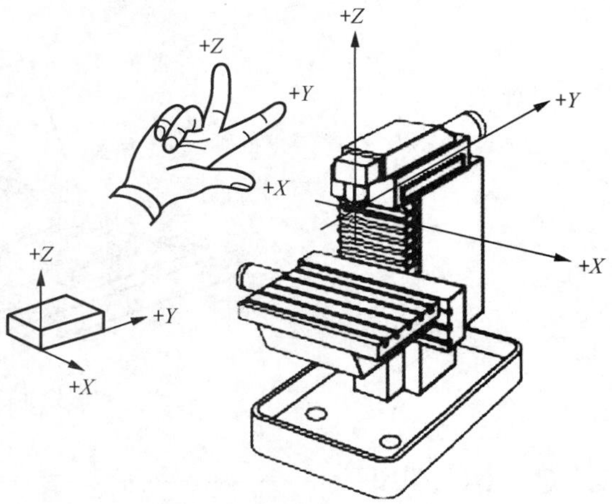

图 1-4　刨床坐标系

（3）确定 *Y* 轴的方法：卧式机床，*Y* 轴铅直向上；立式机床按右手定则确定，如图 1-2（a）所示。

（4）确定旋转轴与平行线性轴的方法：分析机床部件的形状与运动，如工作台是圆形的，一般有旋转轴；一个方向有两个线性运动的部件，一般有平行线性轴。如图 1-6 所示的数控多轴机床，铅直方向有导轨，主轴部件可上下移动，定义为 *Z* 轴，同时主轴自身也能上下伸缩，定义为 *W* 轴。

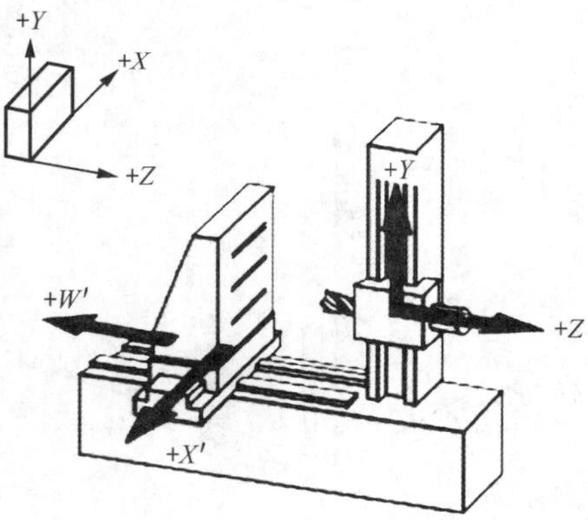

图 1-5　卧式镗床坐标系

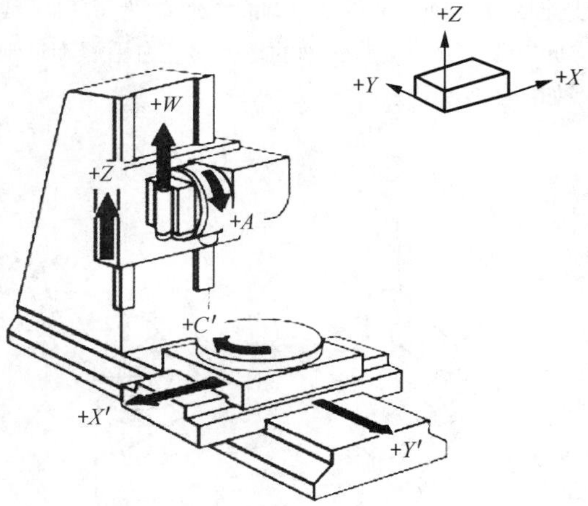

图 1-6　数控多轴机床坐标系

注意

带“′”的坐标轴代号，如+*C*′表示工件运动的正方向，与刀具相对工件运动的正方向（机床坐标系轴的方向）相反。

2．多轴的含义与多轴加工

一般的数控机床有 *X*、*Y*、*Z* 这 3 个基本线性轴，多轴指在一台机床上除基本线性轴外至少还具备 1 个旋转轴，如旋转轴 *C*、*B* 或 *A*，即多轴的轴数≥4，如图 1-7 所示。

编程基本理论

一般工件在空间未定位时有 6 个自由度，即 *X*、*Y*、*Z* 这 3 个方向的线性位移自由度和 *A*、*B*、*C* 这 3 个方向的旋转位移自由度。通常我们说的三轴机床，是在 *X*、*Y*、*Z* 这 3 个方向的线性位移自由度上，对工件进行加工。多轴机床是在三轴机床的基础上增加了旋转轴，即刀具在 *X*、*Y*、*Z* 方向移动和 *A*、*B* 或 *C* 方向旋转的自由度上，对工件进行加工，这种加工就称为多轴加工。因此，多轴加工是指四轴以上的数控加工，刀具不仅可以相对工件线性移动，还能实现相对工件摆（转）动。具有代表性的多轴加工是五轴数控加工，如图 1-8 所示。按加工方式，多轴加工分为多轴定向加工与多轴联动加工。多轴定向加工是指旋转轴摆过一定角度，使刀轴垂直于倾斜面，然后 3 个线性轴联动进行加工，常用于倾斜面加工；多轴联动加工是指数控系统能同时控制 4 个及以上坐标轴的运动，主要对复杂的空间曲面进行高精度加工，适合加工汽车零部件、飞机结构件等工件的成形模具。

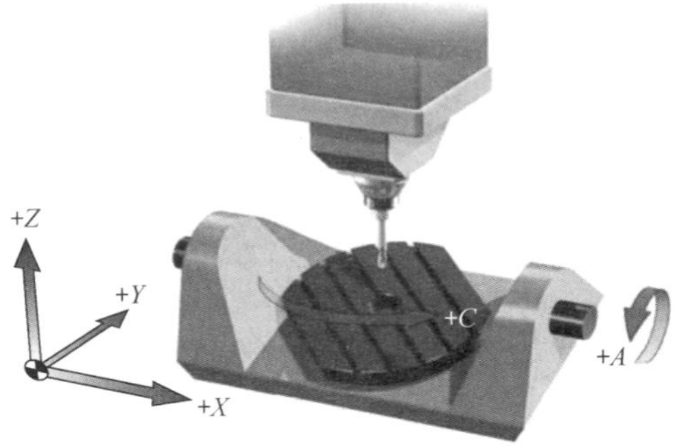

图 1-7　*A*、*C* 旋转轴

图 1-8　五轴数控加工

3．数控多轴机床

能够进行多轴加工的数控机床即为数控多轴机床。数控多轴机床有 *X*、*Y*、*Z* 这 3 个移动坐标轴，并且至少有一个旋转坐标轴，机床轴数≥4。

五轴数控机床是数控多轴机床的代表，它有两个旋转轴 *A*、*C* 或 *B*、*C*。两个旋转轴可以设计在工作台上，如图 1-7 所示，这种机床主轴结构简单、刚性好、制造成本低，但一般工作台不能设计得太大，承重也较小；也可以设计在主轴头上，如图 1-9 所示，这种机床主轴加工灵活，工作台可以设计得非常大，曲面的加工质量高；还可以分别设计在工作台和主轴头上，如图 1-10 所示。

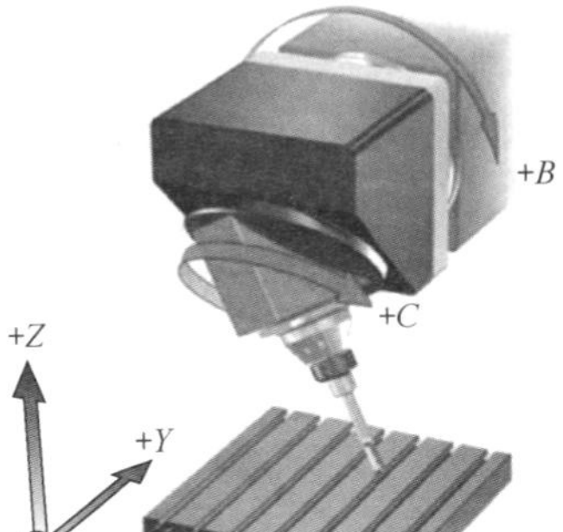

图 1-9　主轴头回转

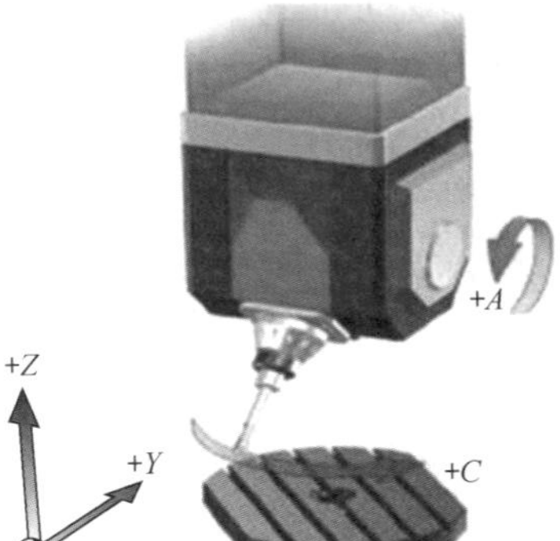

图 1-10　工作台+主轴头回转

相对工件而言，多轴加工刀具姿态多样，具有如下优点。

（1）减少定位基准转换，工序集中，提高加工精度。

（2）减少工装夹具数量。

（3）缩短生产过程链，简化生产管理。

数控多轴机床常用海德汉、西门子和发那科等公司生产的数控系统。海德汉 TNC 是德国海德汉公司生产的数控钻床、铣床、镗床以及加工中心专用的多功能轮廓加工数控系统，其稳定性高，操作界面友好，集成了多功能程序验证、高速加工和强大五轴加工特性，广泛应用于数控多轴机床。

1.1.4 指导实施

1．重点、难点、注意点

（1）立式与卧式数控机床

数控机床按主轴在空间所处的状态分为立式数控机床和卧式数控机床，主轴在空间处于铅直状态的称为立式数控机床，主轴在空间处于水平状态的称为卧式数控机床。

立式数控机床坐标系 Z 轴铅直设置，水平面上为 X 轴与 Y 轴；卧式数控机床坐标系 Y 轴铅直设置，水平面上为 X 轴与 Z 轴。

立式与卧式数控机床坐标系 X 轴都水平设置，但轴正方向相反。以机床操作位置为基准，X 轴正方向“立右卧左”。

（2）工作台与坐标轴

一般数控多轴机床都有工作台，工作台有两种形式，一种是矩形的，另一种是圆形的，矩形工作台有基本线性轴，并且长度方向为 X 轴，圆形工作台有旋转轴 C。

（3）机床坐标系与工件坐标系

机床坐标系是数控机床固有的坐标系，由生产厂家设置，用户不可随意更改。工件坐标系是设置在工件上的坐标系，分为编程坐标系与加工坐标系。编程时建立的坐标系为编程坐标系，加工时设置的坐标系为加工坐标系，这两个坐标系是统一的，编程坐标系原点即为加工坐标系原点。加工坐标系是在机床坐标系上建立的用于加工的坐标系，通过对刀进行设置。

2．任务指导

（1）卧式数控机床，Z 轴水平，刀具铣入工件的方向为负方向，故正方向向里，如图 1-11 所示。

（2）矩形工作台，长度方向为 X 轴，卧式数控机床向左为正方向。

（3）按右手定则判断可知，Y 轴正方向向上。

（4）圆形工作台绕 Y 轴转动，有旋转轴 B；按右手螺旋定则判断可知，逆时针为正方向。

（5）观察机床前后导轨，主轴部件可整体移动，定义为 W 轴。

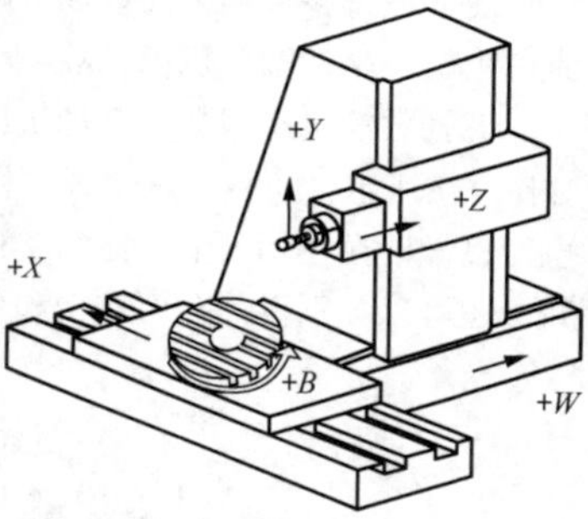

图 1-11　任务指导

1.1.5 思考训练

1. 怎么理解“多轴加工减少了工装夹具数量”？举例说明。
2. 在图 1-12 中标出机床坐标轴。

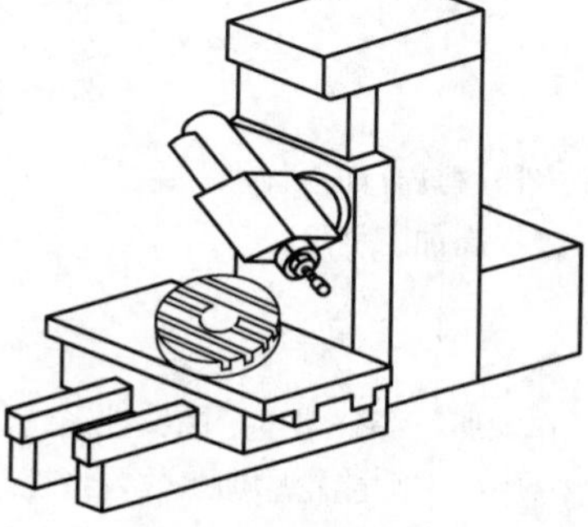

图 1-12　思考训练 2

任务 1.2　数控多轴机床加工操作

数控多轴机床加工操作是一项基本的机床操作技能，掌握此技能可为今后从事数控多轴加工工作奠定基础，同时通过机床操作能够更好地学习编程。

子任务 1.2.1　机床开机与关机

开机和关机是数控多轴机床加工中的基本操作，规范的开机、关机操作是机床正常运行的基本要求，也是维护数控系统正常运行的前提。

1.2.1.1　任务目标

（1）能读懂开机与关机提示。

（2）能开机和关机。

1.2.1.2　任务内容

如图 1-13 所示，启动使用 iTNC530 数控系统的机床，使其进入正常工作状态，然后关机。

图 1-13　子任务 1.2.1

1.2.1.3　相关知识

1．开机

（1）机床上电。将机床总电源开关旋到“ON”位。

（2）消除提示。TNC 系统显示“电源中断”，按【CE】键两次。

（3）旋开急停按钮。TNC 系统显示“外部继电器直流电压中断”，逆时针旋开急停按钮。

（4）按下电气电源按钮（指示灯按钮），完成开机。

（5）按提示将机床回零（手动或编程实现）。

注意

① 开机前先检查配电柜是否上电，供气气压是否大于等于 0.6MPa。

② 开机过程中，系统询问“...载入新位置？”，确认即可。

③ 如果机床配有绝对编码器，则不需要机床回零。

2．关机

为了防止关机时丢失数据，必须按下列顺序关闭机床。

（1）按下急停按钮，将所有驱动器关闭（数控系统仍供电）。

（2）按键，进入手动操作模式。

（3）按▷键在软键行中切换，直到出现关机软键[OFF]（即），如图 1-14 所示。

（4）单击关机软键[OFF]，TNC 系统显示关机提示，确认即可。

（5）TNC 系统显示关闭 TNC 系统提示，将机床总电源开关旋到“OFF”位，完成关机。

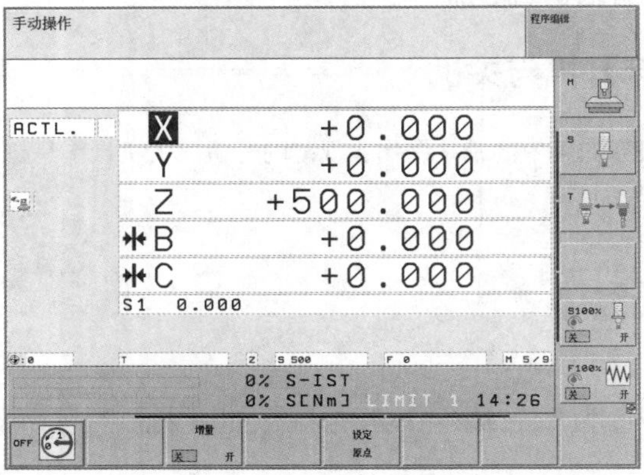

图 1-14 关机软键

3．机床操作模式

对机床进行操作之前，必须先选择操作模式，如手动操作、电子手轮、程序编辑和测试运行等。iTNC530 数控系统操作模式与对应按键功能见表 1-1。

表 1-1 iTNC530 数控系统操作模式与对应按键功能

按键	操作模式	功能
	手动操作	手动操作机床；用于刀具定位、设置工件原点和倾斜加工面
	电子手轮	用手轮操作机床；用于刀具定位、设置工件原点和倾斜加工面
	MDI（手动数据输入）	在**$MDI**文件中输入程序并运行；用于刀具定位、机床回零和简单加工
	单段运行程序	按 START（启动）按钮逐行运行程序；用于程序开始运行阶段，以保证安全
	自动运行程序	连续运行程序；用于正常运行程序
	程序编辑	用于编写加工程序
	测试运行	用于程序调试与检查

1.2.1.4 指导实施

1．重点、难点、注意点

开机时提示“PRELUBRICATION SPINDLE ACTIVE”，表示主轴需预润滑，约 10min 提示自动消失。

2．任务指导

（1）机床通电顺序。机床正常的通电顺序为：机床总电源—数控系统电源—伺服系统电源—旋开急停按钮。

（2）开机要点。先开机床总电源，然后旋开急停按钮，再开电气电源。关机时先按急停按钮，然后单击关机软键[OFF]，再关机床总电源。

1.2.1.5 思考训练

1. 数控机床开机一定要回零吗？
2. 数控机床开机后怎么回零？X 轴、Y 轴和 Z 轴回零顺序是什么？

子任务 1.2.2　机床装刀

装刀是机床操作的基本功，也是加工前的准备工作，其包括刀具参数测量和设置、将刀具装入刀库、将刀具从刀库中换入主轴等操作。

1.2.2.1　任务目标

（1）了解装刀过程。

（2）能装刀入库，并能将刀具从刀库中换入主轴。

1.2.2.2　任务内容

将刀具 T5 装入刀库 5 号位，再换入主轴。

1.2.2.3　相关知识

机床装刀通常先把刀具装入刀库，再换入主轴。装入刀库前，先在刀具表中确定刀具号，设置刀具参数；刀库装刀时，要在刀位表中选择刀具在刀库中的位置（刀夹号），然后手动把刀具装入刀库，再通过程序把刀库中的刀具换入主轴。

1．设置刀具参数（刀具表）

定义刀具

（1）选择手动操作模式。

（2）单击[刀具表]软键，进入刀具表。

（3）单击[编辑]软键，使其在“开”位，然后编辑刀具参数，如图 1-15 所示。

（4）输入参数。移动光标至所选的刀具号 T [例如 5]所在的行，输入或修改刀具参数。

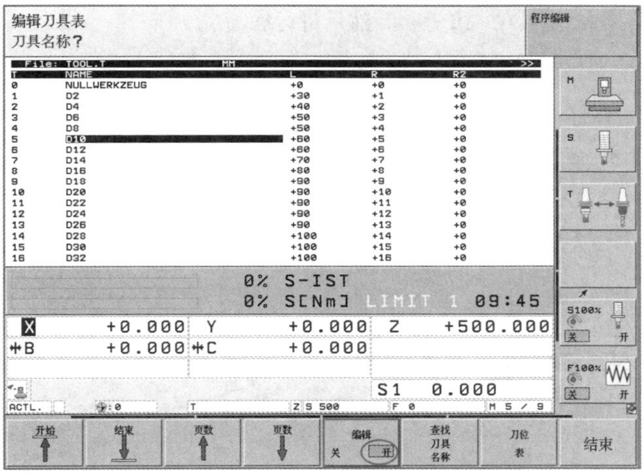

图 1-15　设置刀具参数

刀具表中常用代号的含义见表 1-2。

表 1-2　刀具表中常用代号的含义

代号	含义或输入	提示信息
T	刀具号	
NAME	刀具名称（小于或等于 12 个字符，大写，无空格）	刀具名称?
L	刀具长度	刀具长度?
R	刀具半径	刀具半径?
R2	刀具圆角半径	刀具半径 2?

续表

代号	含义或输入	提示信息
DL	刀具长度 L 的差值（偏置量）	刀具长度差值?
DR	刀具半径 R 的差值（偏置量）	刀具半径差值?
DR2	刀具圆角半径 R2 的差值	刀具半径 2 差值?
LCUTS	刀具的刃长（用于循环 22）	刀轴方向的刀刃长?
ANGLE	刀具的最大切入角（用于循环 22 和 208 往复切入加工）	最大切入角度?
DOC	刀具注释（最多 16 个字符）	刀具描述?
T-ANGLE	钻头顶角（用于定心循环 240）	钻头角?
PTYP	刀具表中的刀具类型	刀具类型

注意

① 表 1-2 中的 L、R 和 R2 常用于定义刀具基本尺寸；DL、DR 和 DR2 常用于定义刀具磨损值（刀具实际尺寸变化）。

② PTYP（刀具类型）参数取法：小直径刀具（占 1 个刀位）取 1；大直径刀具（影响邻近刀位）取 2。

③ 编辑刀具表后，单击[编辑]软键，使其在“关”位，或退出刀具表，修改参数生效。

2．选择刀具刀位（刀库中刀夹号）

进入刀具表后按下面的步骤选择刀具在刀库中的位置。

（1）单击[刀位表]软键，进入刀位表，如图 1-16 所示。

（2）单击[编辑]软键，使其在“开”位，然后进行编辑。

（3）移动光标，在所选的刀位号 P（例如 5）的行输入刀具号 T（例如 5）。

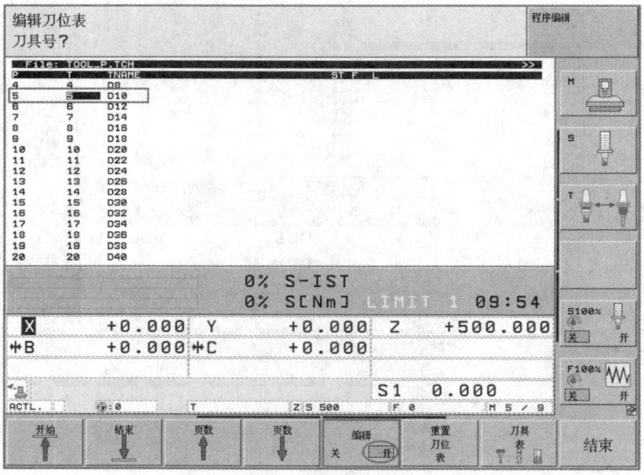

图 1-16　选择刀具刀位

3．刀库装刀

刀具参数设置好后，应进行刀库装刀。刀库装刀步骤如下。

（1）选择手动操作模式。

（2）单击屏幕右侧[刀库管理]软键。

（3）单击[刀库存储]（刀具入库）软键，弹出“Select external tool”（选择外部刀具）表。

（4）移动光标，选择刀具 T5，按【ENT】键确认。

（5）单击[刀具位置手动]软键，弹出“Select pocket number for tool 5”（选择 5 号刀的刀位号）表。

（6）移动光标，选择安装 T5 的刀位号 P5，按【ENT】键确认。机床提示“PUT THE TOOL INTO MAGAZINE! Station no:1.5”（刀具 T5 装入 P5 号位）。

（7）拉开刀库门。

（8）装入刀具。

（9）关闭刀库门。

（10）单击[刀具插入]、[返回]软键，完成刀具入库。

注意

将刀具装入刀库时 V 形缺口必须朝里对正，装入后手握刀柄转动检查。

4．调用刀具（将刀具换入主轴）

在刀库中的刀具，可以通过调用刀具号把刀具换入主轴，步骤如下。

调用刀具（常用）演示

（1）选择 MDI 模式。

（2）输入程序“TOOL CALL 5 Z S50”。

（3）按程序启动键，将刀具 T5 换入主轴。

注意

① 将刀具换入主轴时，转动快移倍率旋钮至最大，换好后调回 0。

② “TOOL CALL 5 Z S50”输入步骤如下。

a. 按【TOOL CALL】键，编程区显示“TOOL CALL”。

b. 输入刀具号 5，按【ENT】键确认。

c. 弹出“Z”，按【ENT】键确认。

d. 弹出“S”，输入转速 50。

e. 按程序段结束键【END】完成输入。

5．刀库拆刀

从刀库中拆除刀具的步骤如下。

（1）选择手动操作模式。

（2）单击[刀具表]软键，进入刀具表。

（3）移动光标，选中要拆除的刀具 T5。

（4）单击屏幕右侧的[刀库管理]、[刀具拆除]软键。

（5）确认[拆除刀具数据]，刀库转动，并提示“REMOVE TOOL! Station no:1.5”（拆下刀具 T5）。

（6）拉开刀库门。

（7）取下刀具。

（8）关闭刀库门。

（9）单击[刀具拆除]、[返回]软键，完成刀库拆刀。

注意

拆除刀具后，应在刀具表中检查刀具数据是否已清除，刀位表中相应刀位数据是否已清除。

1.2.2.4 指导实施

1．重点、难点、注意点

（1）刀具号与刀位号

刀具号是刀具的编号，可由用户自定义，T5 表示 5 号刀具；刀位号是刀库中刀夹编号，是不可改变的。通常刀具号与刀位号一致，以方便管理。

（2）直接装刀

直接装刀的步骤如下。

① 选择手动操作模式，设置 T50 刀具参数。

② 选择 MDI 模式，输入“TOOL CALL 50 Z”，按启动键，系统显示“Change tools”。

③ 将 SmartKey 置于方式Ⅱ，按机床开门键，拉开防护门。

④ 按换刀按钮。

⑤ 一手握住刀柄，另一手按【刀具松夹】按钮，将刀具装入主轴。

（3）直接拆刀

直接拆刀的步骤如下。

① 选择 MDI 模式，输入“TOOL CALL 0 Z”，按启动键。

② 单击屏幕右侧的[Remove Tool from Spindle]软键。

③ 将 SmartKey 置于方式Ⅱ，按机床开门键，拉开防护门。

④ 按换刀按钮。

⑤ 一手握住刀柄，另一手按【刀具松夹】按钮，从主轴上拔下刀具。

2．任务指导

通常用 MDI 模式将刀具从刀库中换入主轴，也可以用手动操作模式将刀具直接装入主轴；自动换刀时需明确刀具号和刀位号；刀具入库时必须检查刀具是否安装到位，避免发生事故。

1.2.2.5　思考训练

1. 将刀具装入刀库时，V 形缺口对准哪个方向？
2. 将刀具手动装入刀库的刀夹时，怎么检查是否已安装到位？

子任务 1.2.3　机床对刀（设置工件原点）

对刀是数控加工的一项基本技能。数控加工前必须进行对刀，通过对刀设置工件原点，把编程坐标系转化为加工坐标系，使工件按程序自动加工。

1.2.3.1　任务目标

（1）了解对刀原理。

（2）能熟练进行对刀（设置工件原点）。

（3）培养精益求精的操作技能。

1.2.3.2　任务内容

在数控多轴机床上设置图 1-17 所示的加工坐标系。

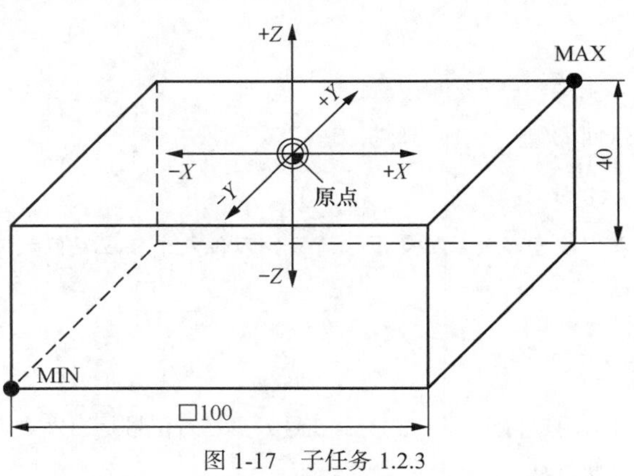

图 1-17　子任务 1.2.3

1.2.3.3 相关知识

1．对刀原理

对刀即在机床坐标系中设置加工坐标系，确定工件坐标系原点在机床坐标系中的坐标，把此坐标值输入预设表中。

2．对刀方法

对刀（设置工件原点）常用寻边器和 Z 向设定器进行，精度要求不高时用试切法对刀。数控多轴机床通常用测头进行半自动化对刀，基本步骤如下。

（1）调用测头。如图 1-18 所示，在 MDI 模式下，输入“TOOL CALL 33 Z S50”，按启动键从刀库中调出测头（测头设置为 T33）。

（2）进入探测界面。手动操作模式下，单击[探测功能]软键，如图 1-19 所示。

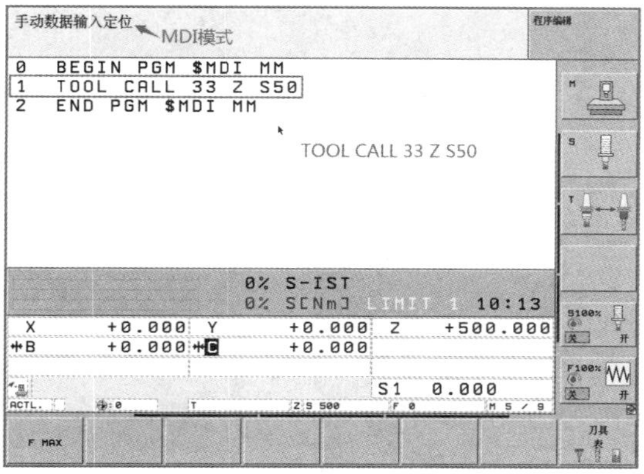

图 1-18 在 MDI 模式下调用测头

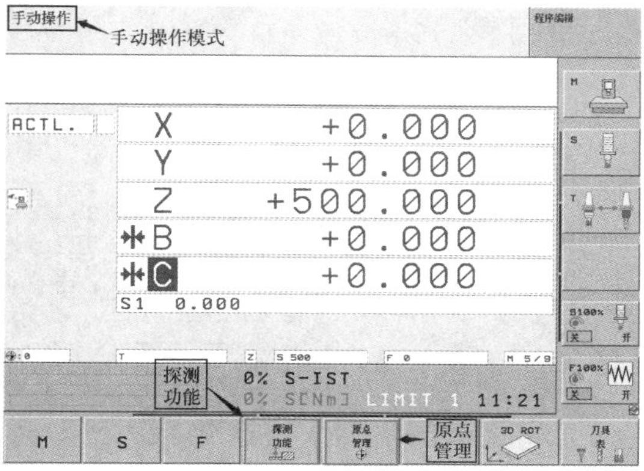

图 1-19 应用测头探测

（3）选择测量方式。如图 1-20 所示，方形工件选择，圆形工件选择。

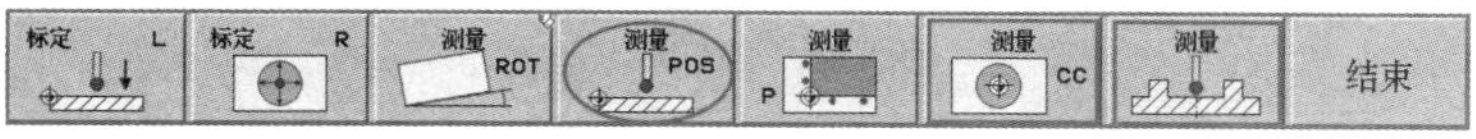

图 1-20 选择测量方式

（4）探测各边坐标。测工件左边，把测头移动到工件的 $-X$ 方向离左边约 20mm 处，比工件表面低约 10mm，单击图 1-21 所示的[X+]软键，按启动键，测头往 $+X$ 方向移动，自动触碰工件，得到工件左边坐标值 X_1；同理得到工件右边 X_2、前边 Y_1、后边 Y_2 坐标值。

图 1-21 轴方向键

（5）计算工件原点坐标。$X_O=(X_1+X_2)/2$，$Y_O=(Y_1+Y_2)/2$。

（6）Z 向对刀。测头移至工件正上表面约 20mm 处，单击[测量 POS]软键，单击图 1-21 所示的[Z−]软键，按启动键，得到上表面坐标值 Z_O。

（7）将工件原点坐标输入预设表。手动操作模式下，单击[原点管理]软键，如图 1-19 所示，在预设表中选定使用的坐标系（5 号），输入 X_O、Y_O 和 Z_O，并[保存当前原点]。

对刀结果应进行检验。激活新设置的原点，在 MDI 模式下运行“L X0 Y0 Z100”，如刀具（刀位点）停在工件原点正上方 100mm 处，说明对刀正确。

注意

① 要使用选定的加工坐标系，可在原点管理中激活或执行。

② 程序中可用循环 247 激活加工坐标系，Q339 参数设置为预设表中的坐标系号（原点号）："CYCL DEF 247 DATUM SETTING Q339=5"。

③ 用刀具试切法对刀，原理与测头对刀的相同，对刀精度较低。

采用试切法对刀的步骤如下。

（1）按机床开门键，拉开防护门（将 SmartKey 置于方式Ⅱ）。

（2）激活手轮。选择手轮操作模式，单击屏幕右侧的[机床]软键，再单击[电子手轮]软键，使其在"开"位，同时手持手轮，按住激活按钮。

（3）启动主轴。单击[S]软键，输入 500，单击[M]软键，输入 3，按启动键，主轴转动。移动刀具，试切左侧。

（4）进入第四软键行，单击[设定原点]软键，并单击[轴 X]软键，输入 0，按【ENT】键确认，如图 1-22 和图 1-23 所示。

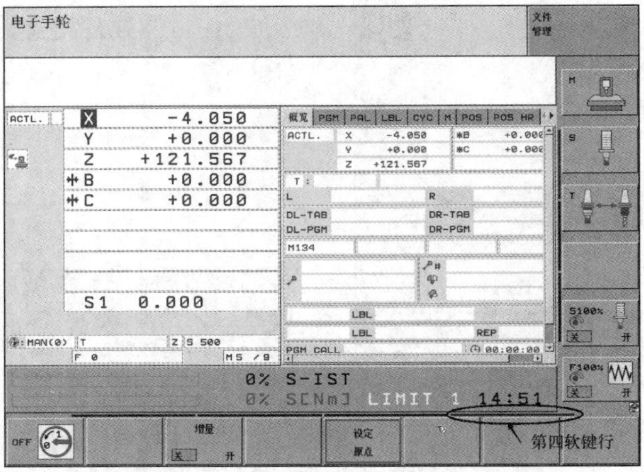

图 1-22　第四软键行

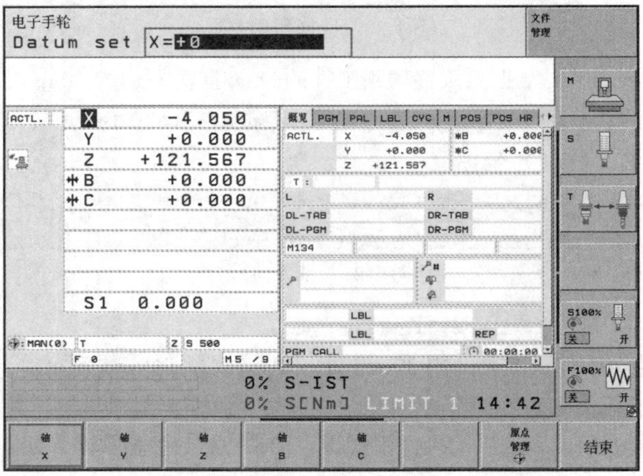

图 1-23　设定 X 值

（5）移动刀具，试切右侧，此时 TNC 系统显示"X+86.266"，如图 1-24 所示。

（6）单击[设定原点]软键，并单击[轴 X]软键，将 X 值设定为+43.133（+86.266/2），按【ENT】键确认。

（7）同理试切外侧（设定"Y0"）、内侧（显示"Y+82.666"），将 Y 值设定为+41.333，如图 1-25 所示。

（8）移动刀具，试切上表面，单击[设定原点]软键，并单击[轴 Z]软键，输入 0，按【ENT】键确认。

（9）进入预设表，0 号坐标系显示值即为对刀数据。

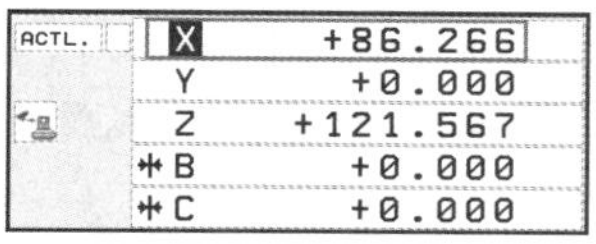

图 1-24　*X* 显示值

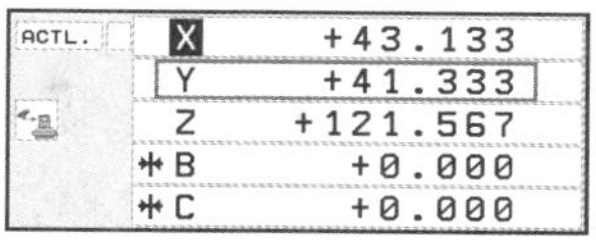

图 1-25　*X*、*Y* 设定值

（10）将 0 号坐标系数据复制到 1 号坐标系。将光标移到 1 号坐标系，单击软键[改变预设]→[保存预设]→[执行]，1 号坐标系即为当前加工坐标系，如图 1-26 所示。

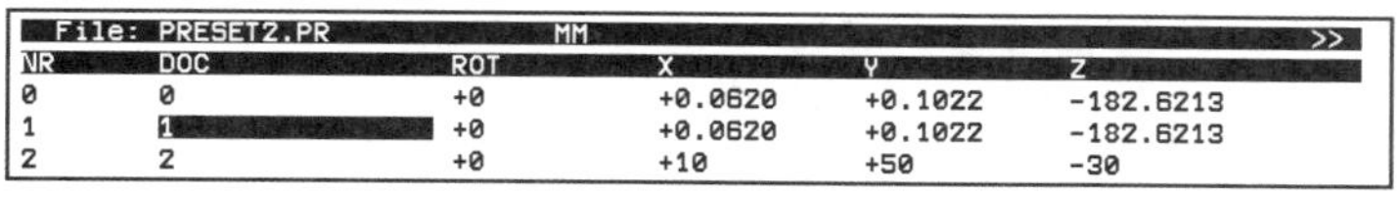

File: PRESET2.PR　MM

NR	DOC	ROT	X	Y	Z
0	0	+0	+0.0620	+0.1022	-182.6213
1	1	+0	+0.0620	+0.1022	-182.6213
2	2	+0	+10	+50	-30

图 1-26　将 0 号坐标系数据复制到 1 号坐标系

3．用标准刀测量对刀长度（刀具表中刀具长度设置）

用标准刀测量对刀长度是应用相对测量原理测量对刀长度的方法。在刀具表中输入标准刀具长度（T32:109.91），标准刀具与被测刀具 T1 分别试压对刀仪相同量，通过预设表得到 T1 刀具长度。具体步骤如下。

（1）调用标准刀。选择 MDI 模式，输入“TOOL CALL 32 Z S50”，按启动键。

（2）将 SmartKey 置于方式Ⅱ，按机床开门键，拉开防护门。

（3）将对刀仪放置在机床工作台上，如图 1-27 所示。

（4）通过手轮用标准刀试压对刀仪，使指针旋转一圈至 0 位，如图 1-28 所示。

图 1-27　放置对刀仪

图 1-28　试压对刀仪

（5）打开预设表，改变预设值，将当前点 *Z* 设为 0，启用预设值，如图 1-29 所示。

（6）进入刀具表，将刀具 T1 长度清零。

（7）调用刀具 T1。

（8）通过手轮，用刀具 T1 试压对刀仪，使指针旋转一圈至 0 位。

（9）此时 TNC 系统显示 *Z* 值（+121.567），即刀具长度，如图 1-30 所示。将刀具长度输入刀具表，完成 T1 长度参数设置。

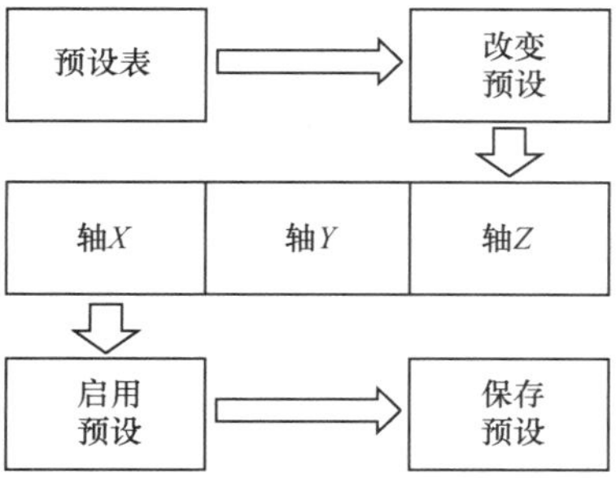

图 1-29　预设表操作

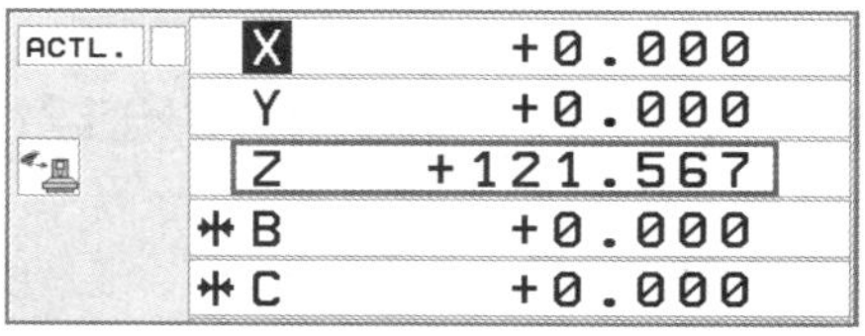

图 1-30　TNC 系统显示值

📖 注意

① TNC 系统显示的 Z 坐标值由刀具表中的 L 数值、预设表中的预设 Z 值及刀具位置决定。

② 预设表中的 0 行是写保护的。0 行总被 TNC 系统用于存放刚刚用轴向键或软键手动设置的原点。如果当前为手动设置的原点，TNC 系统将在状态栏显示“PR MAN（0）”字样。

4．用刀具预调仪测量对刀长度

用刀具预调仪测量对刀长度，首先用标准刀校零，然后测量整刀（带刀柄）长度，具体步骤如下。

（1）打开预调仪，电源指示灯亮。

（2）打开投影显示屏及锁紧开关，各指示灯亮。

（3）取出标准刀，查看并记下标准刀长，如 L=118.820。

（4）在刀座上装入标准刀。

（5）旋转手轮，左右移动观察镜，使刀具位于观察镜左右方向中位。

（6）转动上下粗调旋钮，使刀具投影轮廓与显示屏水平线基本相切，锁紧旋钮。

（7）旋转上下微调按钮，使刀具投影线最高点与显示屏中心重合。

（8）在操作面板上按【L】键，指示灯亮；输入标准刀长 118.820，指示灯闪烁，按【ENT】键确认。

（9）取下标准刀，装入要测量的刀具。

（10）按上述方法调整刀具至两点（刀具投影线最高点和显示屏中心点）重合。

（11）读取面板上 L 参数值，如 108.766，即刀具对刀长度。

1.2.3.4 指导实施

1．重点、难点、注意点

对刀的目的是建立加工坐标系，其实质是确定工件坐标系原点在机床坐标系中的坐标，因此，对刀也称为设置工件原点。对刀分为手动对刀与自动对刀。手动对刀分为两步，先用寻边器确定工件原点在 XOY 平面上的机械坐标，再用 Z 向设定器确定 $Z0$ 点的机械坐标；也可用试切法确定工件原点在机床中的机械坐标。自动对刀用测头，通过自动操作模式中的探测循环 400～402 和循环 410～419 进行，具体见海德汉《测头循环用户手册》。

对刀是一项数控加工基本技能，大家需要懂原理，多训练，以提高对刀精度。机械式寻边器利用离心原理寻边，转速设置为 300～500r/min，严禁转速过高，防止发生安全事故。同时用光电寻边器与测头对刀时，主轴不能转动。

2．任务指导

（1）装夹工件时，需保证工件水平，各边与坐标轴平行。

（2）预设表中的 0 行总被 TNC 系统用于存放刚刚设置的原点，该行不可手动编辑；如果当前为手动设置的原点，TNC 系统将在状态栏显示“PR MAN（0）”字样。

（3）如要把预设表中刚刚设置的 0 行原点值复制到其他行，可以通过移动光标，依次单击[改变预设]、[保存预设]软键，再确认。

1.2.3.5 思考训练

1. 工件坐标系原点设在长方体角点应如何对刀？
2. Z 向对刀时，使用塞尺，Z 值设定值是多少？

任务 1.3 数控多轴机床编程操作

编程操作包括程序输入和程序测试运行，通过试运行来完善程序，保证程序正确性和合理性。

子任务 1.3.1　程序输入

数控机床输入程序后才能自动加工产品，程序输入是数控加工的基本操作，也是学习数控加工编程的基本要求。

1.3.1.1　任务目标

（1）熟悉机床操作模式与编程模式转换，掌握程序编辑与试运行状态切换方法。

（2）能创建文件名并输入程序。

1.3.1.2　任务内容

在 TNC 系统中输入下面的钻孔程序。

```
0  BEGIN PGM TEST MM   （程序开始）
1  BLK FORM 0.1 Z X+0 Y+0 Z-20    （定义工件毛坯，输入最小点坐标）
2  BLK FORM 0.2 X+100 Y+100 Z+0    （定义工件毛坯，输入最大点坐标）
3  TOOL CALL 4 Z S1000    （调用 T4 刀具，转速为 1000r/min）
4  L Z+100 R0 FMAX M3    （刀具移至安全高度，主轴正转）
5  L X+15 Y+25 R0 FMAX    （孔 1 定位）
6  L Z+2 R0 FMAX    （刀具移至下刀安全高度，即 R 平面）
7  L Z-6 R0 F50    （钻孔 1）
8  L Z+2 R0 FMAX    （抬刀至 R 平面）
9  L X+75 R0 FMAX    （孔 2 定位）
10 L Z-6   （钻孔 2）
11 L Z+2 R0 FMAX    （抬刀至 R 平面）
12 L X+60 Y+80 R0 FMAX    （孔 3 定位）
13 L Z-6   （钻孔 3）
14 L Z+100 R0 FMAX M30  （Z 向退刀，程序结束）
15 END PGM TEST MM   （程序结束说明）
```

程序输入

1.3.1.3　相关知识

1．创建新目录

创建新目录

为了便于管理程序文件，应在 TNC 系统中建立新目录，步骤如下。

（1）按模式切换键，进入编程模式；按程序编辑键，进入编程状态。

（2）按程序管理键 PGM MGT，弹出文件管理界面，如图 1-31 所示。

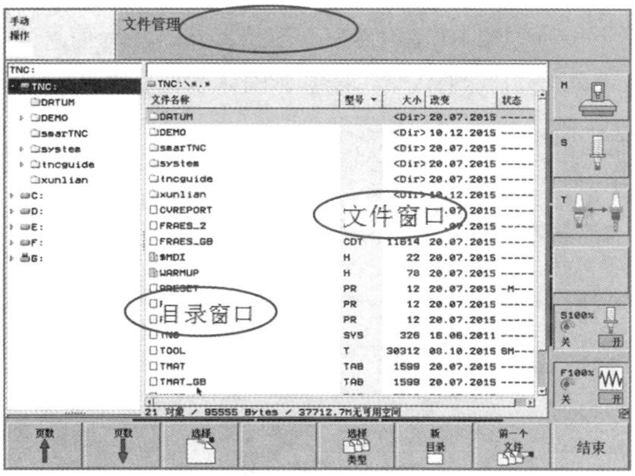

图 1-31　文件管理界面

（3）按方向键，把文件名上的高亮条移到左侧目录窗口的驱动器“TNC：”上，单击[新目录]软键，在弹出的新目录小框中输入新的目录名（最多 16 个字符），如“xunlian”，单击[是]软键，完成目录创建。

2．创建新文件

创建新文件的步骤如下。

（1）在新创建的当前目录下（高亮条在新目录上），按右方向键把高亮条移到右侧文件窗口。

（2）单击[新文件]软键，在弹出的新文件小框中输入新文件名，如“TEST.**H**”，单击[是]软键确认（也可按【ENT】键确认）。

创建新文件

（3）选“MM”（毫米）为单位，进入编程界面，并自动生成如下内容：

```
“0 BEGIN PGM TEST MM
 *1 BLK FORM 0.1 Z
 1 END PGM TEST MM”
```

光标自动停在“Z”处，并在信息提示区“程序编辑”下弹出提示信息“主轴？”，如图 1-32 所示。

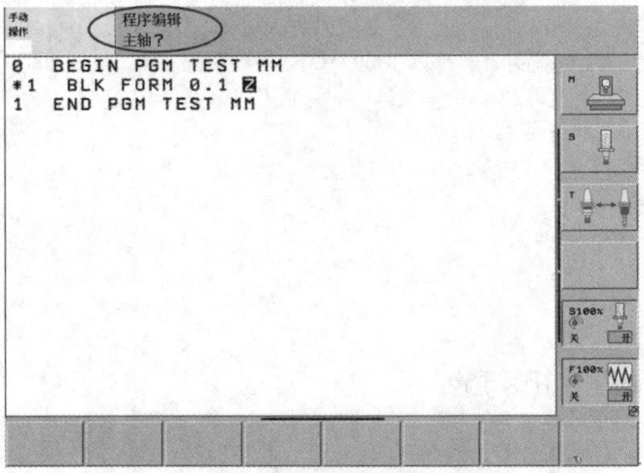

图 1-32　编程界面

📖 **注意**

新文件名最多包含 25 个字符，不能有*、\、/、?、<、>等符号，其扩展名必须为“**.H**”。

3．定义工件毛坯

在图 1-32 所示的编程界面中，如主轴（刀轴）为 *Z* 轴，按【ENT】键确认，系统自动弹出“X”，并显示提示信息“定义工件毛坯：最小点？”，输入毛坯最小点 *X* 值，如“0”，确认后生成“X+0”，出现“Y”，输入 *Y* 值，确认；最后输入 *Z* 值，确认，弹出下一行“*2 BLK FORM 0.2 X”，同时提示信息变为“定义工件毛坯：最大点？”，如图 1-33 所示。同样，输入毛坯最大点的 *X*、*Y*、*Z* 值，确认后完成毛坯定义，如图 1-34 所示。

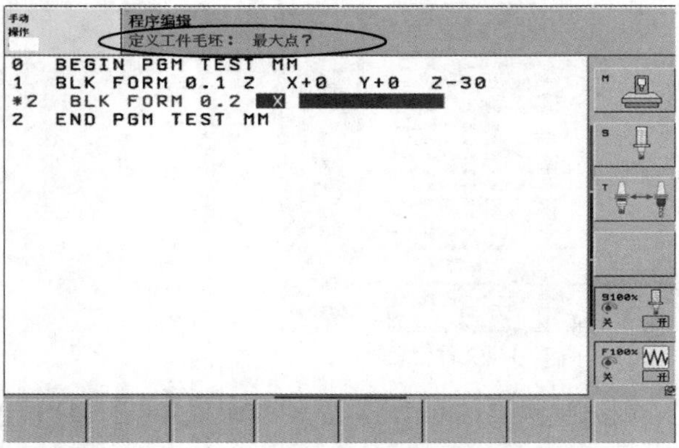

定义工件毛坯

图 1-33　输入毛坯最大点的编程界面

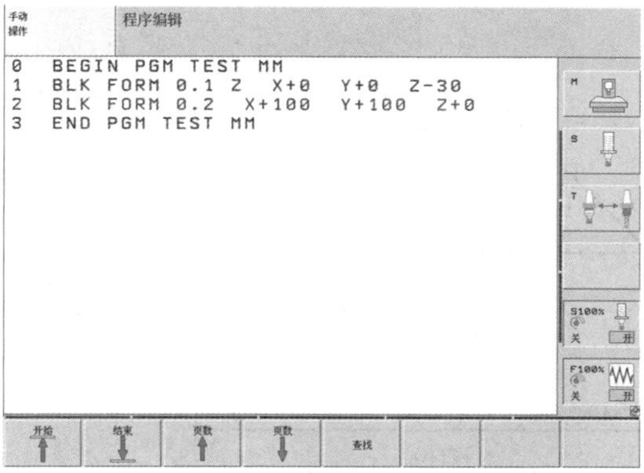

图 1-34　完成毛坯定义的编程界面

🕮 注意

定义毛坯程序段中，“Z”表示刀轴在 Z 轴方向，“0.1”表示输入毛坯最小点坐标，“0.2”表示输入毛坯最大点坐标；最大点、最小点坐标值必须以工件坐标系为基准。

定义的毛坯为长方形，毛坯的各边分别与 *X* 轴、*Y* 轴和 *Z* 轴平行，通过毛坯上的两个最值点坐标来定义，最小点在毛坯的左前下方，最大点在毛坯的右后上方。坐标值以工件坐标系为基准。最小点只能用 *X*、*Y* 和 *Z* 的绝对坐标表示，最大点可用绝对坐标或增量坐标表示，增量坐标为相对于最小点的值。采用图 1-35 所示工件坐标系时，定义毛坯的程序段如下：

```
最小点（MIN）：BLK FORM 0.1 Z X+0 Y+0 Z-40（绝对坐标）
最大点（MAX）：BLK FORM 0.2 X+100 Y+100 Z+0（绝对坐标）
最大点（MAX）：BLK FORM 0.2 IX+100 IY+100 IZ+40（增量坐标）
最大点（MAX）：BLK FORM 0.2 IX+100 IY+100 Z+0（混合坐标）
```

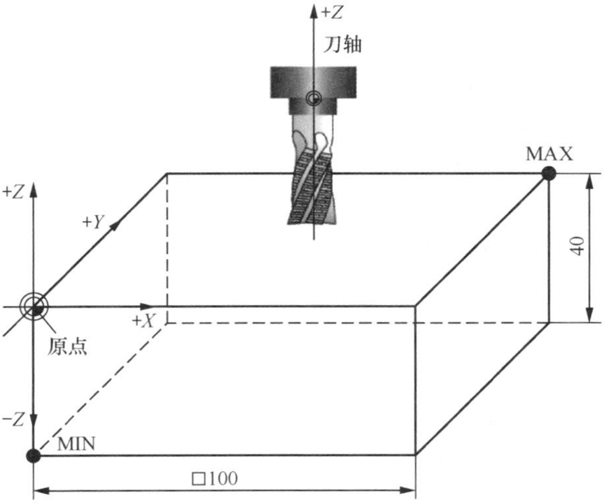

图 1-35　毛坯定义与工件坐标系（1）

采用图 1-36 所示工件坐标系时，定义毛坯的程序段如下：

```
最小点（MIN）：BLK FORM 0.1 Z X-50 Y-50 Z-40（绝对坐标）
最大点（MAX）：BLK FORM 0.2 X+50 Y+50 Z+0（绝对坐标）
最大点（MAX）：BLK FORM 0.2 IX+100 IY+100 IZ+40（增量坐标）
最大点（MAX）：BLK FORM 0.2 IX+100 IY+100 Z+0（混合坐标）
```

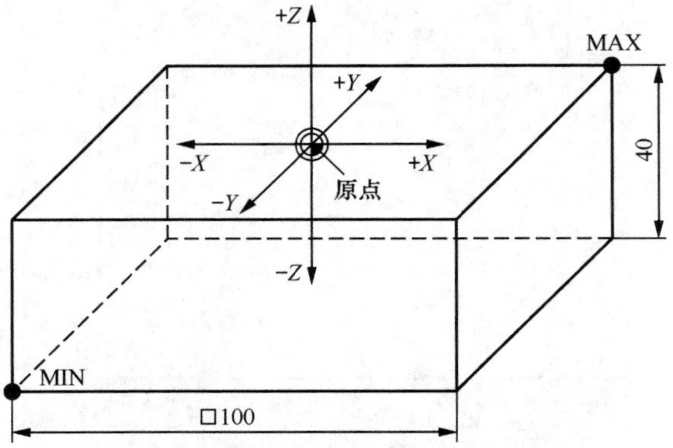

图 1-36　毛坯定义与工件坐标系（2）

定义了工件毛坯，就可以在程序试运行时进行仿真加工测试。如在稍后定义毛坯，可在编程界面按软键行切换键▷，进入第六软键行（或直接单击底部软键区上方的第六条横线），单击[程序默认值]软键，然后单击[BLK FORM]软键（毛坯形状）进行定义。

注意

如未定义毛坯，则测试运行时无法显示仿真加工图形。

4．调用刀具

按【TOOL CALL】键调用刀库中的刀具，调用刀具常用程序格式为“TOOL CALL 5 Z S300”，完整格式为“TOOL CALL 5 Z S300 F200 DL+0.2 DR+0.2 DR2+0.05”，各代号含义如下。

调用刀具（完整）演示

① TOOL CALL：调用刀具。

② 5：刀具号。

③ Z：刀轴。

④ S300：刀具（主轴）转速 300r/min。

⑤ F200：刀具进给率 200mm/min。

⑥ DL+0.2：刀具轴向偏移量 0.2mm。

⑦ DR+0.2：刀具径向偏移量 0.2mm。

⑧ DR2+0.05：刀具圆角半径的差值 0.05mm。

注意

程序中定义的刀具偏移量用于预留粗加工余量，若偏移量取正值，则刀具正向偏移，留出加工余量；刀具表中输入 DL、DR 负值表示刀具的磨损量。

刀具号用整数表示，如 T3 表示 3 号刀；标准刀具用 T0 表示，其长度 L=0，半径 R=0。调用刀具程序也可以输入刀具名，刀具名最多由 12 个字符组成。

5．程序输入

TNC 系统中用对话编程方式进行编程时，先按【轨迹功能】键启动程序段编写，然后按照提示信息进行编程；按方向键【→】启动程序段修改。用于程序输入与编辑的键的含义及功能详见表 1-3。

程序输入演示

表 1-3　程序输入与编辑的键的含义及功能

功能键	文本表示	含义	功能
ENT	【ENT】	程序字确认/是	确认输入信息并继续对话
NO ENT	【NO ENT】	忽略/不输入/否	忽略对话提问并删除程序字
CE	【CE】	清除	◇ 清除程序字的数值； ◇ 清除 TNC 系统出错信息
END	【END】	程序段结束	◇ 确认/结束程序段； ◇ 结束输入
DEL	【DEL】	程序段删除	◇ 删除程序段； ◇ 结束对话
→	【→】	方向键	◇ 启动程序段修改或编辑； ◇ 向右移动光标或高亮条
GOTO	【GOTO】	光标定位	将光标定位至要编辑的程序段

在某程序段后输入“L X+10 Y−20 R0 F200 M3”的步骤示例见表 1-4。

表 1-4　程序段输入步骤示例

按键	功能	程序显示	提示或对话信息	输入参数
	进入编程界面			
GOTO	将光标定位到该程序段		弹出“GOTO block number”小框	程序段号
	启动直线轨迹	L X	坐标?	10
→	前移光标	L X+10 Y	坐标?	−20
→	前移光标	L X+10 Y−20 Z	坐标?	
NO ENT	不输入或删除程序字	L X+10 Y−20 R0	刀具半径补偿：左/右/无	单击[R0]软键
[R0]	无刀具半径补偿	L X+10 Y−20 R0 F	进给率 F=?	200
→	前移光标	L X+10 Y−20 R0 F200 M	辅助功能 M?	3
END	结束程序段输入	L X+10 Y−20 R0 F200 M3		

🕮 注意

① 坐标字输入：输入“X”坐标字后，可按方向键【→】，自动弹出“Y”，或直接按【Y】键继续，输入一个点的所有坐标后再按【ENT】键确认。

② 程序修改：按【GOTO】键或方向键把高亮条移到要修改的程序段，按向左或向右方向键，进入编辑状态。

③ 系统程序输入方式灵活多样，具有智能性。此外，应关注信息提示区的提示信息，一般不输入提示的地址符按【NO ENT】键，删除输入的数值按【CE】键。

1.3.1.4　指导实施

1．重点、难点、注意点

(1)【ENT】与【END】

【ENT】为程序字结束兼确认键，【END】为程序段结束键。如输入(10,20)坐标，输入“X+10”后，按【→】

键，弹出“Y”，输入 20，再按【ENT】键结束坐标字输入；如改为再按【→】键，则弹出“Z”。如要结束本程序段输入，按【END】键；也可按【END】键退出内部参数编辑界面。

（2）【NO ENT】与【DEL】

【NO ENT】为不输入光标处程序字键，如光标在“Y+20”处，按【NO ENT】键则删除“Y+20”；【DEL】键用于删除整个程序段。

（3）编程界面选取

在编程模式下，按模式切换键，将出现图 1-37 所示的界面，在底部的软键区可选择多种屏幕布局方式，一般选择[程序+图形]，以便编程过程中及时查看走刀轨迹。

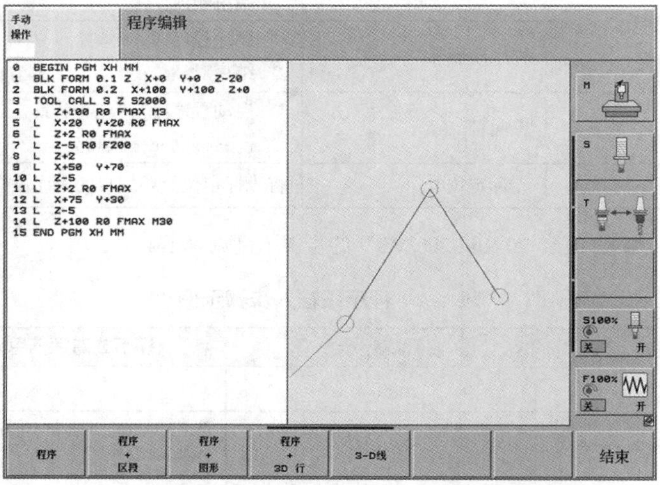

图 1-37 在编程模式下选择屏幕布局方式

2．任务指导

（1）文件名

程序段 0 包含程序名，如“0 BEGIN PGM TEST MM”，可知文件名为“TEST.H”。

（2）主轴“Z”

定义毛坯和调用刀具时，主轴“**Z**”必须输入。

```
BLK FORM 0.1 Z X+0 Y+0 Z-20
TOOL CALL 4 Z S1000
```

（3）F50 与 FMAX

FMAX 相当于 FANUC 系统中的快进速度，为非模态指令；F50 表示刀具进给率，一般为模态指令，可省略，所以任务 1.3.1.2 中的钻孔程序内程序段 7 定义的刀具进给率为 F50。

1.3.1.5 思考训练

1. 【NO ENT】键与【DEL】键区别是什么？
2. 在 TNC 系统中输入下面的程序。

```
0 BEGIN PGM TEST MM
1 BLK FORM 0.1 Z X-50 Y-50 Z-20
2 BLK FORM 0.2 X+50 Y+50 Z+0
3 TOOL CALL 8 Z S1000
4 L Z+100 R0 FMAX M3
5 L X-60 Y+0 R0 FMAX
6 L Z+2 R0 FMAX
```

```
7 L Z-3 R0 F50
8 APPR LCT X-37.5 Y0  R3 RL F350
9 L X+0 Y+37.5
10 L X+37.5 Y+0
11 L X+0 Y-37.5
12 L X-37.5 Y+0
13 DEP LCT X-60 R3
14 L Z+100 R0 FMAX M30
15 END PGM TEST MM
```

子任务 1.3.2 程序测试运行

程序测试运行是检查程序正确性和合理性的必要方法，通过试运行可发现程序中的问题，从而及时进行修改，确保程序自动运行的安全与质量。

1.3.2.1 任务目标

（1）掌握程序测试运行方法。

（2）能修改程序。

1.3.2.2 任务内容

在 TNC 系统中测试运行如下程序。

```
0  BEGIN PGM TEST MM   （程序开始）
1  BLK FORM 0.1 Z X+0 Y+0 Z-20    （定义工件毛坯，输入毛坯最小点坐标）
2  BLK FORM 0.2 X+100 Y+100 Z+0    （定义工件毛坯，输入毛坯最大点坐标）
3  TOOL CALL 4 Z S1000    （调用 T4 刀具，转速为 1000r/min）
4  L Z+100 R0 FMAX M3    （刀具移至安全高度，主轴正转）
5  L X+15 Y+25 R0 FMAX    （孔 1 定位）
6  L Z+2 R0 FMAX    （刀具移至下刀安全高度，即 R 平面）
7  L Z-6 R0 F50    （钻孔 1）
8  L Z+2 R0 FMAX    （抬刀至 R 平面）
9  L X+75 R0 FMAX    （孔 2 定位）
10 L Z-6    （钻孔 2）
11 L Z+2 R0 FMAX    （抬刀至 R 平面）
12 L X+60 Y+80 R0 FMAX    （孔 3 定位）
13 L Z-6    （钻孔 3）
14 L Z+100 R0 FMAX M30  （Z 向退刀，程序结束）
15 END PGM TEST MM  （程序结束说明）
```

程序段输入演示

1.3.2.3 相关知识

1．程序测试运行方法

在编程模式下的编程界面，按测试运行键，进入程序试运行界面；再按程序管理键 PGM MGT，弹出文件管理界面，选择要测试运行的程序文件，按【ENT】键确认，返回试运行界面；单击第一软键行的[开始]或[RESET+开始]软键，开始程序试运行。

程序试运行演示

2．仿真设置

为了增强仿真效果，在仿真运行前可以进行一些仿真设置。在第三软键行可设置刀具显示（见图 1-38），在第四软键行可设置仿真速度、图形大小等。

仿真效果设置

注意

仿真过程中，刀具在切削状态显示红色。

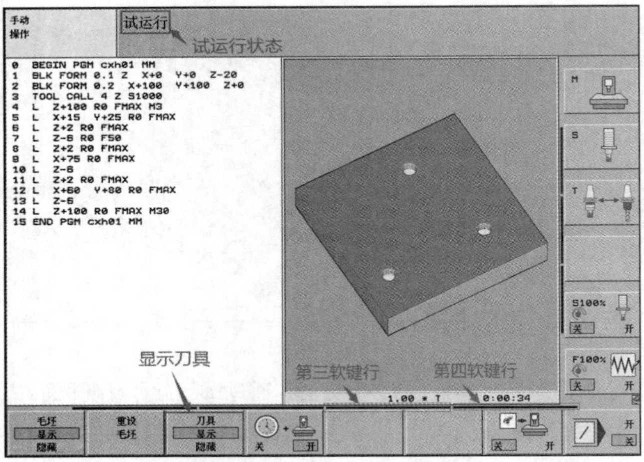

图 1-38　设置刀具为显示状态

1.3.2.4　指导实施

1．重点、难点、注意点

在试运行状态下，按模式切换键◎，可选择试运行显示界面，一般选择[程序+图形]。

2．任务指导

（1）程序测试运行后要修改程序时，必须先按◈键，进入编辑状态。

（2）可选择平面图、三视图或三维（3D）图查看试运行结果，如图 1-39 所示。

图 1-39　试运行结果图形

1.3.2.5　思考训练

1. 试运行程序时，无出错提示，又不显示图形，试分析原因。

2. 试运行子任务 1.3.1 思考训练 2 的程序。要求显示刀具，以三维图形显示工件，设置仿真加工速度为实际加工速度的两倍。

手工编程部分

项目2 按轮廓编程

02

按轮廓编程是一种基本手工编程方法，用于编制加工平面轮廓的程序，它是大家学习其他编程方法的基础。

项目目标

（1）能应用刀具半径补偿功能。
（2）能运用按轮廓编程方法编制加工平面轮廓的程序。
（3）培养思维能力，能具体问题具体分析。

项目任务

（1）刀具半径补偿功能。
（2）刀具切入/切出轮廓方式。
（3）倒（圆）角编程与圆弧轮廓编程。

任务 2.1　刀具半径补偿功能

刀具半径补偿（简称刀补）功能是实现按轮廓编程的基础，在数控加工中应用广泛；同时刀具半径补偿类型的判定原理在 SL 循环中常用于定义型腔或凸台。

2.1.1　任务目标

（1）能选用刀具半径补偿类型。
（2）能应用刀具半径补偿功能完成零件的粗精加工。

2.1.2　任务内容

如图 2-1 所示，仿真加工正方形凸台，毛坯尺寸为 100 × 100 × 20。

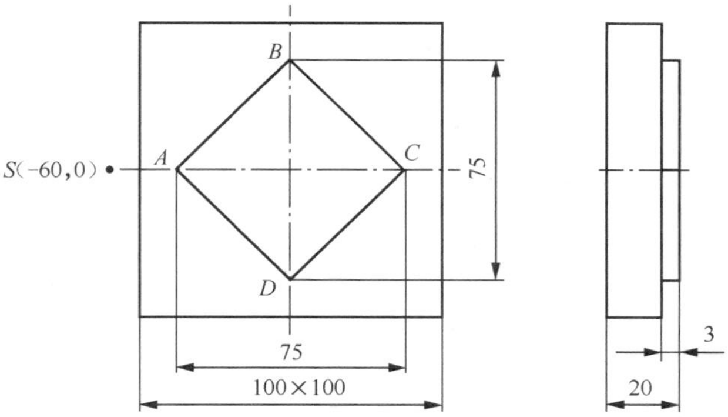

图 2-1　任务 2.1

2.1.3　相关知识

1．编程基础指令

TNC 系统编程基础指令分为轨迹功能指令、辅助功能指令、F（进给率）指令、S（主轴转速）指令、T（刀具）指令、N（程序段号）指令及坐标指令。

基础指令

（1）轨迹功能指令

轨迹功能指令用于描述刀具运动轨迹，在操作面板的编程指令区用轨迹功能键输入，轨迹功能键的功能与输入参数见表 2-1。

表 2-1　轨迹功能键的功能与输入参数

轨迹功能键	功能	输入参数
L	刀具直线运动	终点坐标
CC	定义圆弧圆心/极点坐标	圆心/极点坐标
C	刀具圆弧运动（已知圆心）	圆弧终点坐标、走刀方向（顺/逆时针）
CR	刀具圆弧运动（已知半径）	圆弧终点坐标、半径、走刀方向（顺/逆时针）
CT	刀具圆弧运动（已知起点为切点）	圆弧终点坐标
RND	倒圆角	倒圆角半径、刀具进给率
CHF	倒角	倒角边长、刀具进给率
APPR DEP	刀具切入/切出（接近/离开）轮廓	取决于所选功能
FK	自由轮廓编程	已知信息

（2）辅助功能指令

常用辅助功能指令及功能见表 2-2。

表 2-2　常用辅助功能指令及功能

指令	控制对象	功能	包含指令
M00	程序、主轴、冷却液	程序运行暂停、主轴停转、冷却液关闭	M05、M09
M01	程序	选择性程序暂停，与操作面板暂停键配合使用	
M02、M30	程序、主轴、冷却液	程序结束并复位（光标返回程序头）、主轴停转、冷却液关闭	M05、M09
M03	主轴	主轴正转	

续表

指令	控制对象	功能	包含指令
M04	主轴	主轴反转	
M05	主轴	主轴停转	
M06	刀具、主轴、冷却液	换刀、主轴停转、冷却液关闭	M05、M09
M08	冷却液	冷却液打开	
M09	冷却液	冷却液关闭	
M13	主轴、冷却液	主轴正转、冷却液打开	M03、M08
M14	主轴、冷却液	主轴反转、冷却液打开	M04、M08

注意

与 FANUC 系统比较，TNC 系统指令使用更加简便，减少了编程工作量。例如 M06 换刀指令，包含换刀前准备工作指令 M05 和 M09。

2．刀具半径补偿功能

按轮廓编程应遵循两点："刀具相对工件运动"和"刀具假想为一个点"（刀位点）。理想的编程情况是刀具沿轮廓的运动轨迹就是编程轨迹，从而实现按轮廓编程。但实际上刀具是有大小的，当按轮廓编程时，刀具的中心沿轮廓的运动轨迹才是编程轨迹，此时工件会被多切。为了解决多切问题，数控系统引入了刀具半径补偿功能，激活此功能，可使刀具中心自动偏离轮廓，偏置量等于刀具半径，加工出符合图样要求的轮廓。如图 2-2 所示，用 ϕ10 立铣刀铣削一个 ϕ40 凸台，按轮廓编程时，如果没有激活刀具半径补偿功能，加工出来的凸台直径为 ϕ30；如果激活并执行刀具半径补偿功能，就能加工出 ϕ40 凸台，如图 2-3 所示。

刀具补偿功能 1

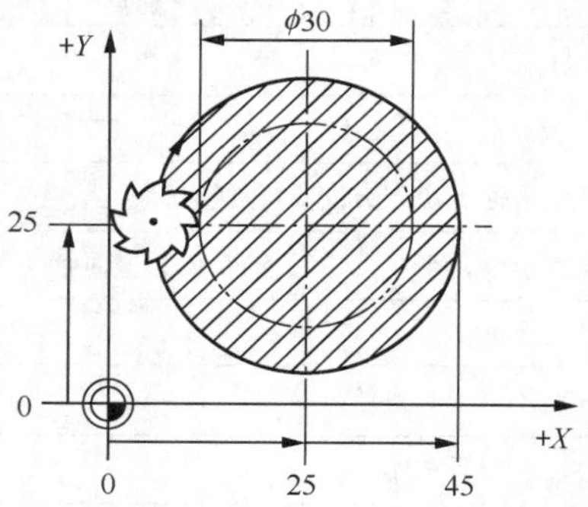

图 2-2　未激活刀具半径补偿功能

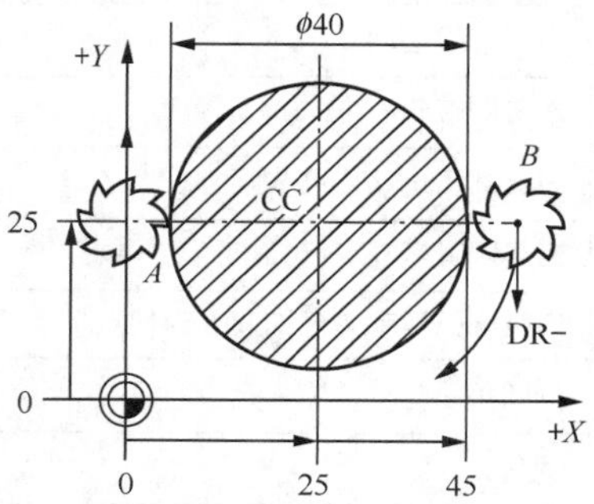

图 2-3　激活并执行刀具半径补偿功能

刀具半径补偿分为刀具半径左补偿和刀具半径右补偿。补偿方式由轮廓类型、铣削方向决定。外轮廓顺时针铣削时为刀具半径左补偿，逆时针铣削时为刀具半径右补偿；内轮廓顺时针铣削时为刀具半径右补偿，逆时针铣削时为刀具半径左补偿。补偿方式与加工工艺有关，采用刀具半径左补偿编程为顺铣工艺，此时加工表面粗糙度较好，刀具磨损较少，常用于精加工；采用刀具半径右补偿编程为逆铣工艺，主要用于表面有硬层的毛坯开粗。

刀具补偿功能 2

应用刀具半径补偿功能编程有 3 个过程：刀具半径补偿功能激活、执行和取消。激活过程是刀具发生偏移的过程，如图 2-4 所示，刀具中心从编程点（1 点）移动到编程点（2 点）为刀具半径补偿功能激活的过程，刀具中心从与 1 点重合过渡到与 2 点偏离一个偏置量。激活了刀具半径补偿功能，就可以把刀具看作一个点，按工件的轮廓进行编程。一般在切入轮廓之前激活刀具半径补偿功能，切出轮廓之后取消该功能，且尽量沿切向切入（接近）或切出（离开）工件轮廓表面，以创造良好的工艺条件，保证轮廓表面的加工质量。

激活和取消刀具半径补偿功能应选取合适的时机。一般在下刀之后、切入轮廓之前激活刀具半径补偿功能，在刀具离开轮廓之后再取消该功能，且抬刀之后取消更安全、可靠。不允许在轮廓加工的过程中激活或取消刀具半径补偿功能。如图 2-4 所示，加工 *OABCO* 轮廓，选轮廓第一个切入点为 *O*，则在切入点 *O* 之前必须把刀具半径补偿功能激活，加工完轮廓后再取消刀具半径补偿功能。比较方便的方法为在 *O* 点旁边取一辅助点 *S*，即激活与取消刀具半径补偿功能的程序如下：

L X_S Y_S R0 （未激活刀具半径补偿功能）
L X_O Y_O RL （激活刀具半径补偿功能）
... （执行刀具半径补偿功能）
L X_S Y_S R0 （取消刀具半径补偿功能）

辅助点 *S* 的选取是成功激活刀具半径补偿功能的关键，选取原则为：启用刀具半径左补偿功能编程时，点 *S* 应取在切入第一轮廓线的左侧；启用刀具半径右补偿功能编程时，点 *S* 应取在切入第一轮廓线的右侧；且 *SO* 距离应大于刀具半径补偿值；同时，激活刀具半径补偿功能的程序段只能用轨迹功能 L 走刀，即刀具在线性运动时激活刀具半径补偿功能。如图 2-5 所示，启用刀具半径左补偿功能编程时，点 *S* 应取在 *OA* 轮廓所在的直线左侧，否则会损坏工件的轮廓。

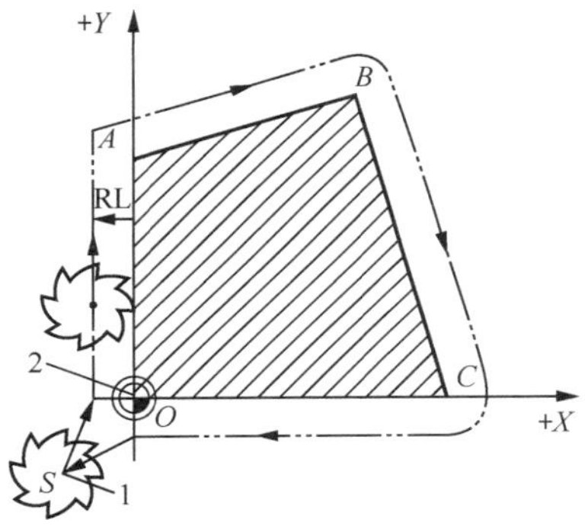

图 2-4　激活和取消刀具半径补偿功能的过程

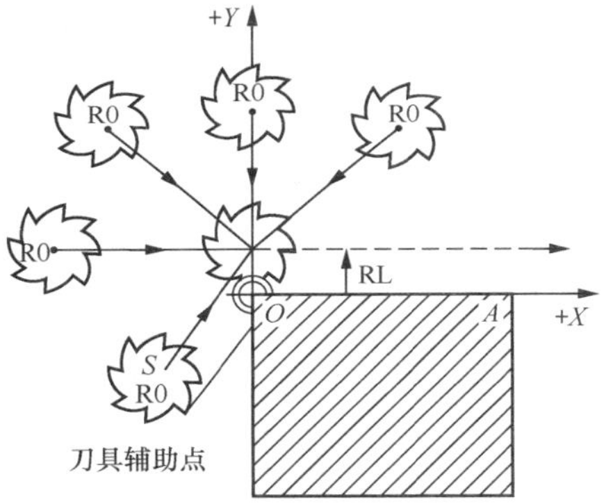

图 2-5　合理选取辅助点

3．程序段

程序的每一行称为程序段，程序段格式示例及含义如下：

```
N L X+10 Y+30 R0 F100 M03
```

① N：程序段号，即程序段的编号，用非负整数表示。

② L：轨迹功能，并启动程序段编写（L 表示线性轨迹，C 表示圆弧轨迹）。

③ X、Y：终点坐标。

④ R：刀具半径补偿（RL 表示刀具半径左补偿，RR 表示刀具半径右补偿，R0 表示未激活或取消刀具半径补偿）。

⑤ F：进给率，铣削时进给率常用单位为 mm/min。

⑥ M：辅助功能。

程序基本格式

4．按轮廓编程的程序格式

按轮廓编程时程序的基本格式示例见表 2-3。

表 2-3　按轮廓编程时程序的基本格式示例

程序段号	程序	说明
0	BEGIN PGM LKCX MM	程序开始
1	BLK FORM 0.1 **Z** X−50 Y−50 Z−20	定义毛坯，X−50 Y−50 Z−20 为毛坯最小点坐标
2	BLK FORM 0.2 X+50 Y+50 Z+0	定义毛坯，X+50 Y+50 Z+0 为毛坯最大点坐标
3	TOOL CALL 8 **Z** S2000	调用刀具 T8，主轴转速为 2000r/min
4	L Z+100 R0 FMAX M3	刀具移至安全高度（初始平面），主轴正转
5	L X−60 Y+0 R0 FMAX	刀具水平移至辅助点（下刀点）*S*
6	L Z+2 R0 FMAX	刀具移至下刀安全高度（R 平面）
7	L Z−3 F200	下刀
8	L X−37.5 Y0 **RL** F350	刀具移至轮廓起点 *A*，激活刀具半径左补偿功能
9	L X+0 Y+37.5	刀具移至轮廓点 *B*
10	L X+37.5 Y+0	刀具移至轮廓点 *C*
11	L X+0 Y−37.5	刀具移至轮廓点 *D*
12	L X−37.5 Y+0	刀具移至轮廓终点 *A*
13	L X−60 R0 FMAX	刀具离开轮廓，回到辅助点 *S*，取消刀具半径左补偿功能
14	L Z+100 R0 FMAX M30	沿 *Z* 轴退刀，程序结束
15	END PGM LKCX MM	程序结束说明

2.1.4　指导实施

1．重点、难点、注意点

程序开始部分的程序段 0～4，具有通用性。程序段 0 包含程序名、坐标单位；程序段 1～2 定义工件毛坯；程序段 3 调用刀具；程序段 4 将刀具移至初始平面。

2．仿真加工程序

程序如下：

```
0  BEGIN  PGM  ZFX  MM    （程序开始）
1  BLK  FORM  0.1  Z  X-50  Y-50  Z-20   （定义毛坯）
2  BLK  FORM  0.2  X+50  Y+50  Z+0
3  TOOL  CALL  8  Z  S2000    （调用刀具）
4  L  Z+100  R0  FMAX  M3    （刀具移至安全高度）
5  L  X-60  Y+0  R0  FMAX    （刀具水平移至辅助点或下刀点 S）
6  L  Z+2  R0  FMAX    （刀具移至下刀安全高度）
7  L  Z-3  R0  F200     （下刀）
8  L  X-37.5  Y+0  RL  F350    （刀具移至轮廓起点 A，激活刀具半径左补偿功能）
9  L  X+0  Y+37.5     （刀具移至轮廓点 B）
10 L  X+37.5  Y+0     （刀具移至轮廓点 C）
11 L  X+0  Y-37.5     （刀具移至轮廓点 D）
12 L  X-37.5  Y+0    （刀具移至轮廓终点 A）
13 L  X-60  R0  FMAX    （刀具回到辅助点 S，取消刀具半径左补偿功能）
14 L  Z+100  R0  FMAX  M30    （沿 Z 轴退刀，程序结束）
15 END  PGM  ZFX  MM       （程序结束说明）
```

3．测试运行结果

正方形凸台仿真加工结果如图 2-6 所示。

图 2-6　正方形凸台仿真加工结果

2.1.5　思考训练

1. 激活刀具半径补偿功能时，怎么选取辅助点？并仿真验证结论。
2. 刀具半径补偿类型与顺铣、逆铣有什么关系？
3. 顺时针方向铣凸台与逆时针方向铣孔分别应激活哪类刀具半径补偿功能？

任务 2.2　刀具切入/切出轮廓方式

TNC 系统提供了刀具切入/切出轮廓的编程格式，这可以简化程序，降低编程难度，并且在切入轮廓程序段可以激活刀补功能，切出轮廓程序段会自动取消刀补功能，非常方便。

2.2.1　任务目标

（1）掌握刀具切入/切出轮廓编程方法。
（2）培养分析和解决问题的能力，能合理选用刀具切入/切出轮廓方式。

2.2.2　任务内容

如图 2-7 所示，仿真加工正方形凸台，毛坯尺寸为 100 × 100 × 20（应用 APPR DEP 功能）。

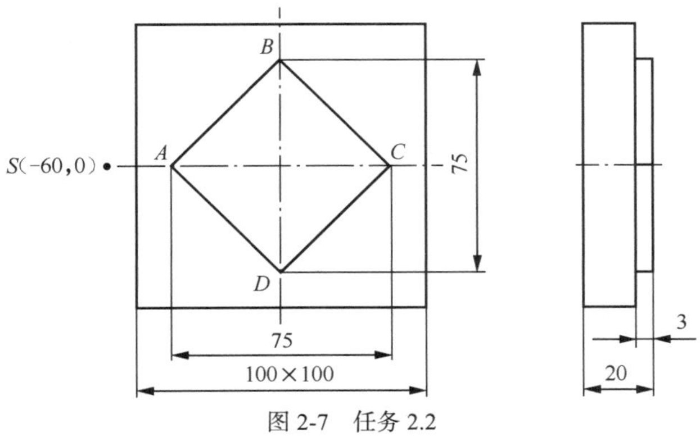

图 2-7　任务 2.2

2.2.3 相关知识

1．刀具切入/切出轮廓方式

按轮廓编程时，应注意刀具切入/切出轮廓的方式。为了保证轮廓表面的质量，应尽量沿轮廓的切线方向切入或切出（接近或离开）轮廓，避免法向切入或切出。在普通数控系统中，下刀之后一般先激活刀具半径补偿功能，再切入轮廓，需用两个程序段分别完成这两个动作。在 TNC 系统中，则可用一个程序段完成刀具半径补偿功能激活及刀具切入轮廓。这就需要启用切入/切出轮廓的功能键【APPR/DEP】。表 2-4 所示是 TNC 系统提供的切入/切出轮廓方式，供大家编程时选用。

表 2-4 TNC 系统提供的切入/切出轮廓方式

切入/切出轮廓方式	切入		切出	
	功能软键	文本表示	功能软键	文本表示
相切直线		[APPR LT]		[DEP LT]
法向直线		[APPR LN]		[DEP LN]
相切圆弧		[APPR CT]		[DEP CT]
双相切圆弧	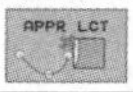	[APPR LCT]		[DEP LCT]

注意

应用【APPR】功能，将产生两个动作，即刀具走直线激活刀具半径补偿功能，再走直线或圆弧切入轮廓。应用【DEP】功能，刀具将走直线或圆弧切出轮廓，并取消刀具半径补偿功能。双相切圆弧方式的两段轨迹线为相切关系，其他方式的两段轨迹线为相交关系。

切入/切出轮廓功能软键中各字母代号的含义见表 2-5。

表 2-5 切入/切出轮廓功能软键中各字母代号的含义

字母代号	英文	含义	注释
APPR	Approach	接近	切入轮廓
DEP	Departure	离开	切出轮廓
L	Line	线段	刀具直线运动
C	Circle	圆弧	刀具圆弧运动
T	Tangency	相切	切入/切出轨迹与铣削轮廓轨迹相切，平滑过渡
N	Normal	法向	切入/切出轨迹与铣削轮廓轨迹垂直

2．刀具切入轮廓方式

（1）[APPR LT]方式。该切入轮廓方式的刀具切入轮廓轨迹为折线，前段直线激活刀补功能，后段直线切向切入轮廓。切入轨迹通过 3 个点确定，即辅助点（下刀点）P_S、切入点 P_A、折点（拐点）P_H；下刀点位置应满足“左刀补左侧，右刀补右侧；$P_SP_H \geq$ 刀补值”要求，折点由系统自动确定，在此点刀补功能已激活，则刀具已产生偏移。

接近轮廓编程

图 2-8 所示为直线切向切入轮廓示例，其程序如下：

```
17  L X+40 Y+10 R0 FMAX    （输入辅助点 PS坐标）
18  APPR LT X+20 Y+20 LEN15 RR F100 （输入切入点 PA坐标、切入线长 PHPA和刀补类型 RR）
19  L X+35 Y+35  （输入首切轮廓元素终点坐标）
```

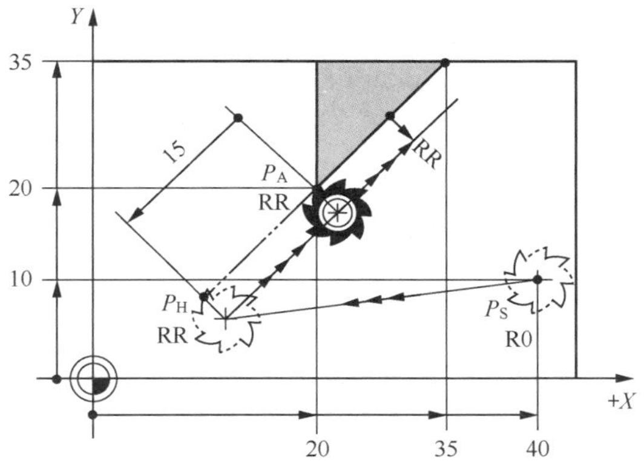

图 2-8　直线切向切入轮廓示例

注意

① APPR LT 程序段输入：按 APPR/DEP 功能键，再单击[APPR LT]功能软键。

② [APPR LT]刀具切入轮廓方式，需要输入切入线长。

（2）[APPR LN]方式。该切入轮廓方式与[APPR LT]类似，不同的是刀具直线法向切入轮廓。此切入方式尽量不用，因为其会影响工件表面的质量。

图 2-9 所示为直线法向切入轮廓示例，其程序如下：

```
17  L X+40 Y+10 R0 FMAX  （输入辅助点 PS坐标）
18  APPR LN X+10 Y+20 LEN15 RR F100  （输入切入点 PA坐标、切入线长 PHPA和刀补类型 RR）
19  L X+20 Y+35（输入首切轮廓元素终点坐标）
```

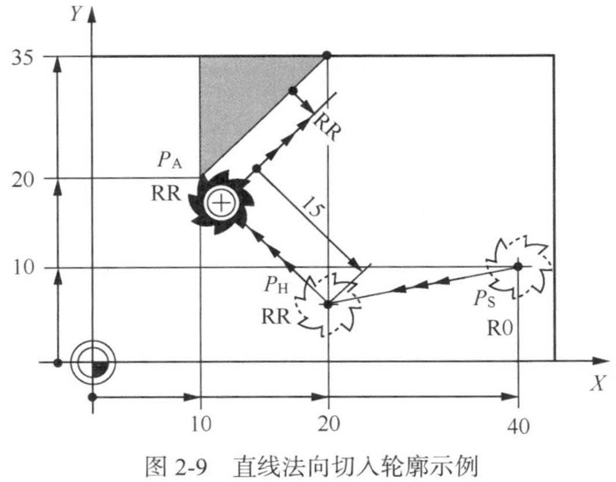

图 2-9　直线法向切入轮廓示例

（3）[APPR CT]方式。该切入轮廓方式与[APPR LT]类似，不同的是刀具以圆弧方式切入轮廓，并输入弧长参数（圆心角“CCA”和半径“R”）。

图 2-10 所示为圆弧切向切入轮廓示例，其程序如下：

```
17  L X+40 Y+10 R0 FMAX  （输入辅助点 PS坐标）
18  APPR CT X+10 Y+20 CCA180 R+10 RR F100  （输入轮廓切入点 PA坐标、圆心角 CCA、半径 R 和刀补类型 RR）
19  L X+20 Y+35（输入首切轮廓元素终点坐标）
```

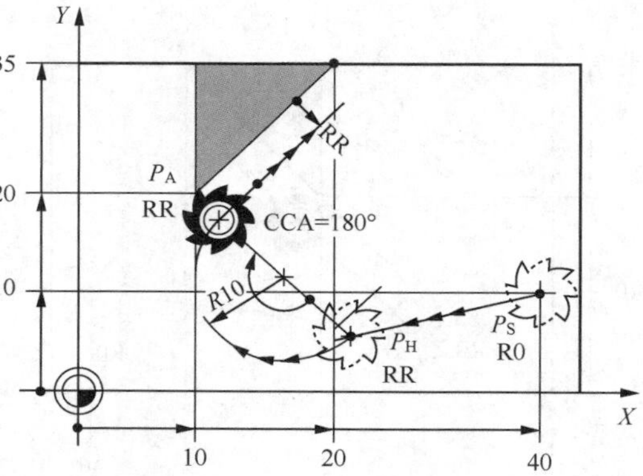

图 2-10　圆弧切向切入轮廓示例

注意

圆弧半径 R 有正负之分，确定方法为，如果刀具沿半径补偿相同的方向接近工件，R 取正值；如果刀具沿半径补偿相反的方向接近工件，R 取负值。

（4）[APPR LCT]方式。该切入轮廓方式与[APPR CT]类似，不同的是其切入轮廓轨迹较为平滑（拐点变切入点）；输入弧长变为输入半径 R。

图 2-11 所示为平滑轨迹切入轮廓示例，其程序如下：

```
17 L X+40 Y+10 R0 FMAX  （输入辅助点 PS 坐标）
18 APPR LCT X+10 Y+20 R10 RR F100  （输入切入点 PA 坐标、半径 R 和刀补类型 RR）
19 L X+20 Y+35 （输入首切轮廓元素终点坐标）
```

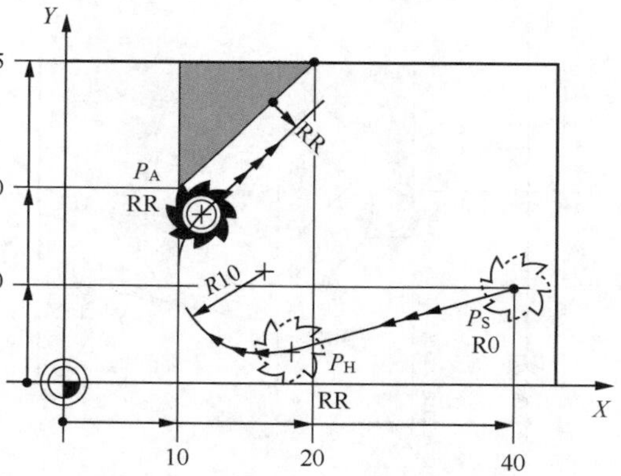

图 2-11　平滑轨迹切入轮廓示例

3. 刀具切出轮廓方式

应用[DEP]方式编程，刀具切出轮廓的轨迹有直线、圆弧和“圆弧+直线”，并且刀具切出轮廓的 DEP 程序段将自动取消刀具半径补偿功能，不需要调用 R0 指令。

（1）[DEP LT]方式。图 2-12 所示为直线切向切出轮廓示例，其程序如下：

```
23 L Y+20    （输入轮廓终点 PE 坐标）
24 DEP LT LEN12.5  （输入切出线长 PEPN）
```

离开轮廓编程

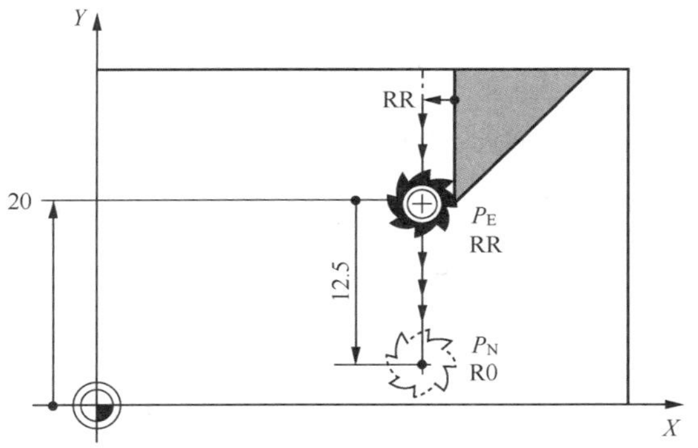

图 2-12　直线切向切出轮廓示例

（2）[DEP CT]方式。图 2-13 所示为圆弧切向切出轮廓示例，其程序如下：

```
23 L Y+20 （输入轮廓终点 PE 坐标 ）
24 DEP CT CCA180 R+8  （输入圆心角 CCA 和半径 R）
```

🕮 注意

切出轮廓的方式[DEP CT]需要输入圆心角和半径（确定弧长），不需要终点 P_N 的坐标。

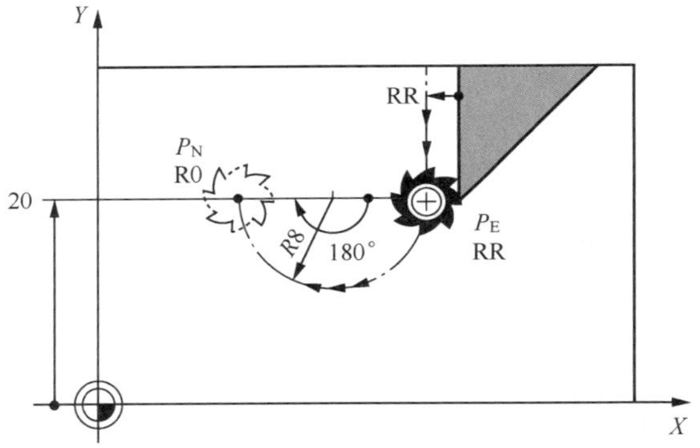

图 2-13　圆弧切向切出轮廓示例

（3）[DEP LCT]方式。图 2-14 所示为“圆弧+直线”平滑轨迹切出轮廓示例，其程序如下：

```
23 L Y+20 （输入轮廓终点 PE 坐标）
24 DEP LCT X+10 Y+12 R+8  （输入轨迹终点 PN 坐标和半径 R）
```

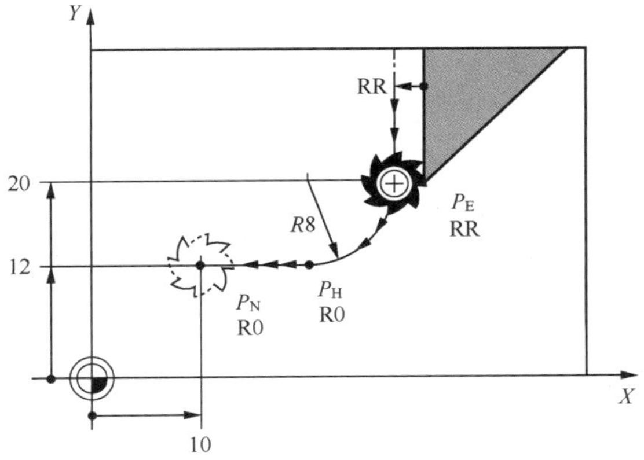

图 2-14　“圆弧+直线”平滑轨迹切出轮廓示例

4．应用【APPR/DEP】功能的程序基本格式

应用【APPR/DEP】功能编程，其程序基本格式示例见表 2-6。

表 2-6　按轮廓编程时程序基本格式示例（应用【APPR/DEP】功能）

程序段号	程序	说明
0	BEGIN PGM LKCX MM	程序开始部分
1	BLK FORM 0.1 **Z** X−50 Y−50 Z−20	
2	BLK FORM 0.2 X+50 Y+50 Z+0	
3	TOOL CALL 8 **Z** S2000	
4	L Z+100 R0 FMAX M3	刀具移至安全高度
5	L X-60 Y+0 R0 FMAX	刀具接近工件
6	L Z+2 R0 FMAX	
7	L Z−3 F200	下刀
8	**APPR LCT X**−37.5 **Y**+0 **R**3 **RL F300**	刀具切入轮廓，激活刀具半径左补偿功能
…	…	按轮廓编程
13	**DEP LCT X**−60 **Y**+0 **R**3	刀具切出轮廓，自动取消刀具半径左补偿功能
14	L Z+100 R0 FMAX M30	沿 Z 轴退刀，程序结束
15	END PGM LKCX MM	程序结束说明

2.2.4　指导实施

1．重点、难点、注意点

APPR 程序段应激活刀补功能，DEP 程序段会自动取消刀补功能。

2．仿真加工程序

程序如下：

```
0  BEGIN PGM ZFX MM    （程序开始）
1  BLK FORM 0.1 Z X-50 Y-50 Z-20   （定义毛坯）
2  BLK FORM 0.2 X+50 Y+50 Z+0
3  TOOL CALL 8 Z S2000    （调用刀具）
4  L Z+100 R0 FMAX M3    （刀具移至安全高度）
5  L X-60 Y+0 R0 FMAX    （刀具水平移至下刀点 S）
6  L Z+2 R0 FMAX    （刀具移至下刀安全高度）
7  L Z-3 R0 F200    （下刀）
8  APPR LCT X-37.5 Y+0 R3 RL F300（刀具切入轮廓，激活刀补功能 RL）
9  L X+0 Y+37.5   （刀具移至轮廓点 B）
10 L X+37.5 Y+0
11 L X+0 Y-37.5
12 L X-37.5 Y+0    （刀具移至轮廓终点 A）
13 DEP LCT X-60 R3  （刀具切出轮廓至点 S，自动取消刀补功能）
14 L Z+100 R0 FMAX M30   （沿 Z 轴退刀，程序结束）
15 END PGM ZFX MM     （程序结束说明）
```

3．测试运行结果

正方形凸台仿真加工结果如图 2-15 所示。

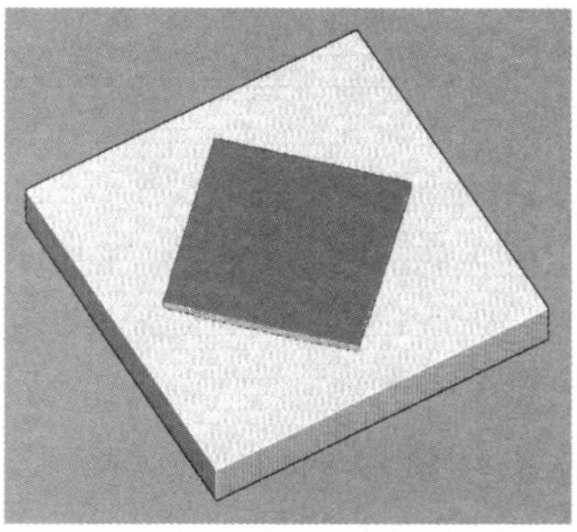

图 2-15　正方形凸台仿真加工结果

2.2.5 思考训练

1. 在 APPR LCT 程序段中输入的半径值是否应不小于刀具半径补偿值？
2. 完成上述任务后，请用其他切入/切出轮廓方式重新编程，并进行测试运行。

任务 2.3　倒（圆）角编程与圆弧轮廓编程

直线与圆弧是轮廓的基本组成元素，掌握其编程方法是手工编程的基础。倒角与倒圆角编程是简化的编程方式，能够提高编程效率。

2.3.1 任务目标

（1）能应用倒角、倒圆角指令。
（2）掌握圆弧轮廓编程方法。
（3）学会探究，能按圆弧轮廓特征合理选用圆弧轮廓编程方法。

2.3.2 任务内容

如图 2-16 所示，仿真加工凸台，毛坯尺寸为 100 × 100 × 20。

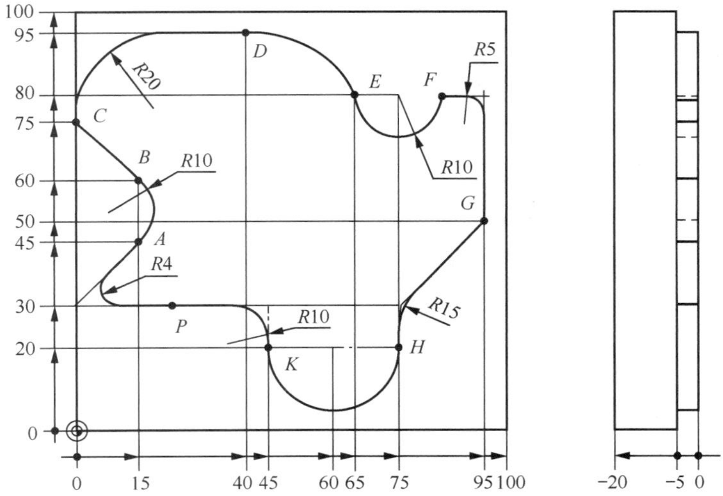

图 2-16　任务 2.3

2.3.3 相关知识

1．倒角编程

倒角功能键【CHF】用于倒角编程，倒去的两边必须相等。倒角程序由两个程序段组成，L 程序段输入角点坐标，CHF 程序段输入倒角边长和刀具进给率。图 2-17 所示为倒角编程示例，其程序如下：

倒角编程

```
17 L X+0 Y+30 RL F300   （输入角起始边上的点坐标）
18 L X+40 IY+5   （输入角点坐标）
19 CHF 12 F200   （输入倒角边长、刀具进给率）
20 IX+5 Y+0   （输入角终边上的点坐标）
```

📖 **注意**

CHF 程序段的 F200 为非模态指令，故 N20（即上述程序段 20，TNC 系统在程序中省略程序段地址符 N）程序段的刀具进给率为 F300(300mm/min)。

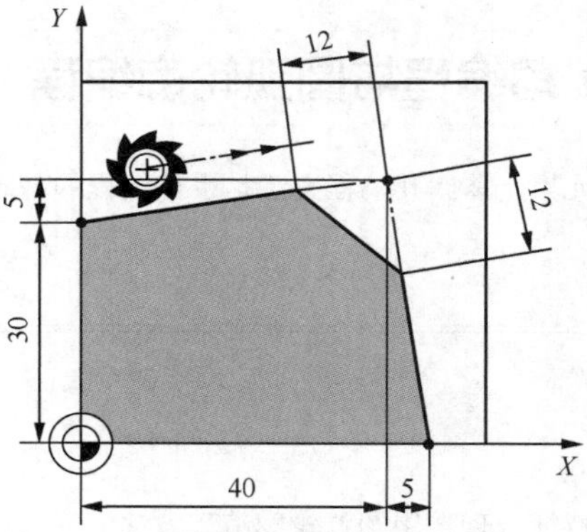

图 2-17 倒角编程示例

2．倒圆角编程

倒圆角功能键【RND】用于倒圆角编程，编程格式同【CHF】。图 2-18 所示为倒圆角编程示例，其程序如下：

```
15 L X+10 Y+40 RL F300   （输入角起始边上的点坐标）
16 L X+40 Y+25   （输入角点坐标）
17 RND R5 F200   （输入倒圆角半径、刀具进给率）
18 L X+10 Y+5   （输入角终边上的点坐标）
```

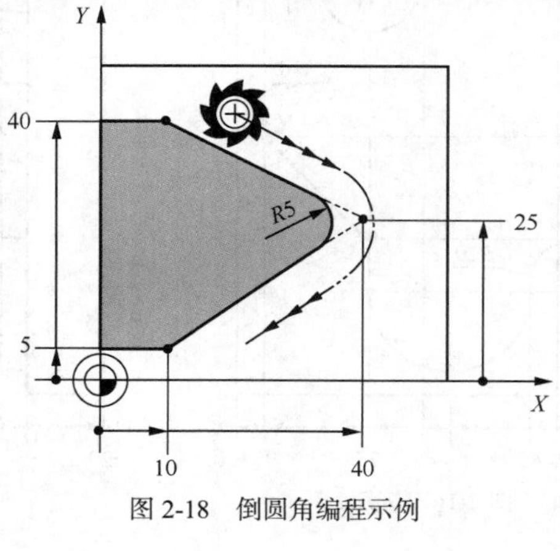

倒圆角编程

图 2-18 倒圆角编程示例

📖 注意

① 倒圆角指令的走刀轨迹为“直线—圆弧—直线”。

② RND 程序段中的 F200 为非模态指令。

3．已知圆心的圆弧轮廓编程

已知圆心的圆弧轮廓程序由两个程序段组成，CC 程序段输入圆心坐标，C 程序段输入圆弧终点坐标和走刀方向（顺时针为 DR−，逆时针为 DR+）；按键启动 CC 程序段编写，按键启动 C 程序段编写。图 2-19 所示为已知圆心的圆弧轮廓编程示例，其程序如下：

已知圆心的圆弧轮廓编程

```
L X+45 Y+25         （输入圆弧起点坐标）
CC X+25 Y+25        （输入圆心坐标）
C X+45 Y+25 DR-     （输入圆弧终点坐标、走刀方向）
```

确定圆心坐标也可以用增量方式，基准点为该圆弧轮廓的起点。用增量方式编写上述 CC 程序段如下：

```
CC IX-20 IY+0       （输入圆心增量坐标）
```

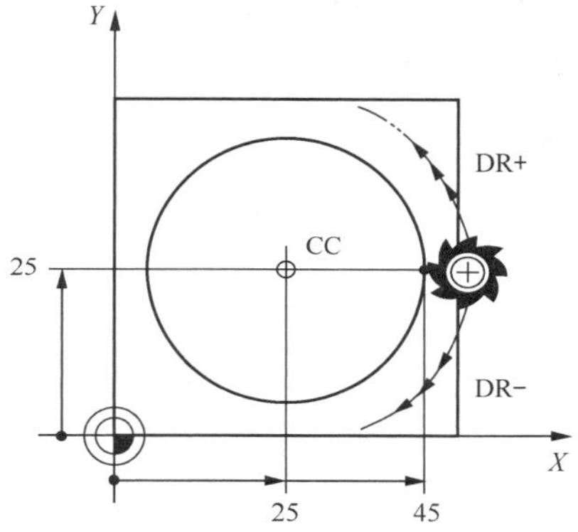

图 2-19　已知圆心的圆弧轮廓编程示例

4．已知半径的圆弧轮廓编程

已知半径的圆弧轮廓编程，按键启动程序段编写，然后输入圆弧终点坐标、半径和走刀方向。必须注意 CR 格式不能直接编写整圆程序，相当于 FANUC 系统中的“G02/G03 X_ Y_ R_”格式。如图 2-20 所示，已知半径的圆弧轮廓编程示例，其程序如下：

```
L X+45 Y+25              （输入圆弧起点坐标）
CR X+25 Y+5 R+20 DR-     （输入 A 点坐标、劣弧半径和走刀方向）
CR X+45 Y+25 R-20 DR-    （输入圆弧终点坐标、优弧半径和走刀方向）
```

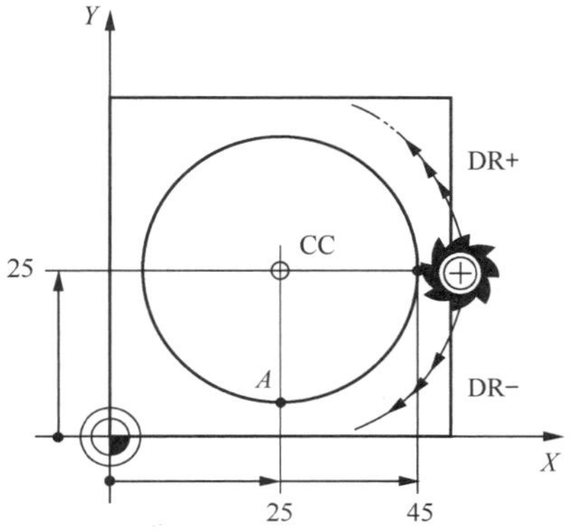

已知半径的圆弧轮廓编程

图 2-20　已知半径的圆弧轮廓编程示例

注意 CR 程序段中，圆弧半径 R 和走刀方向 DR 均有正负号，R+表示圆弧为劣弧（圆心角 CCA≤180° ），R−表示圆弧为优弧；DR+为逆时针走刀，DR−为顺时针走刀。

R 与 DR 正负号的取法如图 2-21 所示。

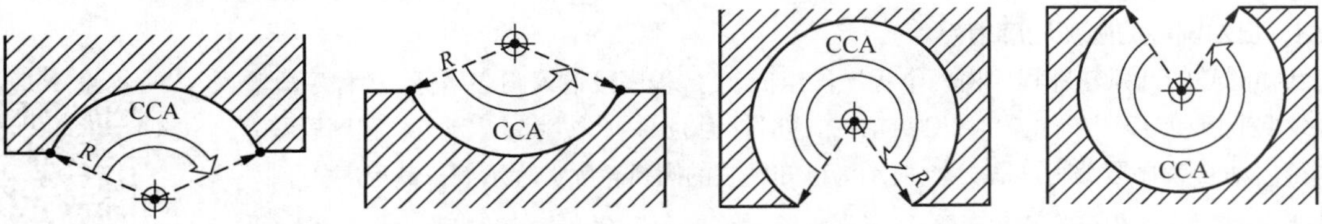

图 2-21　R 与 DR 正负号的取法

5．已知相切的圆弧轮廓编程

相切圆弧轮廓指与前一轮廓元素相切的圆弧轮廓，即圆弧轮廓的起点为切点。如图 2-22 所示，圆弧轮廓的起点 P_2 为切入点，圆弧 P_2P_3 则为相切圆弧轮廓。按键启动相切圆弧轮廓编程，然后输入圆弧终点坐标。图 2-23 所示为已知相切的圆弧轮廓编程示例，其程序如下：

已知相切的圆弧轮廓编程

```
19 CT X+45 Y+20   （输入圆弧终点坐标）
```

注意

图 2-23 中点(25,30)为切点。

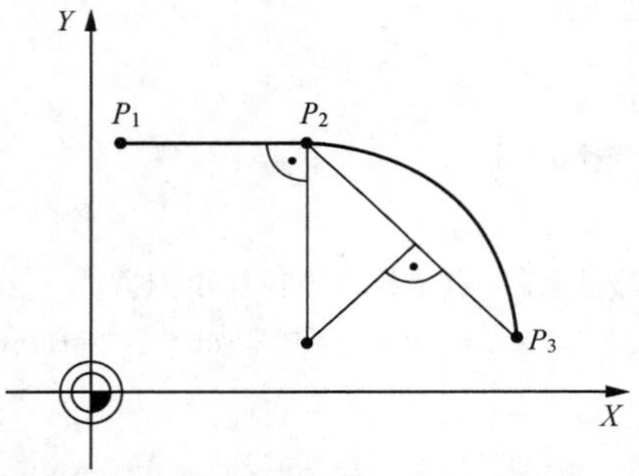

图 2-22　已知相切的圆弧轮廓编程示意图

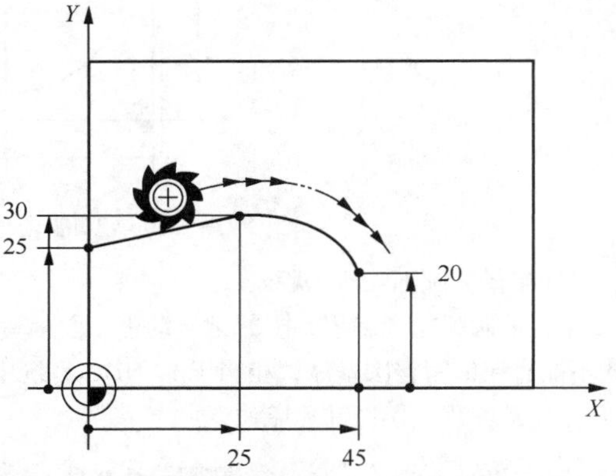

图 2-23　已知相切的圆弧轮廓编程示例

2.3.4 指导实施

1．重点、难点、注意点

圆弧轮廓编程有 3 种基本方法，即已知圆心、已知半径和已知相切，具体格式如图 2-24 所示，3 种格式均需输入终点坐标。另外，倒圆角指令也可用于圆弧轮廓编程，该圆弧轮廓为圆角，其起点、终点均为切点。

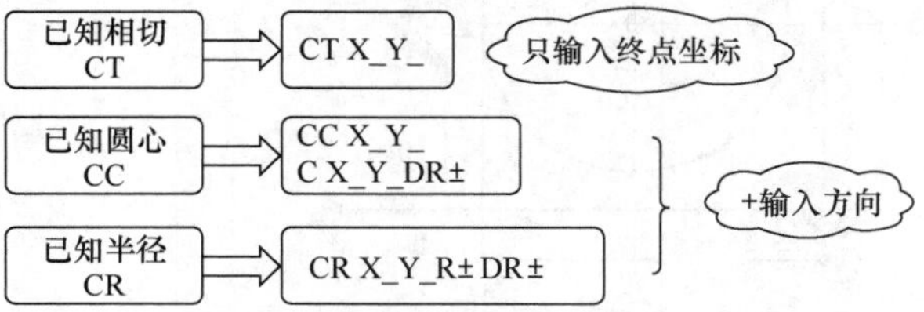

图 2-24　圆弧轮廓基本编程格式

2．仿真加工程序

程序如下：

```
0 BEGIN PGM YHCX MM
1 BLK FORM 0.1 Z X+0 Y+0 Z-20
2 BLK FORM 0.2 X+100 Y+100 Z+0
3 TOOL CALL 7 Z S2500
4 L Z+100 R0 FMAX M3
5 L X+20 Y-10 R0 FMAX    （下刀点坐标(20,-10)）
6 L Z+2 R0 FMAX
7 L Z-5 R0 F500
8 APPR LCT X+20 Y+30 R3 RL F1000  （切入点坐标(20,30)）
9 L X+0   （角点坐标(0,30)）
10 RND R4 F400    （倒圆角 R4）
11 L X+15 Y+45
12 CR X+15 Y+60 R+10 DR+    （已知半径 R10 圆弧）
13 L X+0 Y+75
14 CR X+20 Y+95 R+20 DR-    （已知半径 R20 圆弧）
15 L X+40    （切入点坐标(40,95)）
16 CT X+65 Y+80    （已知相切圆弧）
17 CC X+75 Y+80    （圆心坐标(75,80)）
18 C X+85 DR+   （已知圆心圆弧）
19 L X+95
20 RND R5 F500    （倒圆角 R5）
21 L Y+50
22 L X+75 Y+30
23 RND R15 F600    （倒圆角 R15）
24 L Y+20
25 CC X+60 Y+20    （圆心坐标(60,20)）
26 C X+45 Y+20 DR-   （已知圆心圆弧）
27 L Y+30
28 RND R10 F550   （倒圆角 R10）
29 L X+20    （轮廓终点）
30 DEP LCT X+20 Y-10 R3   （切出轮廓）
31 L Z+100 R0 FMAX M2
32 END PGM YHCX MM
```

圆弧轮廓编程综合练习

3．测试运行结果

凸台仿真加工结果如图 2-25 所示。

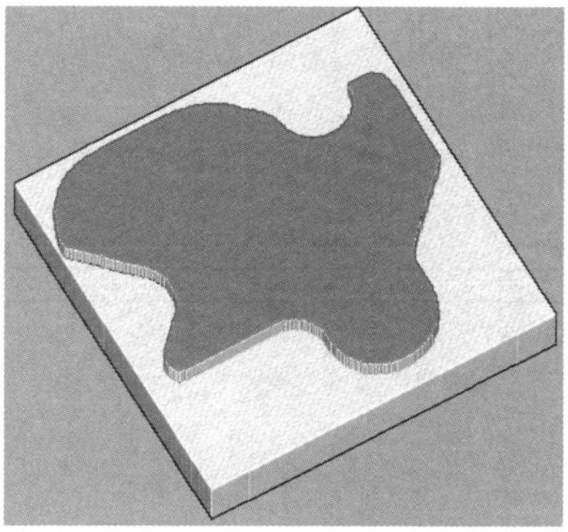

图 2-25　凸台仿真加工结果

2.3.5 思考训练

1. 如图 2-26 所示，仿真加工型腔凸台，毛坯尺寸为 150 × 100 × 20。
2. 如图 2-27 所示，仿真加工型腔凸台，毛坯尺寸为 100 × 100 × 30。

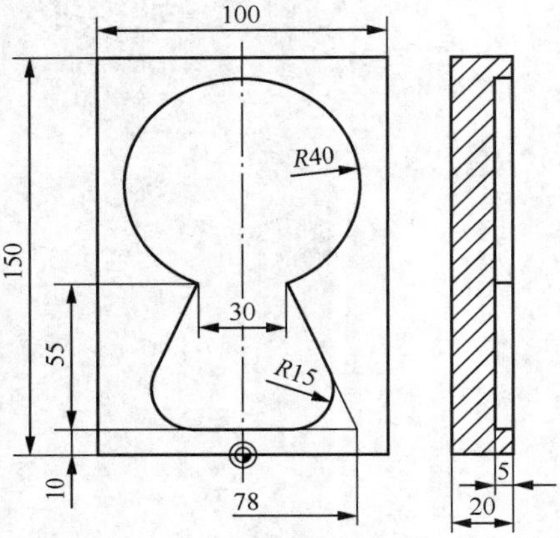

图 2-26　思考训练 1

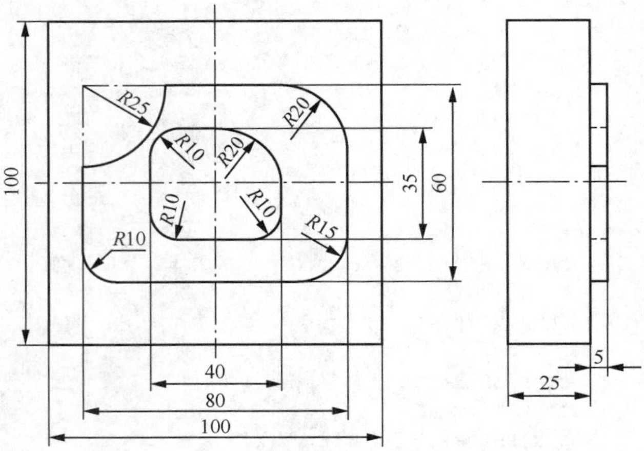

图 2-27　思考训练 2

3. 如图 2-28 所示，仿真加工高度为 3 的凸台，毛坯尺寸为 150 × 150 × 20。

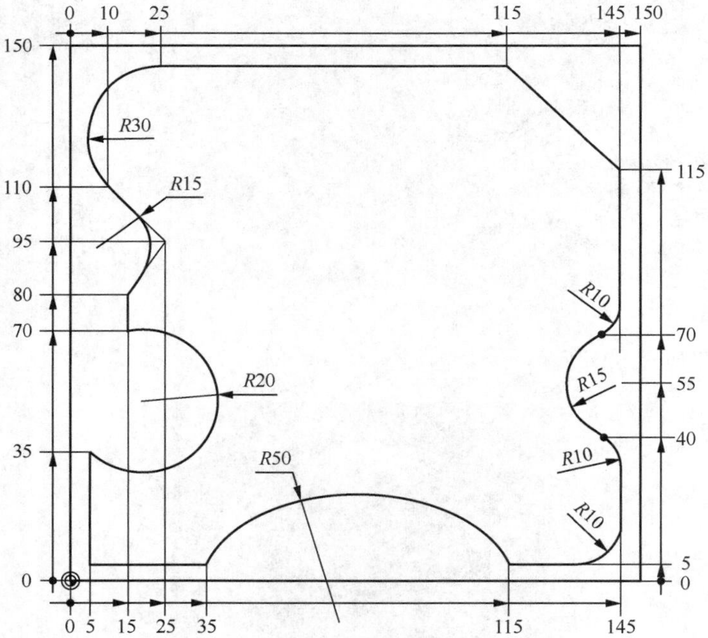

图 2-28　思考训练 3

项目3 极坐标编程

03

通常情况下，圆周分布的孔类零件（如法兰）以及图样尺寸以半径和角度形式标注的零件（如正多边形），应用直角坐标编程时需要使用三角函数计算基点坐标值，工作量大，并且影响编程精确度；而应用极坐标编程可避免烦琐的计算，还可提高编程效率和精确度。

项目目标

（1）掌握极坐标编程方法。

（2）培养综合应用能力，能根据实际情况合理选用直角坐标与极坐标编程。

项目任务

（1）线性轮廓极坐标编程。

（2）圆弧轮廓极坐标编程。

任务 3.1　线性轮廓极坐标编程

应用直角坐标编制正六边形轮廓程序时，需要计算基点坐标值，并且有的基点坐标值为无理数；而应用极坐标编程则简单、方便，不必计算基点坐标值。本任务将引用一个典型的极坐标编程案例来讲解线性轮廓极坐标编程。

3.1.1　任务目标

（1）能在编程坐标系中建立极坐标系。

（2）能用极坐标确定点坐标。

（3）能用极坐标编制线性轮廓程序。

3.1.2　任务内容

如图 3-1 所示，仿真加工正六边形凸台，毛坯尺寸为 100 × 100 × 20。

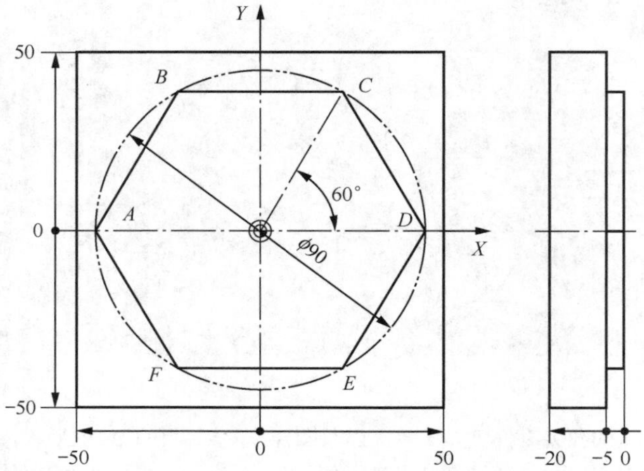

图 3-1 任务 3.1

3.1.3 相关知识

1．极坐标系

极坐标系是平面坐标系，通过角度与长度来确定点的坐标。如图 3-2 所示，在平面内取一点 O，引一条向右的水平射线 OX，再选定长度单位就建立了极坐标系。定点 O 称为极点，射线 OX 称为极轴。如图 3-3 所示，对于平面内一点 P，用 ρ 表示线段 OP 的长度，θ 表示从 OX 到 OP 的角度，ρ 称为点 P 的极径，θ 称为点 P 的极角，有序数对(ρ,θ)即点 P 的极坐标。

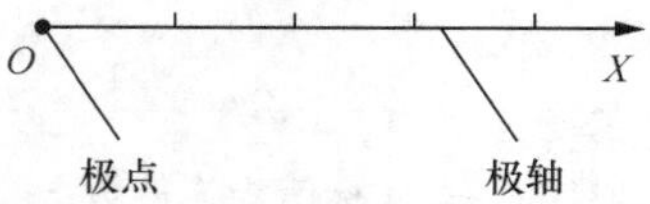

图 3-2 极坐标系

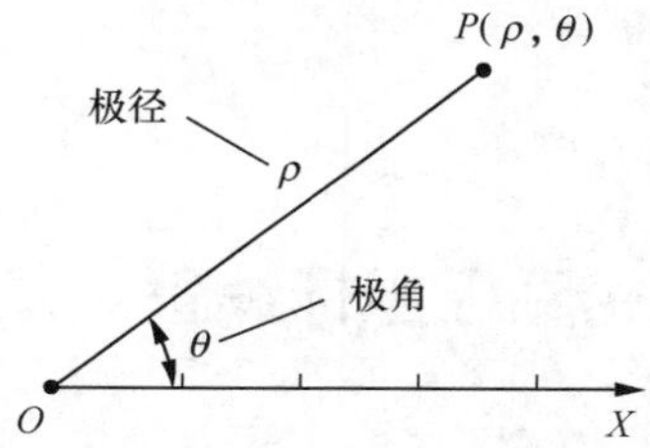

图 3-3 点 P 的极坐标

极坐标编程基础

如在直角坐标系中定义极坐标系，必须先定义极点 O，再根据平面直角坐标系确定极轴。TNC 系统中规定：在 XOY 平面，极轴平行于 X 轴；在 YOZ 平面，极轴平行于 Y 轴；在 ZOX 平面，极轴平行于 Z 轴，如图 3-4 所示。因此，在 TNC 系统中定义了极点就定义了极坐标系。

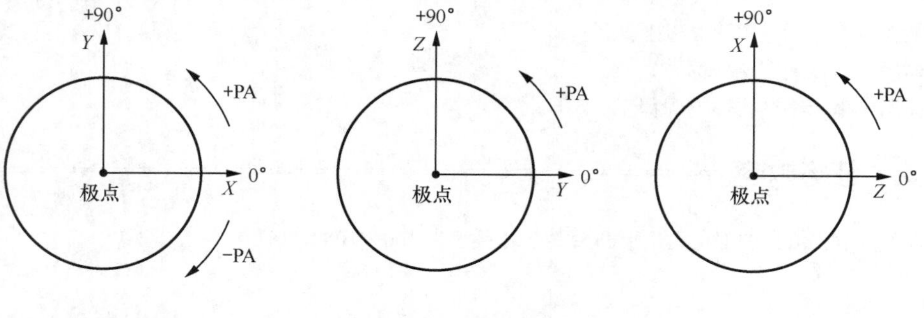

（a）XOY平面角度参考轴为X轴　（b）YOZ平面角度参考轴为Y轴　（c）ZOX平面角度参考轴为Z轴

图 3-4 参考平面极轴规定

在编程时要定义极点，只需先按键，再输入极点的直角坐标。例如在图 3-4（a）所示的 *XOY* 平面内定义极点，按键，输入极点的 *X*、*Y* 坐标，就完成了极点的定义。极点坐标的输入方式有以下 3 种。

```
绝对方式：CC X_ Y_   （输入极点的直角坐标）
增量方式：CC IX_ IY_ （输入极点的增量坐标，相对于前一路径终点）
模态方式：CC         （默认前一路径的终点为极点）
```

📖 **注意**

① 只能在直角坐标系中定义极点 CC。

② 定义极点编程不会导致刀具运动。

③ 定义新极点之前，原极点 CC 始终有效。

2. 极坐标编程功能键

极坐标编程时，先按【CC】键定义极点，然后按轨迹功能键选择刀具路径，再按【P】键启动极坐标输入。极坐标编程功能键的说明见表 3-1。

表 3-1　极坐标编程功能键的说明

功能键	文本表示	功能	输入参数	显示或提示
	【CC】	定义极点	极点坐标	
P	【LP】	刀具走直线轨迹	极径和极角（终点坐标）	PR、PA
P	【CP】	刀具走已知半径的圆弧轨迹	极角和走刀方向	PA、DR±
P	【CTP】	刀具走相切圆弧轨迹	极径和极角（终点坐标）	PR、PA

3. 线性轮廓极坐标编程方法

当刀具沿直线运动时，应用极坐标编程的步骤如下。

（1）按键，输入极点坐标，定义极点。

（2）按键，选择直线路径功能。

（3）按P键，启动极坐标输入，按输入提示输入极径 PR 和极角 PA，如图 3-5 所示。

如图 3-6 所示，假如刀具从点 1 水平线性运动到点 2，再运动到点 3，用极坐标编程为：

```
11 CC X+30 Y+20          （定义极点）
12 LP PR+50 PA+30 R0     （刀具运动到点 1 位置）
13 LP PR+30 PA+100 R0    （刀具运动到点 2 位置）
14 LP PR+0 PA+0 R0       （刀具运动到点 3 位置）
```

📖 **注意**

程序段 12 输入步骤为按【L】键→按【P】键→输入 50→输入 30。

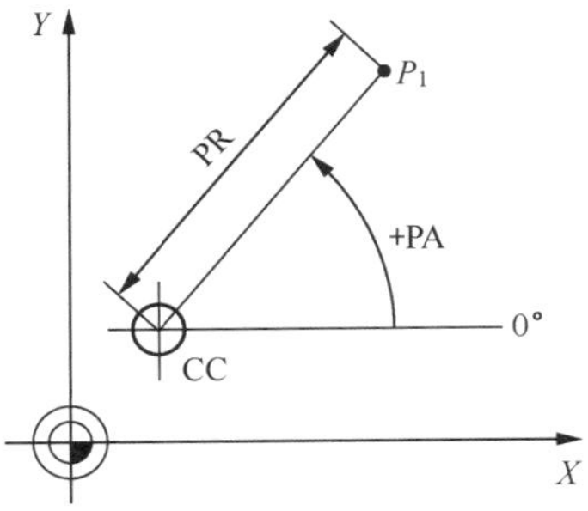

图 3-5　极坐标输入

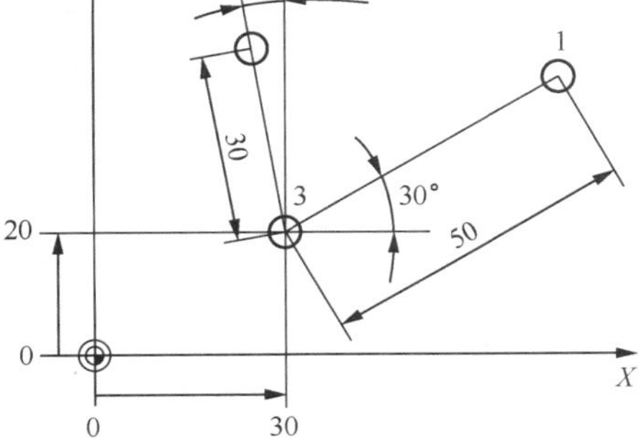

图 3-6　极坐标输入示例

3.1.4 指导实施

1．重点、难点、注意点

海德汉 TNC 系统定义了极点也就定义了极坐标系。用键定义极点后，就可以用极坐标编程，同时仍可以用直角坐标编程；重新定义极点后，原极坐标系自动取消。

2．仿真加工程序

程序如下：

```
0 BEGIN PGM JZBCX1 MM
1 BLK FORM 0.1 Z X-50 Y-50 Z-20
2 BLK FORM 0.2 X+50 Y+50 Z+0
3 TOOL CALL 8 Z S3000
4 L Z+100 R0 FMAX M3
5 L X-60 Y0 R0 FMAX
6 L Z+2 R0 FMAX
7 L Z-5 R0 F200
8 CC X+0 Y+0  （定义极点）
9 APPR LCT X-45 R3 RL F350   （刀具切入 A 点）
10 LP PR+45 PA+120    （刀具至 B 点）
11 LP PA+60      （刀具至 C 点）
12 LP PA+0       （刀具至 D 点）
13 LP PA-60      （刀具至 E 点）
14 LP PA-120     （刀具至 F 点）
15 LP PA-180     （刀具回 A 点）
16 DEP LCT X-60 R3
17 L Z+100 R0 FMAX M2
18 END PGM JZBCX1 MM
```

极坐标编程方法

注意

① 极坐标为模态指令，故程序段 11～15 省略了极径 PR。

② 程序段 12 中增量坐标程序为“LP IPA−60”，直角坐标程序为“L X+45 Y+0”，大家可根据实际情况选用，作用均相同。

3．测试运行结果

正六边形凸台仿真加工结果如图 3-7 所示。

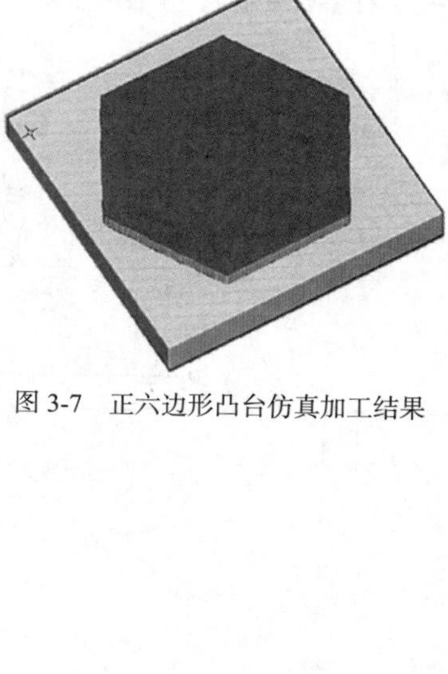

图 3-7　正六边形凸台仿真加工结果

3.1.5 思考训练

1. 在直角坐标系中如何定义极坐标系？如何取消极坐标系？
2. 请设计一个正五边形凸台，用极坐标编程并仿真加工。

任务 3.2 圆弧轮廓极坐标编程

已知圆弧半径与角度的圆弧轮廓，如果用直角坐标编程，确定圆弧终点坐标值需要应用三角函数运算；而应用极坐标编程，可直接确定点坐标，编程方便、快捷。

3.2.1 任务目标

（1）能用极坐标编制圆弧轮廓程序。
（2）培养分析、解决问题的能力，能灵活应用极坐标编程。

3.2.2 任务内容

如图 3-8 所示，仿真加工凸台，毛坯尺寸为 100 × 100 × 20。

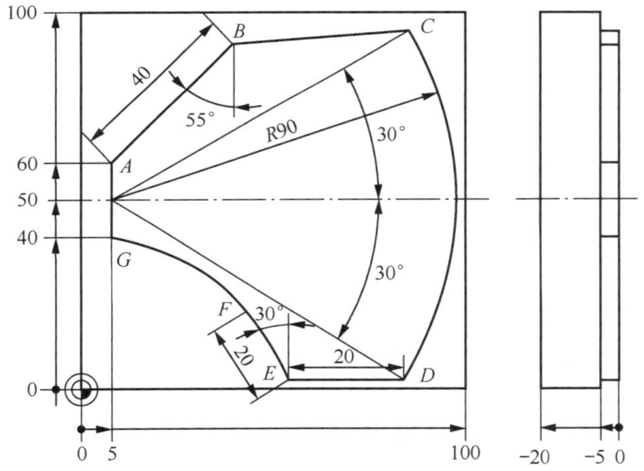

图 3-8 任务 3.2

3.2.3 相关知识

1. 已知半径的圆弧轮廓极坐标编程方法

（1）编程格式

如图 3-9 所示，已知圆心与半径的圆弧轮廓，其极坐标编程格式为：

```
CC X_ Y_  （定义圆心为极点）
CP PA_ DR_（输入圆弧终点的极角和圆弧走刀方向）
```

已知半径的圆弧轮廓极坐标编程

注意

后程序段省略了极径 PR。

（2）编程步骤

刀具进行圆弧运动，已知圆弧的半径，用极坐标编程时，通常定义圆弧的圆心为极点，编程步骤如下。

① 按键，输入极点坐标，定义极点。

② 按键，选择圆弧轨迹功能。

③ 按P键，启动极坐标输入。

- 输入极角 PA。
- 输入圆弧方向 DR，顺时针为 DR−，逆时针为 DR+。

注意

圆弧轮廓用极坐标编程时，虽然已知半径，但启用的轨迹功能键为，而不是已知半径的轨迹功能键。

（3）编程示例

图 3-10 所示为半圆轮廓 *AB* 用极坐标编程示例，其程序如下：

```
18 CC X+25 Y+25              （定义圆心为极点）
19 LP PR+20 PA+0 F300        （输入圆弧起点极坐标）
20 CP PA+180 DR+             （输入圆弧终点极坐标、走刀方向）
```

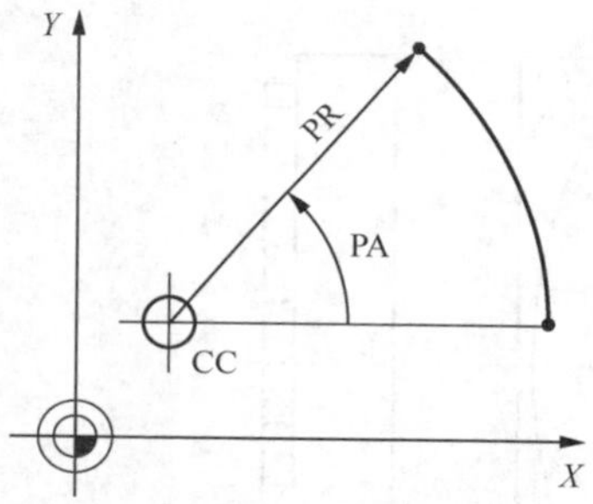

图 3-9 已知半径的圆弧轮廓极坐标编程示意

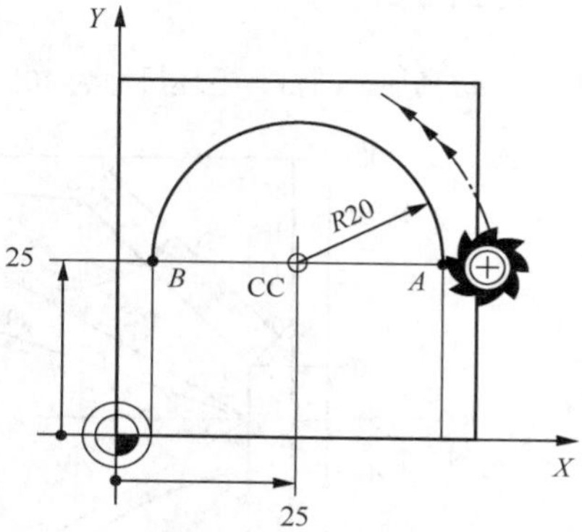

图 3-10 已知半径的圆弧轮廓极坐标编程示例

2．已知相切的圆弧轮廓极坐标编程方法

（1）编程格式

如图 3-11 所示，圆弧轮廓与前一轮廓元素相切，用极坐标编程时，其编程格式为：

```
CC X_ Y_  （定义极点）
CTP PR_ PA_（输入圆弧终点的极径、极角）
```

已知相切的圆弧轮廓极坐标编程

（2）编程步骤

相切圆弧的极坐标编程步骤如下。

① 按键，输入极点坐标，定义极点。

② 按键，选择圆弧轨迹功能。

③ 按P键，启动极坐标输入。

- 输入极径 PR。
- 输入极角 PA。

（3）编程示例

如图 3-12 所示，轮廓 *BC* 与 *AC* 相切，铣削 *BC* 圆弧轮廓的极坐标编程如下：

```
12 CC X+40 Y+35     （定义极点）
13 LP PR+25 PA+120    （输入圆弧起点 B 极坐标）
14 CTP PR+30 PA+30    （输入圆弧终点 C 极坐标）
```

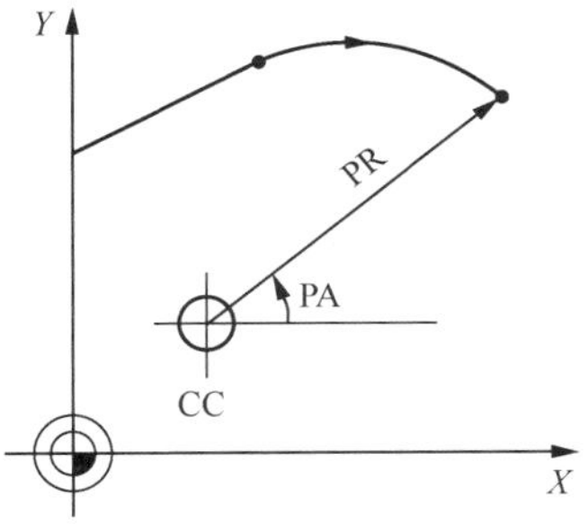

图 3-11　相切圆弧轮廓极坐标编程示意

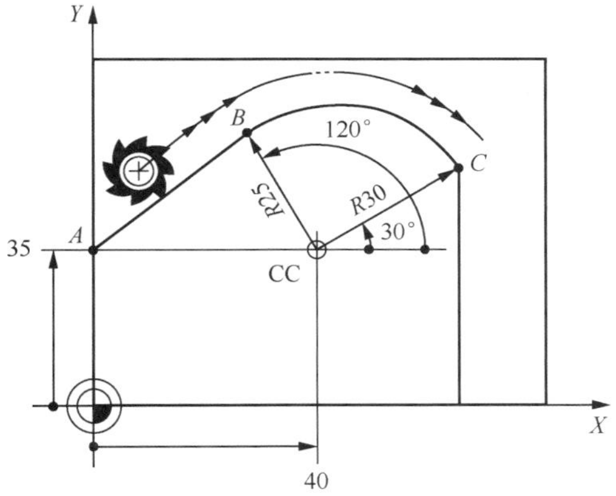

图 3-12　相切圆弧轮廓极坐标编程示例

3.2.4 指导实施

1．重点、难点、注意点

（1）极坐标选用

图纸上标注角度的轮廓一般用极坐标编程。如图 3-8 中标注 55°、30° 的轮廓，用极坐标编程比较方便。

（2）点 *D*、*E* 和 *F* 坐标的确定

如图 3-8 所示，点 *D* 极坐标为(90,−30)；点 *E* 坐标应采用增量坐标，相对于点 *D*，*X* 坐标值少 20，*Y* 坐标值不变，即“IX−20，IY0”；点 *F* 宜用极坐标，极点 *E* 为上一程序段终点，所以可采用“CC”默认方式，极坐标为(20,120)。

2．仿真加工程序

程序如下：

```
0 BEGIN PGM JZBCX2 MM
1 BLK FORM 0.1 Z X+0 Y+0 Z-20
2 BLK FORM 0.2 X+100 Y+100 Z+0
3 TOOL CALL 8 Z S2500
4 L Z+100 R0 FMAX
5 L X-10 Y+50 R0 FMAX M3   （下刀点(-10,50)）
6 L Z+2 R0 FMAX
7 L Z-5 R0 F200
8 APPR LCT X+5 R3 RL F350   （轮廓切入点(5,50)）
9 L Y+60
10 CC X+5 Y+60    （定义极点 A）
11 LP PR+40 PA+35
12 CC X+5 Y+50    （定义新极点）
13 LP PR+90 PA+30
14 CP PA-30 DR-     （刀具至 D 点）
15 L IX-20    （刀具至 E 点，增量坐标）
16 CC     （定义新极点 E，默认方式）
17 LP PR+20 PA+120
18 CT X+5 Y+40
```

极坐标编程综合练习

```
19 L Y+50
20 DEP LCT X-10 R3
21 L Z+100 R0 FMAX M2
22 END PGM JZBCX2 MM
```

3．测试运行结果

凸台仿真加工结果如图 3-13 所示。

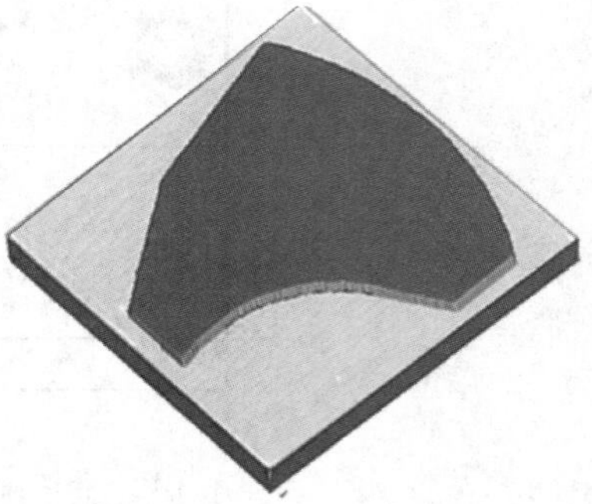

图 3-13　凸台仿真加工结果

3.2.5　思考训练

1. 如图 3-14 所示，仿真加工凸台，毛坯尺寸为 100 × 80 × 15。
2. 如图 3-15 所示，仿真加工工件，毛坯尺寸为 100 × 100 × 15。

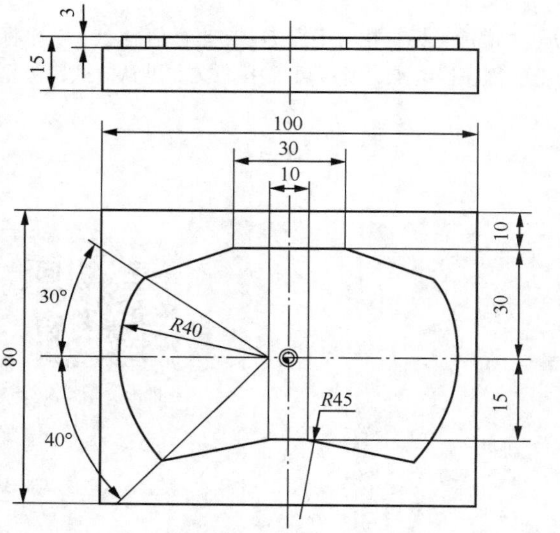

图 3-14　思考训练 1

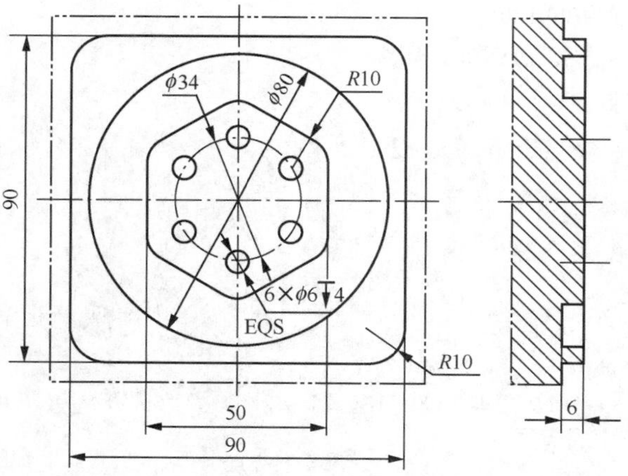

图 3-15　思考训练 2

项目4
循环

04

循环是一种简化的编程方法，通过各种循环应用，可使编程简单、易学，程序简洁明了，提高编程效率。

项目目标

（1）能定义和调用循环。
（2）能应用循环编程。
（3）培养综合应用能力，能合理选用循环来解决实际问题。

项目任务

（1）孔加工循环。
（2）螺纹加工循环与点表功能。
（3）型腔/凸台循环。
（4）阵列循环。
（5）SL 循环。
（6）坐标变换循环。

任务 4.1　孔加工循环

在机械行业中孔加工有多种方法，合理选用孔加工循环，能明显提高编程效率和孔加工精度。

4.1.1　任务目标

（1）能确定孔加工循环参数。
（2）能用孔加工循环编程。
（3）学会分析，能按孔技术要求选用合适的孔加工循环。

4.1.2　任务内容

如图 4-1 所示，仿真加工 4× ϕ8 孔。

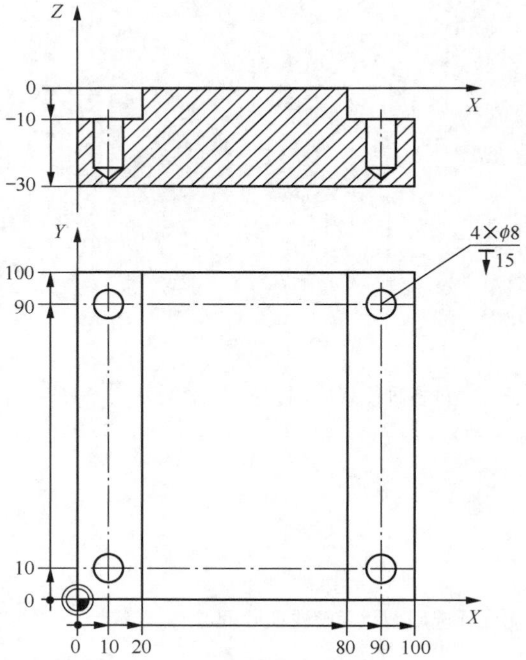

图 4-1　任务 4.1

4.1.3　相关知识

1．循环编程概述

循环编程是将若干条基本加工指令（如圆弧插补、直线插补）表述的加工内容用循环指令表达出来，并将其存储在数控系统内存中，经过译码程序的译码，将其转换成数控系统能识别的基本指令，从而实现对所需特征的加工。

循环概述

通常由多个加工步骤组成的、经常重复使用的加工过程，可将其设置成循环。数控系统一般把下述具体加工工艺内容设计成循环编程。

（1）在完成某一确定的加工内容时，刀具动作具有典型的、固定的连续性，如钻孔、攻螺纹。

（2）典型的机械加工工艺单元，如车螺纹。

（3）毛坯尺寸与工件最终尺寸相差较大，余量较多，需多次往复切削，如铣削型腔。

（4）加工有规律排列的相同的工艺单元，如加工阵列圆孔。

循环功能避免了重复编程，使程序结构层次分明、逻辑严谨，提高了程序的可读性。编程时一般先定义循环，再调用循环；但部分循环（如阵列）是定义即生效的，不需要调用。常用循环有孔加工、凸台与型腔加工、坐标变换及阵列等，详见表 4-1。

表 4-1　常用循环

软键（循环组）	文本表示	内含循环
钻孔/攻丝	[钻孔/攻丝]	钻孔、铰孔、镗孔、锪孔、攻螺纹、铣螺纹循环
型腔/凸台/凹槽	[型腔/凸台/凹槽]	铣削型腔、凸台、凹槽循环

续表

软键（循环组）	文本表示	内含循环
坐标变换	[坐标变换]	原点平移、旋转、镜像、缩放循环
SL 循环	[SL 循环]	子轮廓列表循环
图案	[图案]	圆弧阵列、线性阵列循环

📖 **注意**

界面中的“攻丝”为“攻螺纹”的旧称，在界面中保留了“攻丝”，但文本中均改为“攻螺纹”。

循环定义与调用

2．循环定义

用循环编程时一般要先定义循环，确定循环参数。定义循环的步骤如下。

（1）在编程模式下，按循环定义键 CYCL DEF，启动循环定义，弹出图 4-2 所示的界面。

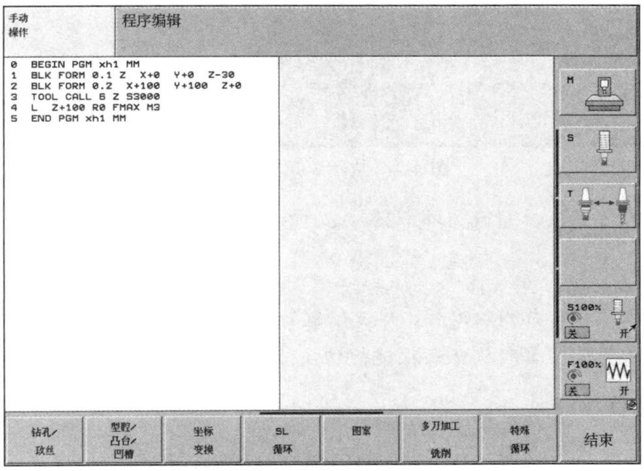

图 4-2　循环组界面

（2）在底部软键区单击所需循环组的软键，如单击[钻孔/攻丝]软键，软键区弹出具体的钻孔、攻螺纹循环等孔加工循环软键，如图 4-3 所示。

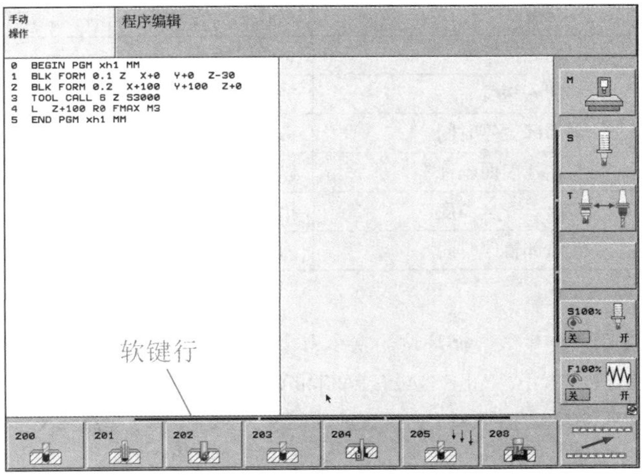

图 4-3　孔加工循环界面

（3）通过软键行及软键选择所需的循环，如第一软键行的第一个软键为钻孔循环 200，单击循环[200]软键，弹出图 4-4 所示的界面。

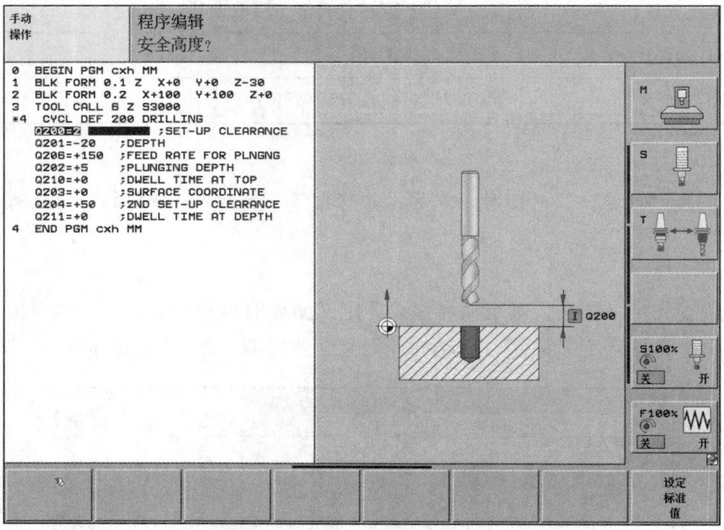

图 4-4 循环 200 参数输入

（4）按提示信息输入循环参数，完成循环定义。

注意

仿真系统软键正上方的横线，称为软键行，单击软键行会弹出具体的循环，当前软键行横线显示为高亮蓝色，后台软键行横线显示为黑色。真实机床有软键行切换键。

钻孔循环 200 参数输入示例见表 4-2。

表 4-2 钻孔循环 200 参数输入示例

循环及输入参数	提示信息	说明
CYCL DEF 200 DRILLING		定义钻孔循环 200
Q200=+2	安全高度?	下刀安全高度（FANUC 系统 R 平面）取 2～5mm
Q201=−15	深度?	钻孔表面为基准的孔深度，取负值
Q206=+150	切入进给率?	钻孔进给率，单位为 mm/min
Q202=+5	切入深度?	加工深孔时每次钻入深度，取正值
Q210=+0	顶部暂停时间?	刀具在安全高度处的暂停时间，单位为 s
Q203=+0	钻孔表面坐标?	以工件坐标系为基准
Q204=+15	第二安全高度?	抬刀跨越高度（刀具移至下一钻孔位的抬刀高度）
Q211=+0	底部暂停时间?	刀具在孔底的暂停时间，单位为 s

3．循环调用

循环定义后，一般要调用才能生效。循环调用指令有【CYCL CALL】、M99 和 M89。【CYCL CALL】有 3 种调用方式，即[CYCLE CALL M]、[CYCLE CALL PAT]和[CYCLE CALL POS]，如图 4-5 所示。[CYCLE CALL M]默认当前位置为循环起点，[CYCLE CALL PAT]通过点表文件提供循环起点，[CYCLE CALL POS]在本程序段输入循环起点。M99 为非模态循环调用指令，M89 为模态循环调用指令。

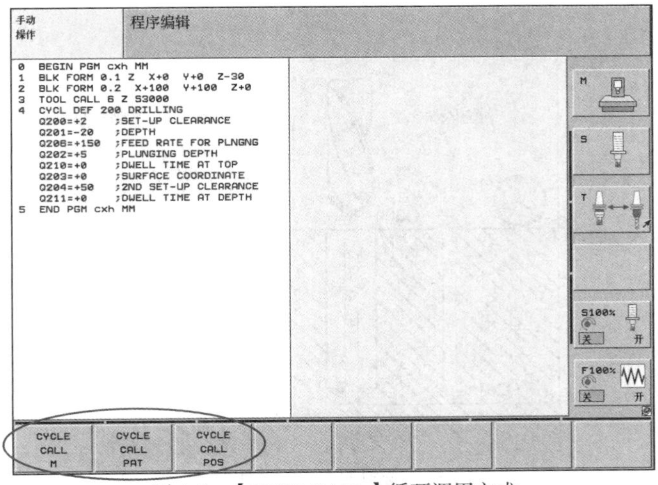

图 4-5 【CYCL CALL】循环调用方式

本任务在(10,10)、(10,90)、(90,90)、(90,10)位置钻孔，调用钻孔循环 200 的程序如下。

（1）应用【CYCL CALL】功能编程

程序如下：

```
5 CYCL DEF 200 DRILLING
6 CYCLE CALL POS X+10 Y+10 Z+0 F9999  （必须输入循环起点 X、Y、Z 这 3 个坐标值）
7 CYCLE CALL POS X+10 Y+90 Z+0
8 CYCLE CALL POS X+90 Y+90 Z+0
9 CYCLE CALL POS X+90 Y+10 Z+0
```

📖 **注意**

① 使用[CYCLE CALL POS]方式调用循环，循环起点必须为空间点，即 *X*、*Y*、*Z* 坐标值都要输入，如程序段 7 中不能省略“Z+0”。

② 设置 *Z* 值可调整钻孔深度。

③ 程序段 6 中进给率取 F9999，则程序段 7、8、9 可省略 F；如用 FMAX 则不能省略。

（2）应用辅助功能编程

程序如下：

```
5 CYCL DEF 200 DRILLING
6 L X+10 Y+10 R0 F9999 M89  （M89 调用循环，输入 X、Y 循环起点坐标值）
7 L Y+90   （省略 M89）
8 L X+90   （省略 M89）
9 L Y+10 M99   （M99 调用循环）
```

📖 **注意**

① 应用辅助功能调用循环，输入平面坐标定位，*Z* 坐标不起作用。

② 要结束 M89 调用功能，最后一个调用循环指令用 M99，或者使用【CYCL DEF】键定义一个新循环。

4．钻孔循环 200

钻孔循环 200 用于常规孔钻削，该循环的钻孔过程为：每次钻入一定深度，快速退刀至钻孔表面的安全高度（即 R 平面，以便排屑），然后刀具快速移到上次钻深的安全高度（2～5mm），再钻下一个深度，TNC 系统重复这一过程直至达到编程深度。钻孔循环 200 参数示意如图 4-6 所示。

钻孔循环 200

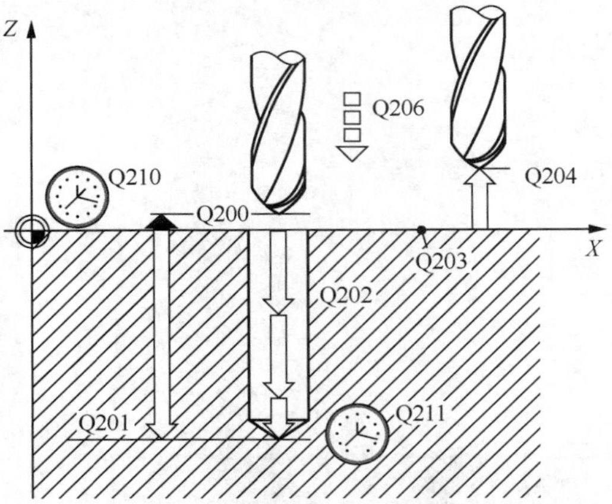

图 4-6　钻孔循环 200 参数示意

钻孔循环编程程序格式示例见表 4-3。

表 4-3　钻孔循环编程程序格式示例

名称	程序	说明
程序开始部分	0 BEGIN PGM ZKXHCX MM	程序开始
	1 BLK FORM 0.1 Z X+0 Y+0 Z-30	定义毛坯
	2 BLK FORM 0.2 X+100 Y+100 Z+0	
	3 TOOL CALL 4 Z S1000	调用刀具
	4 L Z+100 R0 F99999 M3	刀具移至安全高度
定义循环	5 **CYCL DEF 200 DRILLING**	按【CYCL DEF】键定义循环
调用循环	6 **L X+10 Y+10 M89**	M89 调用循环
	7 L Y+90	M89 调用循环（省略）
	8 L X+90	M89 调用循环（省略）
	9 **L Y+10 M99**	M99 调用循环（最后一个）
程序结束部分	10 L Z+100 R0 FMAX M30	退刀，程序结束
	11 END PGM ZKXHCX MM	程序结束说明

注意

应用钻孔循环编程，不激活刀具半径补偿功能。

5．常用孔加工循环

常用孔加工循环见表 4-4。

孔加工循环

表 4-4　常用孔加工循环

循环	功能	说明
CYCL DEF 201	铰孔	一次性铰孔
CYCL DEF 202	镗孔	一次性镗孔
CYCL DEF 203	万能钻	分层钻孔，回刀断屑，钻深递减。如 Q213=2，两次钻深回刀，第三次钻深退刀至 R 平面以排屑

续表

循环	功能	说明
CYCL DEF 205	万能啄钻	分层钻孔，回刀断屑，钻深递减（断屑深度 Q257 决定断屑次数）； 连续钻孔，短钻头+长钻头
CYCL DEF 240	钻定位孔、倒角	中心钻定位时，孔深 Q201=−2～−5。 加工倒角时，取 Q343=1，此时需在刀具表中定义 T-ANGLE，且直径 Q344 取负值

注意

回刀起断屑作用，退刀起排屑作用。

4.1.4 指导实施

1．重点、难点、注意点

（1）参数取法

参数 Q203：孔加工表面 *Z* 坐标。与工件坐标系相关，与工件表面坐标不一定相同，如台阶面。

循环 240 中，Q343=1 时，通过直径确定孔的深度，此时直径取负值，且要设置刀具表中刀尖角。

（2）循环选用

循环 200、循环 203、循环 204 都用于钻深孔。循环 200 没有断屑参数，循环 203 通过钻深次数决定断屑次数，循环 204 通过钻孔深度决定断屑次数。如孔位置度要求高时，需要先用循环 240 钻定位孔。

2．仿真加工程序

程序如下：

```
0 BEGIN PGM ZKXHCX MM
1 BLK FORM 0.1 Z X+0 Y+0 Z-30
2 BLK FORM 0.2 X+100 Y+100 Z+0
3 TOOL CALL 4 Z S1000
4 L Z+100 R0 F9999 M3
5 CYCL DEF 200 DRILLING
  Q200=+2
  Q201=-17.3（麻花钻刀尖为刀位点）
  Q206=+150
  Q202=+5
  Q210=+0
  Q203=-10  （钻孔表面坐标）
  Q204=+15  （第二安全高度）
  Q211=+0
6 L X+10 Y+10 M89  （钻左下孔）
7 L Y+90       （钻左上孔）
8 L X+90       （钻右上孔）
9 L Y+30 M99   （钻右下孔）
10 L Z+100 R0 FMAX M30
11 END PGM ZKXHCX MM
```

3．测试运行结果

4× ϕ8 孔仿真加工结果如图 4-7 所示。

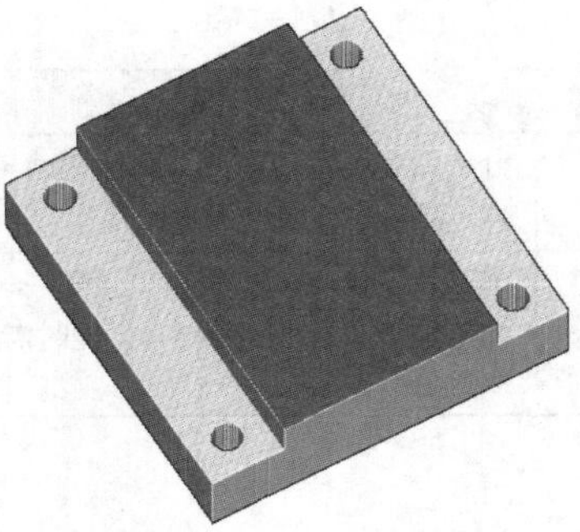

图 4-7　4 × ϕ8 孔仿真加工结果

4.1.5 思考训练

1. 钻定位孔、扩孔、铰孔、镗孔分别选哪个孔加工循环？孔口倒角选哪个孔加工循环？
2. 孔加工循环中，如何确定表面坐标 Q203、安全高度 Q200 和第二安全高度 Q204？请举例说明。

任务 4.2　螺纹加工循环与点表功能

螺纹加工循环简化了螺纹加工程序的编写，特别是攻多个螺纹时，应用点表功能，不必再用程序确定钻孔位置，可以简化程序，提高编程效率。

4.2.1 任务目标

（1）能确定螺纹加工循环参数。
（2）能用螺纹加工循环编程。
（3）结合钻孔循环功能，能应用点表功能加工多个孔。

4.2.2 任务内容

如图 4-8 所示，应用点表功能仿真加工 6 × M6 孔。

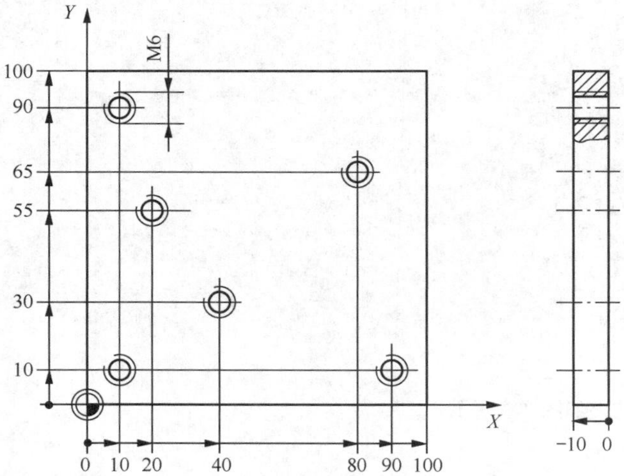

图 4-8　任务 4.2

4.2.3 相关知识

1．攻螺纹循环 206

攻螺纹循环 206 用于浮动夹头攻螺纹，采用这种方式攻螺纹会自动校准丝锥与螺纹底孔的同轴度。该循环攻螺纹过程为：丝锥快进至下刀安全高度（Q200），一次性攻入孔底，然后暂停，主轴反转退刀至安全高度 Q200（如定义了跨越安全高度 Q204，则再快退到此高度），主轴恢复正转。攻螺纹循环 206 参数示意如图 4-9 所示。

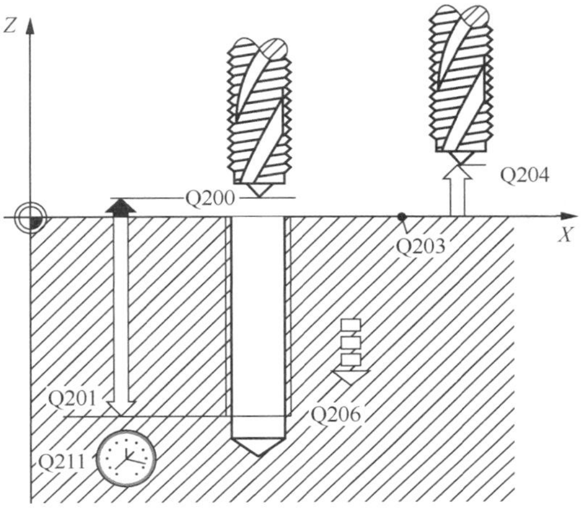

图 4-9 攻螺纹循环 206 参数示意

攻螺纹循环 206

攻螺纹循环 206 参数输入示例见表 4-5。

表 4-5 攻螺纹循环 206 参数输入示例

循环及输入参数	提示信息	说明
CYCL DEF 206 DRILLING		定义攻螺纹循环 206
Q200=+4	安全高度?	下刀安全高度，取螺距的 4 倍
Q201=−12	深度?	螺纹深度，取负值
Q206=+200	切入进给率?	攻螺纹进给率，单位为 mm/min
Q211=+0.5	底部暂停时间?	丝锥在孔底的暂停时间，取 0～0.5s
Q203=+0	表面坐标?	攻螺纹孔的表面坐标值 *Z*
Q204=+5	第二安全高度?	抬刀跨越高度（丝锥移至下一攻孔位的抬刀高度）

注意

① 参数 Q211 的作用为防止退刀时卡阻。

② 丝锥实际退刀高度由最大安全高度决定。

表 4-5 中 Q206 参数必须满足式（4-1）：

$$F=SP \quad （单线螺纹） \tag{4-1}$$

式中：*F* 表示进给率（单位为 mm/min）；*S* 表示主轴转速（单位为 r/min）；*P* 表示螺距（单位为 mm）。

注意

① 攻螺纹过程中，如用机床停止按钮中断程序运行，TNC 系统将显示用于退刀的软键。

② 循环运行时，主轴转速倍率调节旋钮不可用。

③ 加工右旋螺纹时用 M3 启动主轴旋转，加工左旋螺纹时用 M4 启动主轴旋转。

2．点表功能

如果多次调用同一个循环，循环起点又非规则排序，应使用点表功能。应用点表功能的过程为：创建点表，在程序中调入点表，然后用【CYCL CALL】的[CYCLE CALL PAT]点表方式调用循环。

（1）创建点表

创建点表的步骤如下。

① 在编程模式下，按程序管理键PGM MGT，进入文件管理界面。

② 单击[新文件]软键，在弹出的小框中输入点表文件名，如“TAB.**PNT**”，单击[是]软键确认。

③ 弹出小框，选“MM”（毫米）为单位，进入编辑加工点数据表，如图 4-10 所示。

④ 光标在“[END]”处时，单击[插入行]软键，出现新行，用方向键等输入坐标值。

⑤ 按【END】键结束点表编辑，返回文件管理界面。

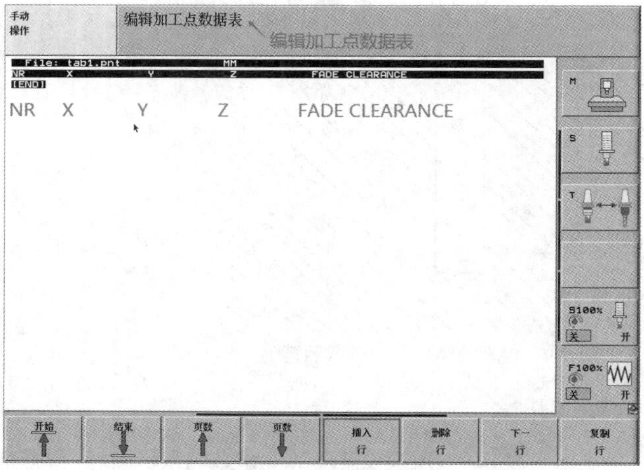

图 4-10 点表编辑界面

📖 **注意**

*点表新文件扩展名必须为“**.PNT**”。*

（2）调入点表

在程序中调入点表的步骤如下。

① 如图 4-11 所示的编程界面，光标（亮条）定位在程序段 4。

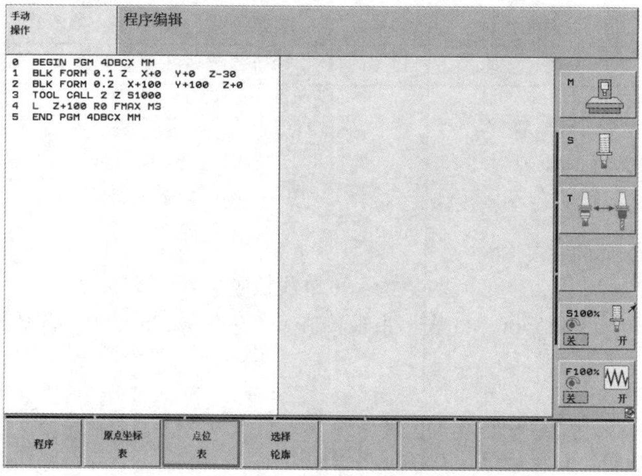

图 4-11 编程界面

② 按调入程序键【PGM CALL】，底部软键区出现[点位表]软键。

③ 单击[点位表]软键，编程界面弹出“SEL PATTERN ”，如图 4-12 所示。

④ 输入点表名，如“TAB”。

⑤ 按【END】键结束，完成点表调入。

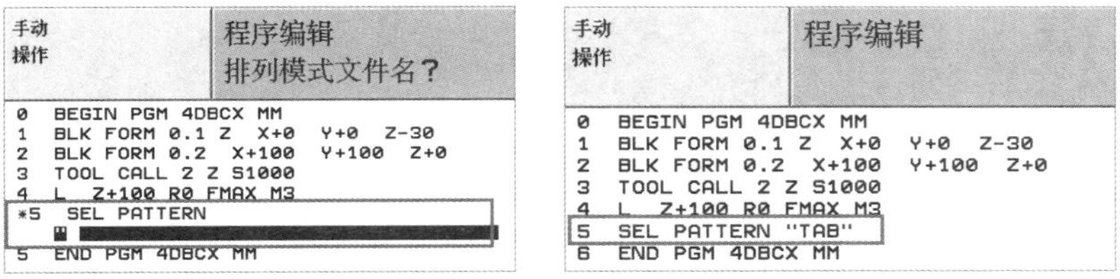

图 4-12　点表调入编程

（3）使用点表方式调用循环

在程序中调入点表并定义循环后，就可以按【CYCL CALL】键，选择[CYCLE CALL PAT]点表方式调用循环，程序为：

```
SEL PATTERN "TAB"  （调入点表）
CYCL DEF 240 CENTERING （定义钻孔循环 240）
CYCL CALL PAT FMAX   （使用点表方式调用循环，钻定位孔）
```

3．点表功能编程程序格式

点表功能编程程序格式示例见表 4-6。

表 4-6　点表功能编程程序格式示例

名称	程序	说明
程序开始部分	0 BEGIN PGM DBCX MM	程序开始
	1 BLK FORM 0.1 Z X+0 Y+0 Z-30	定义毛坯
	2 BLK FORM 0.2 X+100 Y+100 Z+0	
	3 TOOL CALL 2 Z S1000	调用刀具
	4 L Z+100 R0 FMAX M3	刀具移至安全高度
调入点表	**5 SEL PATTERN "TAB"**	按【PGM CALL】键，单击[点位表]软键
定义循环	6 CYCL DEF 200 DRILLING	按【CYCL DEF】键定义循环
调用循环	7 **CYCL CALL PAT FMAX**	按【CYCL CALL】键，选点表方式
程序结束部分	8 L Z+100 R0 FMAX M30	退刀，程序结束
	9 END PGM DBCX MM	程序结束说明

4．常用螺纹加工循环

多轴加工螺纹有攻与铣两种基本方式，循环 206、循环 207 用于攻螺纹，循环 262、循环 267 用于铣螺纹。铣削螺纹的机床应具有内冷系统，调用刀具程序要用刀具半径差值 DR 进行补偿。常用螺纹加工循环见表 4-7。

表 4-7　常用螺纹加工循环

循环	功能	说明
CYCL DEF 209	断屑攻螺纹	主轴定向，多次进给，反向断屑退刀，最后停转
CYCL DEF 262	铣削内螺纹	螺距 Q239 取“+”表示铣右旋螺纹。铣削方式 Q253=1 时，表示顺铣（M03）
CYCL DEF 267	铣削外螺纹	

4.2.4 指导实施

1．重点、难点、注意点

攻螺纹时应注意下刀安全高度不少于螺距的 4 倍。

2．仿真加工程序

程序如下：

```
0 BEGIN PGM GLWXH2 MM
1 BLK FORM 0.1 Z X+0 Y+0 Z-10
2 BLK FORM 0.2 X+100 Y+100 Z+0
3 TOOL CALL 5 Z S3000    （调用中心钻）
4 L Z+100 R0 FMAX M3
5 SEL PATTERN “TAB”      （调入点表）
6 CYCL DEF 240 CENTERING  （定义定位钻循环 240）
  Q200=+2
  Q343=+1   （Q344 直径方式有效）
  Q201=-3   （深度，只有 Q343=0 时有效）
  Q344=-7   （直径，只有 Q343=1 时有效，并倒角）
  Q206=+200
  Q211=+0.1
  Q203=+0
  Q204=+5
7 CYCL CALL PAT FMAX   （用点表方式调用循环 240）
8 L Z+100 R0 FMAX       （退刀至安全高度）
9 TOOL CALL 2 Z S3000   （调用底孔钻头）
10 L Z+100 R0 FMAX M3
11 CYCL DEF 200 DRILLING  （定义钻孔循环 200）
   Q200=+2
   Q201=-12
   Q206=+150
   Q202=+4
   Q210=+0
   Q203=+0
   Q204=+5
   Q211=+0.3
12 CYCL CALL PAT FMAX （用点表方式调用循环 200）
13 L Z+100 R0 FMAX
14 TOOL CALL 3 Z S200   （调用丝锥）
15 L Z+100 R0 FMAX M3
16 CYCL DEF 206 TAPPING NEW  （定义攻螺纹循环 206）
   Q200=+4;
   Q201=-12;
   Q206=+200;  （进给率）
   Q211=+0.2;
   Q203=+0;
   Q204=+5;
17 CYCL CALL PAT FMAX  （用点表方式调用循环 206）
18 L Z+100 R0 FMAX M2
19 END PGM GLWXH2 MM
```

钻孔循环综合练习

注意

在攻螺纹循环 206 中，关于 Q206 取值，M6 粗牙螺纹的螺距 $P=1$，按式（4-1），$F=SP=200\times1=200$（mm/min）。

孔定位坐标见表 4-8。

表 4-8　TAB 点表（孔定位坐标）

TAB.PNT MM			
NR	X	Y	Z
0	+10	+10	+0
1	+40	+50	+0
2	+90	+50	+0
3	+50	+65	+0
4	+10	+90	+0
5	+20	+55	+0

注意

点表中坐标 Z 值与循环中孔深参数共同决定实际钻深。

3．测试运行结果

6 × M6 孔仿真加工结果如图 4-13 所示。

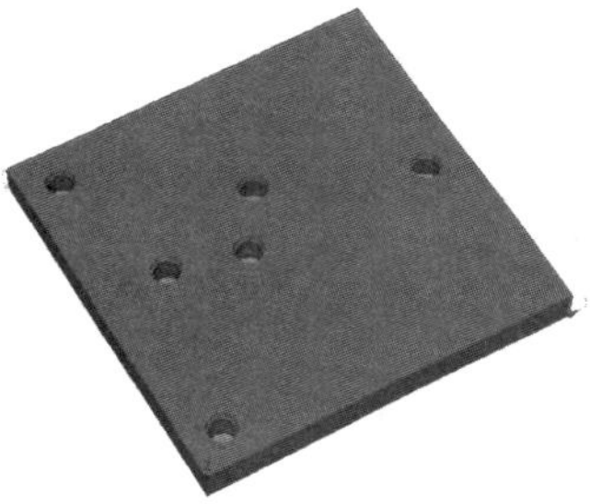

图 4-13　6 × M6 孔仿真加工结果

4.2.5　思考训练

1. 如何创建点表？在程序中如何应用点表？
2. 如图 4-14 所示，仿真加工工件，毛坯尺寸为 100 × 80 × 30（螺孔用点表功能）。

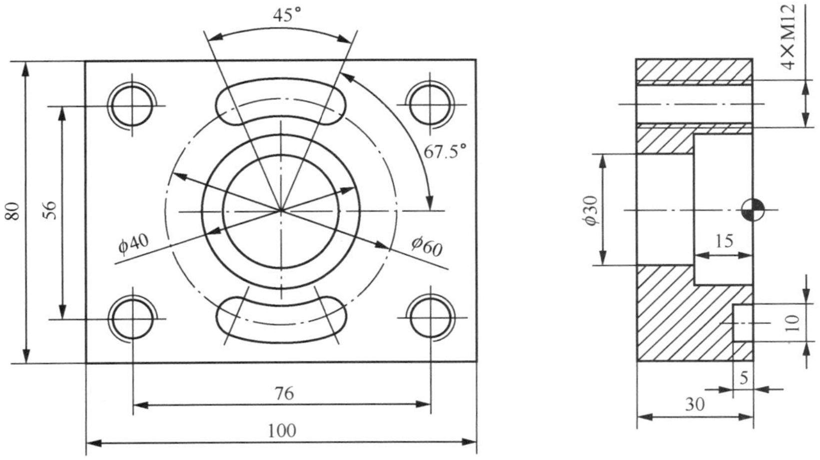

图 4-14　思考训练 2

任务 4.3　型腔/凸台循环

应用型腔/凸台循环编程，可以避免按轮廓编程，也不必再考虑去除余料程序，这可以提高编程的效率与质量。

4.3.1　任务目标

（1）能确定型腔/凸台循环参数。
（2）能灵活应用型腔/凸台循环编程。

4.3.2　任务内容

如图 4-15 所示，仿真加工型腔与凸台，毛坯尺寸为 100 × 100 × 20。

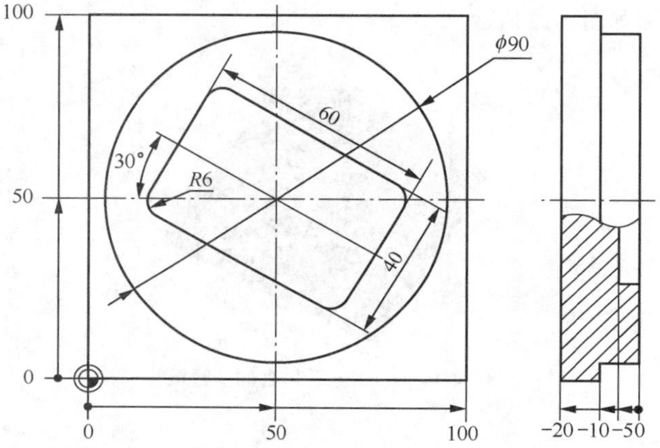

图 4-15　任务 4.3

4.3.3　相关知识

1．型腔/凸台/凹槽循环概述

型腔/凸台/凹槽循环用于形状规则的型腔、凸台与凹槽零件加工，包括矩形与圆形的型腔与凸台、直槽和圆弧槽。循环 251～循环 254 用于加工零件的型腔和凹槽，循环 256 与循环 257 用于铣削矩形与圆形凸台。这些循环通过参数设置能完成工件粗、精加工或单独粗加工或精加工。具体功能见表 4-9。

型腔/凸台/凹槽循环概述

表 4-9　型腔/凸台/凹槽循环

循环名称	软键	循环功能
循环 251		粗、精铣矩形型腔（垂直、往复或螺旋方式切入）
循环 252		粗、精铣圆孔（垂直、往复或螺旋方式切入）
循环 253		粗、精铣直槽（垂直或往复方式切入）
循环 254		粗、精铣圆弧槽（垂直或往复方式切入）

续表

循环名称	软键	循环功能
循环 256		铣削矩形凸台（基于参考轴定义的第一轴或第一边长）
循环 257		铣削圆形凸台

2．型腔铣削循环 251、循环 252

型腔铣削循环用于铣削矩形型腔与圆孔，其中循环 251 用于铣削矩形型腔，循环 252 用于铣削圆孔。可设置的加工方式有：粗铣加精铣，只粗铣或精铣，仅底面或侧面精铣。

用型腔循环编程，要先定义循环，再调用循环。按【CYCL DEF】键，进入循环定义界面，单击[型腔/凸台/凹槽]软键，再选择循环 251 或循环 252，进入参数设置界面，如图 4-16 所示。

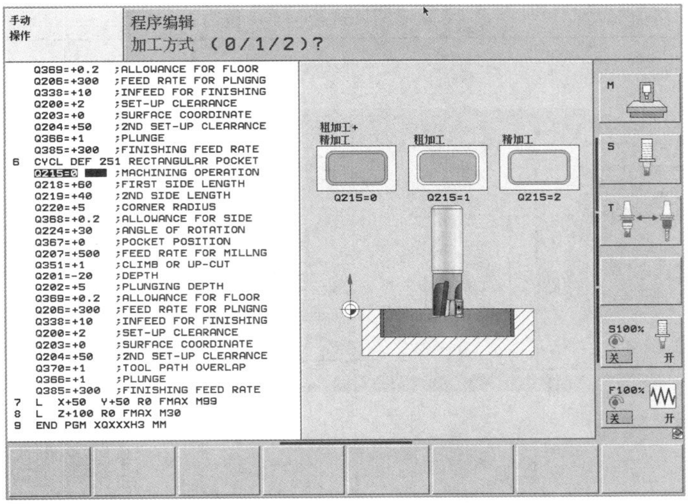

图 4-16　循环 251 参数设置界面

型腔铣削循环

循环 251 参数输入示例见表 4-10。

表 4-10　循环 251 参数输入示例

循环及输入参数	提示信息	说明
CYCL DEF 251 RECTANGULAR POCKET		定义矩形型腔铣削循环 251
Q215=+0	加工方式?	0 表示粗加工+精加工，1 表示粗加工，2 表示精加工
Q218=+60	第一边长?	矩形长度（平行于加工面的参考轴方向）
Q219=+40	第二边长?	矩形宽度（平行于加工面的辅助轴方向）
Q220=+5	圆角半径?	矩形圆角半径
Q368=+0.2	侧面精铣余量?	侧面精加工余量
Q224=+30	旋转角度?	矩形型腔相对正位放置时转过的角度
Q367=+0	型腔位置参考点?	调用循环时，定位型腔选用的参考点，0 表示矩形中心，1、2、3、4 表示矩形角点
Q207=+500	铣削进给率?	水平铣削进给率，单位为 mm/min
Q351=+1	铣削方式?	+1 表示顺铣，−1 表示逆铣
Q201=−20	深度?	型腔底面与表面之间的距离（增量值），取负值
Q202=+5	切入深度?	分层切削时，每次切入深度，取正值

续表

循环及输入参数	提示信息	说明
Q369=+0.2	底面精铣余量?	底面精加工余量
Q206=+300	切入进给率?	下刀进给率，单位为 mm/min
Q338=+10	精铣进刀量?	每次精铣的背吃刀量（深度），0 表示一次性进刀精铣
Q200=+2	安全高度?	下刀安全高度
Q203=+0	表面坐标?	加工表面坐标
Q204=+50	第二安全高度?	跨越安全高度（避免刀具与工件、夹具碰撞）
Q370=+1.5	路径行距系数?	行距 k 与刀具半径 R 之比，取 1～1.8
Q366=+1	切入方式?	0 表示垂直切入，1 表示螺旋切入，2 表示往复切入
Q385=+300	精加工进给率?	水平精铣进给率，单位为 mm/min

循环 251 参数示意如图 4-17 所示。

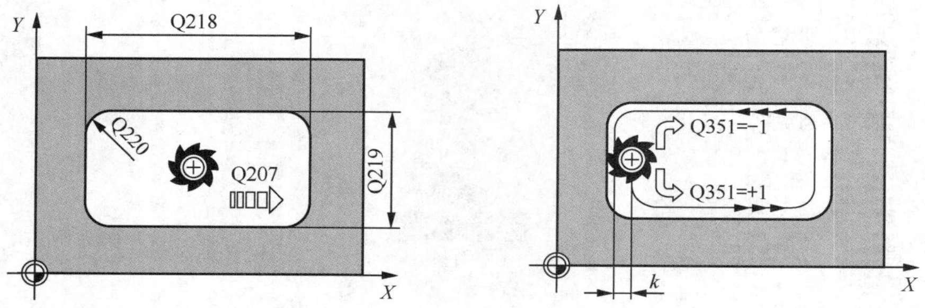

（a）型腔尺寸及铣削进给率　（b）顺铣与逆铣

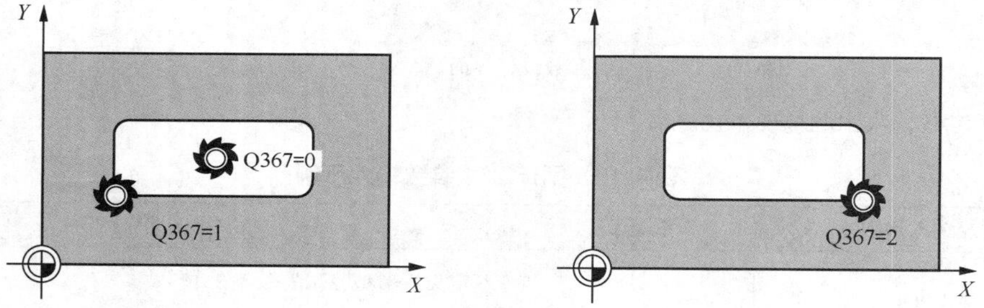

（c）型腔位置参考点　（d）型腔位置参考点

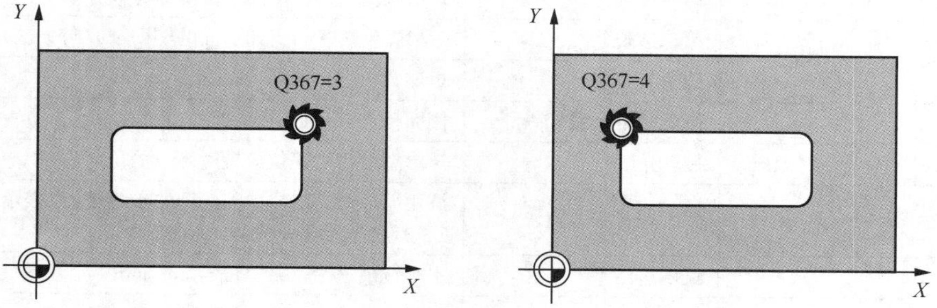

（e）型腔位置参考点　（f）型腔位置参考点

图 4-17　循环 251 参数示意

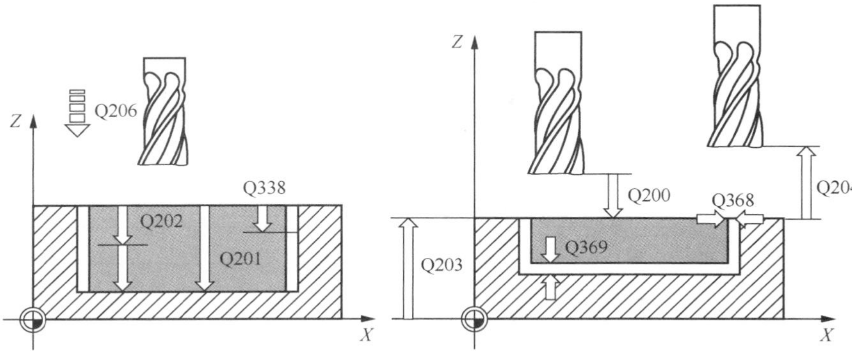

（g）深度与进给率　　（h）精加工余量与安全高度

图 4-17　循环 251 参数示意（续）

📖 **注意**

① 切入方式 Q366 参数取 1 或 2 时，刀具表中的刀具切入角 ANGLE 必须定义一定角度。

② 往复切入长度取决于切入角度，TNC 系统使用的最小长度值为刀具直径的两倍。

③ 如果未定义刀具切入角，只能采用垂直切入方式（Q366=0），此时需注意刀具是否可直接下刀。

④ 精铣次序为先侧面再底面。

⑤ 精铣型腔壁时，应采用顺铣方式（逆时针走刀），以降低加工表面粗糙度与提高刀具寿命。

循环 251、循环 252 粗加工型腔的过程如下。

（1）刀具在型腔中心切入，切入方式由 Q366 定义。

（2）从内向外粗铣型腔，同时考虑行距系数（Q370）和侧面精铣余量（Q368）。

（3）一层粗铣完毕后，刀具从型腔壁切向退出，然后移到当前铣削深度之上的安全高度，再由此处快速定位到型腔中心。

（4）重复上述过程直到达到型腔的最终深度。

3．槽铣削循环 253、循环 254

槽铣削循环用于铣削直槽与圆弧槽，其中循环 253 用于铣削直槽，循环 254 用于铣削圆弧槽。可设置的加工方式有：粗铣加精铣，只粗铣或精铣，仅底面或侧面精铣。

用槽铣削循环编程，要先定义循环，再调用循环。按【CYCL　DEF】键，进入循环定义界面，单击[型腔/凸台/凹槽]软键，再选择循环 253 或循环 254，进入参数设置界面，如图 4-18 所示。

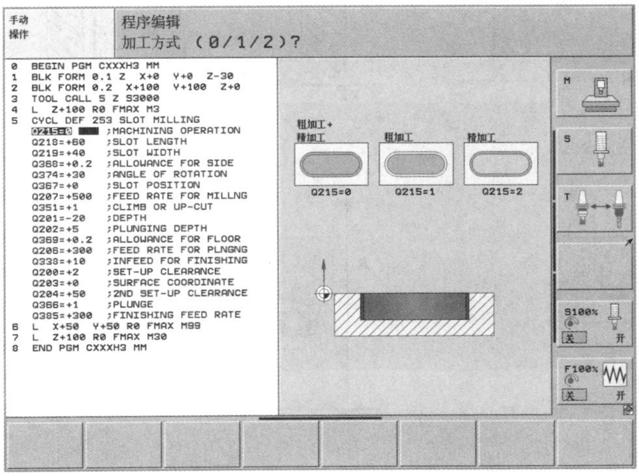

图 4-18　循环 253 参数设置界面

槽铣削循环

循环 253 参数输入示例见表 4-11。

表 4-11　循环 253 参数输入示例

循环及输入参数	提示信息	说明
CYCL DEF 253 SLOT MILLING		定义直槽铣削循环 253
Q215=+0	加工方式？	0 表示粗加工+精加工，1 表示粗加工，2 表示精加工
Q218=+60	槽长度？	槽的总长
Q219=+40	槽宽度？	槽的宽度
Q368=+0.2	侧面精铣余量？	侧面精加工余量
Q374=+30	旋转角度？	直槽相对正位放置时转过的角度
Q367=+0	槽位置参考点？	0 表示槽中心，1、4 表示槽端点，2、3 表示槽两端半圆圆心
Q207=+500	铣削进给率？	水平铣削进给率，单位为 mm/min
Q351=+1	铣削方式？	+1 表示顺铣，−1 表示逆铣
Q201=−20	深度？	直槽深度，取负值
Q202=+5	切入深度？	分层切削，每次切入深度，取正值
Q369=+0.2	底面精铣余量？	底面精加工余量
Q206=+300	切入进给率？	下刀进给率，单位为 mm/min
Q338=+10	精加工进刀量？	精铣背吃刀量（深度），0 表示一次性进刀精铣
Q200=+2	安全高度？	下刀安全高度
Q203=+0	表面坐标？	加工表面坐标
Q204=+50	第二安全高度？	跨越安全高度（避免刀具与工件、夹具碰撞）
Q366=+1	切入方式？	0 表示垂直切入，1、2 表示往复切入
Q385=+300	精加工进给率？	水平精铣进给率，单位为 mm/min

循环 253 参数示意如图 4-19 所示。

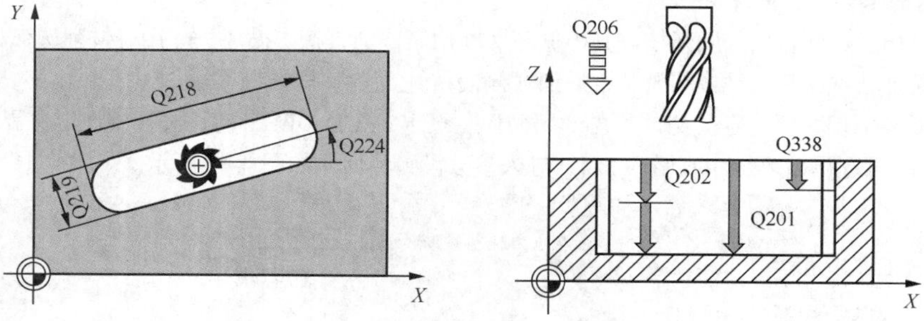

（a）槽尺寸与位置参数　　（b）槽切削参数

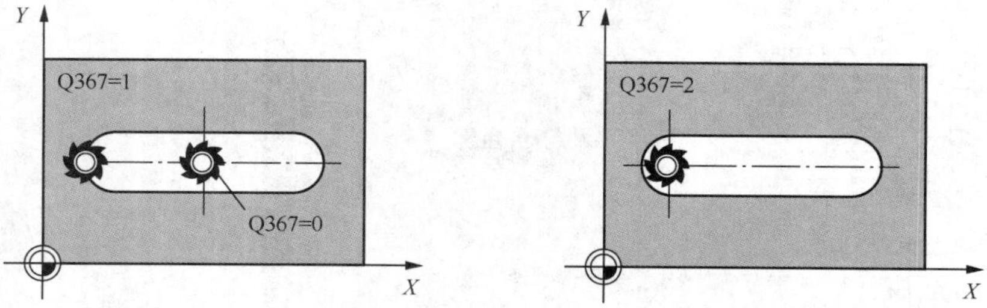

（c）槽位置参考点　　（d）槽位置参考点

图 4-19　循环 253 参数示意

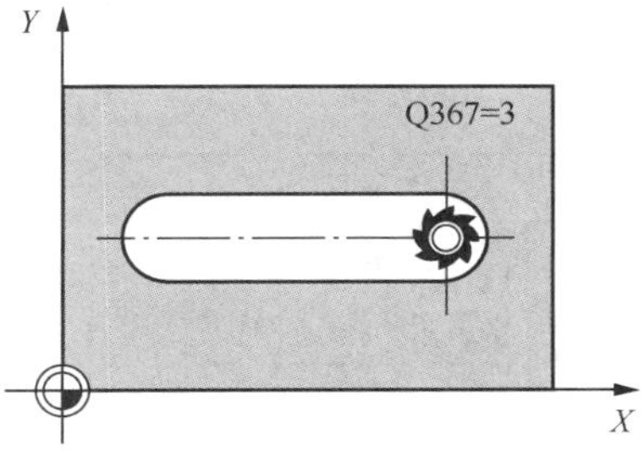

（e）槽位置参考点

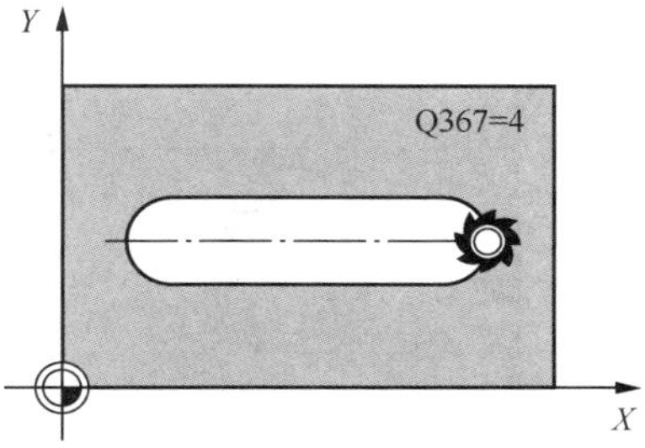

（f）槽位置参考点

图 4-19　循环 253 参数示意（续）

注意

参数 Q366 取 1 或 2 时均为往复切入方式。

循环 254 参数输入示例见表 4-12。

表 4-12　循环 254 参数输入示例

循环及输入参数	提示信息	说明
CYCL DEF 254 CIRCULAR SLOT		定义圆弧槽铣削循环 254
Q215=+0	加工方式?	0 表示粗加工+精加工，1 表示粗加工，2 表示精加工
Q219=+16	槽宽度?	槽的宽度
Q368=+0.2	侧面精铣余量?	侧面精加工余量
Q375=+80	节圆直径?	节圆的直径
Q367=+0	槽位置参考点?	0 为节圆圆心，2 为槽中心，1、3 为槽两端半圆圆心
Q216=+50	中心第一轴坐标?	参考轴方向的节圆圆心坐标，Q367=0 时生效
Q217=+50	中心第二轴坐标?	辅助轴方向的节圆圆心坐标，Q367=0 时生效
Q376=+0	起始角方式?	基圆圆心为极点 0、3 表示右连心线极角，1 表示槽对称线极角，2 表示左连心线极角
Q248=+45	角度?	圆弧槽角度（连心线夹角，节圆的圆心为角顶点）
Q378=+90	步进角?	相邻槽的定位夹角（步距角）
Q377=+2	往复次数?	圆弧数量
Q207=+500	铣削进给率?	水平铣削进给率，单位为 mm/min
Q351=+1	铣削方式?	+1 表示顺铣，−1 表示逆铣
Q201=−20	深度?	槽深，取负值
Q202=+5	切入深度?	分层切削，每次切入深度，取正值
Q369=+0.2	底面精铣余量?	底面精加工余量
Q206=+300	切入进给率?	下刀进给率，单位为 mm/min
Q338=+10	精加工进刀量?	精铣背吃刀量（深度），0 表示一次性进刀精铣
Q200=+2	安全高度?	下刀安全高度
Q203=+0	表面坐标?	加工表面坐标
Q204=+50	第二安全高度?	跨越安全高度（避免刀具与工件、夹具碰撞）
Q366=+1	切入方式?	0 表示垂直切入，1、2 表示往复切入
Q385=+300	精加工进给率?	水平精铣进给率，单位为 mm/min

循环 254 参数示意如图 4-20 所示。

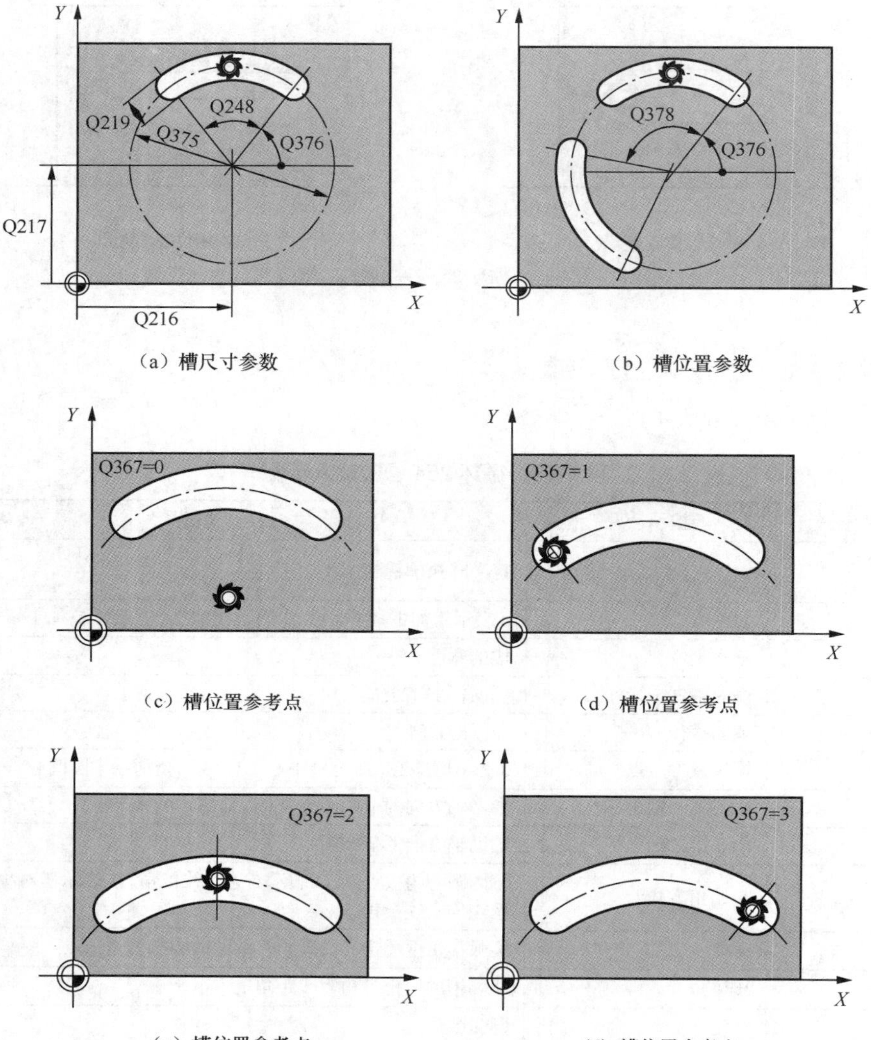

（a）槽尺寸参数　　（b）槽位置参数

（c）槽位置参考点　　（d）槽位置参考点

（e）槽位置参考点　　（f）槽位置参考点

图 4-20　循环 254 参数示意

🕮 注意

Q367=0 时，以节圆圆心为槽的位置参考点，此圆心坐标在循环定义时已设置，故在循环调用程序段时不用循环起点。

4．凸台铣削循环 256、循环 257

凸台铣削循环用于铣削矩形与圆形凸台，其中循环 256 用于铣削矩形凸台，循环 257 用于铣削圆形凸台。可设置的加工方式有：粗铣加精铣，只粗铣或精铣侧面。

用凸台铣削循环编程，要先定义循环，再调用循环。按【CYCL DEF】键，进入循环定义界面，单击[型腔/凸台/凹槽]软键，再选择循环 256 或循环 257，进入参数设置界面，如图 4-21 所示。

凸台铣削循环

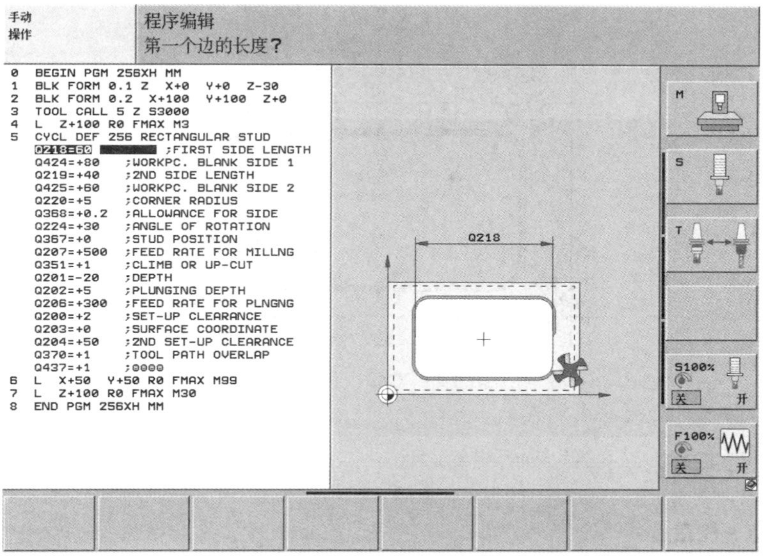

图 4-21　循环 256 参数设置界面

循环 256 参数输入示例见表 4-13。

表 4-13　循环 256 参数输入示例

循环及输入参数	提示信息	说明
CYCL DEF 256 RECTANGULAR STUD		定义矩形凸台铣削循环 256
Q218=+60	第一个边的长度？	矩形长度（参考轴方向）
Q424=+60	毛坯第一边长？	毛坯长度（参考轴方向）
Q219=+40	第二边长？	矩形宽度（辅助轴方向）
Q425=+60	毛坯第二边长？	毛坯宽度（参考轴方向）
Q220=+5	圆角半径？	矩形圆角半径
Q368=+0.2	侧面精铣余量？	侧面精加工余量
Q224=+30	旋转角度？	矩形凸台相对正位放置时转过的角度
Q367=+0	凸台位置参考点？	0 表示矩形中心，1、2、3、4 表示矩形角点
Q207=+500	铣削进给率？	水平铣削进给率，单位为 mm/min
Q351=+1	铣削方式？	+1 表示顺铣，−1 表示逆铣
Q201=−20	深度？	凸台高度，取负值
Q202=+5	切入深度？	分层切削，每次切入深度，取正值
Q206=+300	切入进给率？	下刀进给率，单位为 mm/min
Q200=+2	安全高度？	下刀安全高度
Q203=+0	表面坐标？	加工表面坐标
Q204=+50	第二安全高度？	跨越安全高度（避免刀具与工件、夹具碰撞）
Q370=+1.5	路径行距系数？	行距 k 与刀具半径 R 之比，取 1～1.8
Q437=+1	起始位置？	下刀位置，0 表示右侧中间，1、2、3、4 表示四角点

Q437 参数示意如图 4-22 所示。

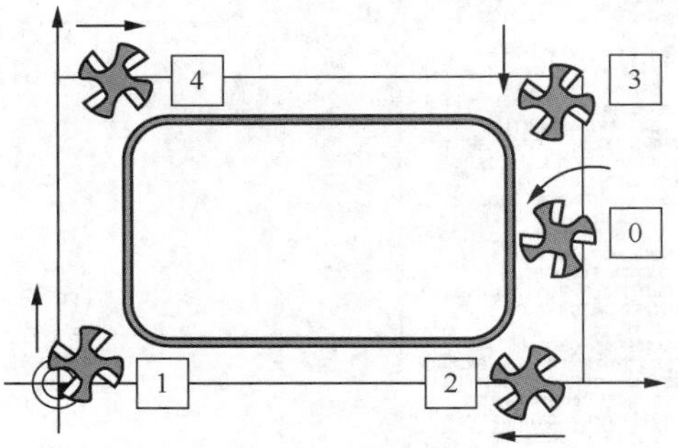

图 4-22　Q437 参数示意

4.3.4　指导实施

1．重点、难点、注意点

加工凸台可以在毛坯外下刀，但加工型腔只能在型腔轮廓内下刀，有 3 种下刀方式：垂直切入、螺旋切入和往复切入。垂直切入型腔时，刀具底刃需贯通，或型腔内有预钻孔；螺旋或往复切入时，刀具表中刀具需要设置切入角 ANGLE。

2．仿真加工程序

程序如下：

```
0  BEGIN PGM XQTTXH MM
1  BLK FORM 0.1 Z X+0 Y+0 Z-20
2  BLK FORM 0.2 X+100 Y+100 Z+0
3  TOOL CALL 5 Z S1000
4  L Z+100 R0 FMAX M3
5  CYCL DEF 257 CIRCULAR STUD   （定义圆形凸台铣削循环 257）
   Q223=+90     （圆形凸台直径）
   Q222=+100    （毛坯直径）
   Q368=+0.2    （侧面精加工余量）
   Q207=+500
   Q351=+1       （顺铣）
   Q201=-10
   Q202=+5
   Q206=+300
   Q200=+2
   Q203=+0
   Q204=+50
   Q370=+1
   Q376=+0      （精铣起始角）
6  CYCL CALL POS X+50 Y+50 Z+0 FMAX   （调用圆形凸台铣削循环 257）
7  CYCL DEF 251 RECTANGULAR POCKET   （定义矩形型腔铣削循环 251）
   Q215=+0      （粗加工+精加工）
   Q218=+60     （第一边长，参考轴方向）
   Q219=+40     （第二边长，辅助轴方向）
   Q220=+6      （圆角半径）
   Q368=+0.2     （侧面精加工余量）
```

```
    Q224=-30        （旋转角度）
    Q367=+0        （型腔中心为型腔位置参考点）
    Q207=+500
    Q351=+1
    Q201=-5
    Q202=+5
    Q369=+0
    Q206=+300
    Q338=+0
    Q200=+2
    Q203=+0
    Q204=+50
    Q370=+1
    Q366=+1        （螺旋下刀）
    Q385=+300
 8  CYCL CALL POS X+50 Y+50 Z+0 FMAX（调用矩形型腔铣削循环 251）
 9  L Z+100 R0 FMAX M2
10  END PGM XQTTXH MM
```

📖 注意

铣削矩形型腔时，刀具半径要小于内圆弧半径。

3．测试运行结果

型腔与凸台仿真加工结果如图 4-23 所示。

图 4-23　型腔与凸台仿真加工结果

4.3.5　思考训练

1. 实施本任务时，如铣削圆形凸台用 ϕ20 的铣刀，铣削矩形型腔用 ϕ10 的铣刀，应怎样调整程序？

2. 如图 4-24 所示，仿真加工工件，毛坯尺寸为 200 × 200 × 50。

3. 如图 4-25 所示，仿真加工工件，毛坯尺寸为 100 × 100 × 20。

型腔/凸台/凹槽循环综合练习

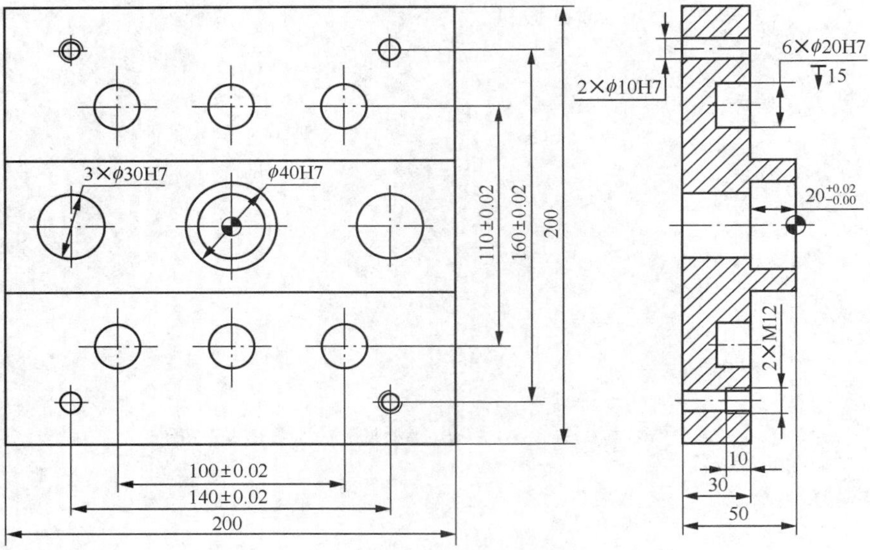

图 4-24　思考训练 2

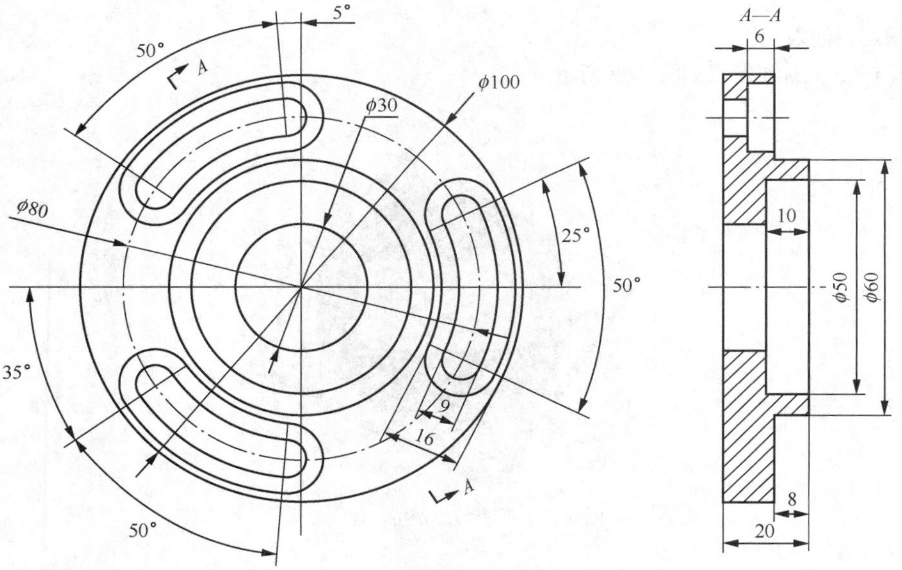

图 4-25　思考训练 3

任务 4.4　阵列循环

对于线性均布或圆周均布孔等元素的加工，通过阵列循环可以很方便地编制所有阵列元素的加工程序，编程效率高，程序条理清晰。

4.4.1　任务目标

（1）能确定阵列循环参数。

（2）能用阵列循环编程。

（3）能灵活应用阵列循环解决实际问题。

4.4.2 任务内容

如图 4-26 所示，仿真加工 81 × ϕ6 孔，毛坯尺寸为 100 × 100 × 10。

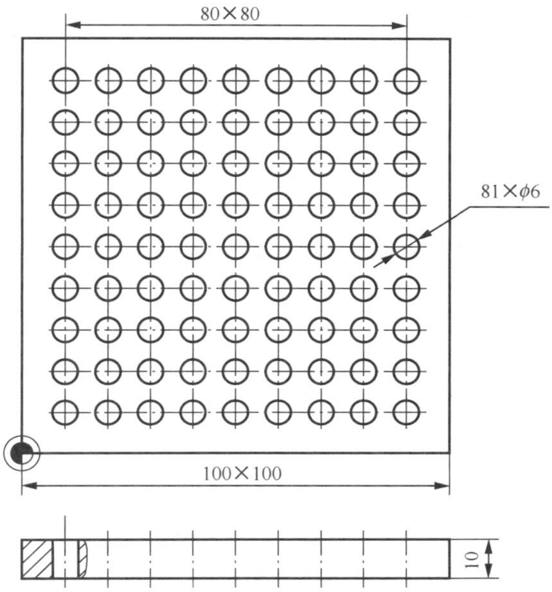

图 4-26　任务 4.4

4.4.3 相关知识

1．阵列循环概述

阵列循环分为圆弧阵列与线性阵列两类，用于加工圆弧或方阵排列的相同的元素，如 ϕ100 圆周上均布 8 × ϕ10 孔，则可用圆弧阵列循环编程加工。阵列循环定义即生效，不需要调用。阵列循环可与钻孔、铣槽、铣型腔、刚性攻螺纹、浮动攻螺纹、螺纹切削等加工循环联合使用。

以下循环可用于阵列：钻孔循环 200、铰孔循环 201、镗孔循环 202、万能钻循环 203、反向镗孔循环 204、万能啄钻循环 205、新浮动攻螺纹循环 206、新刚性攻螺纹循环 207、螺旋镗铣循环 208、断屑攻螺纹循环 209、定心钻循环 240、矩形型腔铣削循环 251、圆孔铣削循环 252、直槽铣削循环 253、圆弧槽铣削循环 254、矩形凸台铣削循环 256、圆形凸台铣削循环 257、螺纹铣削循环 262、铣螺纹锪孔循环 263 等。

定义阵列循环，先按【CYCL DEF】键，弹出循环定义界面，然后单击[图案]软键，再单击循环[220]或循环[221]软键，进入阵列循环参数设置界面，如图 4-27 所示。

2．圆弧阵列循环 220

圆弧阵列循环 220 参数输入示例见表 4-14。

图 4-28 所示为圆弧阵列循环 220 参数示意。

圆弧阵列循环

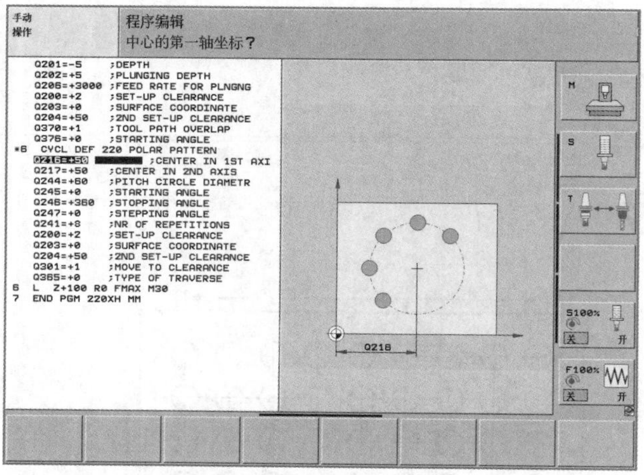

图 4-27 阵列循环参数设置界面

表 4-14 圆弧阵列循环 220 参数输入示例

循环及输入参数	提示信息	说明	
CYCL DEF 220 POLAR PATTERN		定义圆弧阵列循环 220	
Q216=+50	中心第一轴坐标？	节圆圆心坐标	参考轴方向
Q217=+50	中心第二轴坐标？		辅助轴方向
Q244=+80	节圆直径？	阵列圆弧直径	
Q245=+45	起始角度？	节圆上首先加工的元素位置极角	
Q246=+360	终止角度？	节圆上最终加工的元素位置极角	
Q247=+90	步进角？	节圆上相邻加工位的夹角，0 表示系统将自动计算步进角（步距角），非 0 表示系统将不考虑终止角度。 步进角 ± 决定加工方向，+表示逆时针，−表示顺时针	
Q241=+3	重复次数？	节圆上加工元素的个数	
Q200=+2	安全高度？	下刀安全高度	
Q203=+0	表面坐标？	加工表面坐标	
Q204=+50	第二安全高度？	跨越安全高度（避免刀具与工件、夹具碰撞）	
Q301=+0	移动安全高度？	两次加工之间的抬刀高度，0 表示下刀安全高度，1 表示跨越安全高度	
Q365=+1	移动类型？	两次加工之间的刀具移动路径方式，0 表示直线式，1 表示圆弧式	

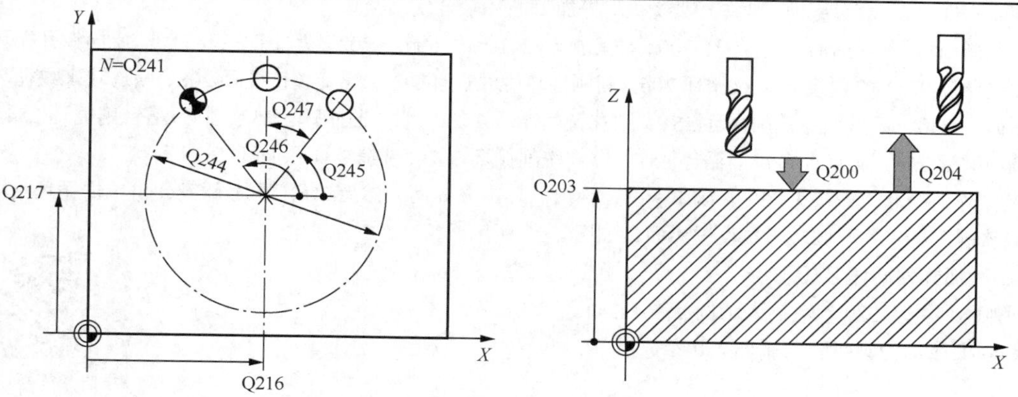

图 4-28 圆弧阵列循环 220 参数示意

线性阵列循环

3．线性阵列循环 221

线性阵列循环 221 参数输入示例见表 4-15。

表 4-15　线性阵列循环 221 参数输入示例

循环及输入参数	提示信息	说明	
CYCL DEF 221 CARTESIAN PATTERN		定义线性阵列循环 221	
Q225=+20	起点第一轴坐标?	起点坐标	参考轴方向
Q226=+20	起点第二轴坐标?		辅助轴方向
Q237=+60	第一轴方向间距?	参考轴方向元素间距（列间距）	
Q238=+60	第二轴方向间距?	辅助轴方向元素间距（行间距）	
Q242=+2	列数?	加工的列数	
Q243=+2	行数?	加工的行数	
Q224=+0	旋转角?	阵列绕起点旋转角度（相对正位）	
Q200=+2	安全高度?	下刀安全高度	
Q203=+0	表面坐标?	加工表面坐标	
Q204=+50	第二安全高度?	跨越安全高度（避免刀具与工件、夹具碰撞）	
Q301=+0	移动安全高度?	两次加工之间的抬刀高度，0 表示下刀安全高度，1 表示跨越安全高度	

图 4-29 所示为线性阵列循环 221 参数示意。

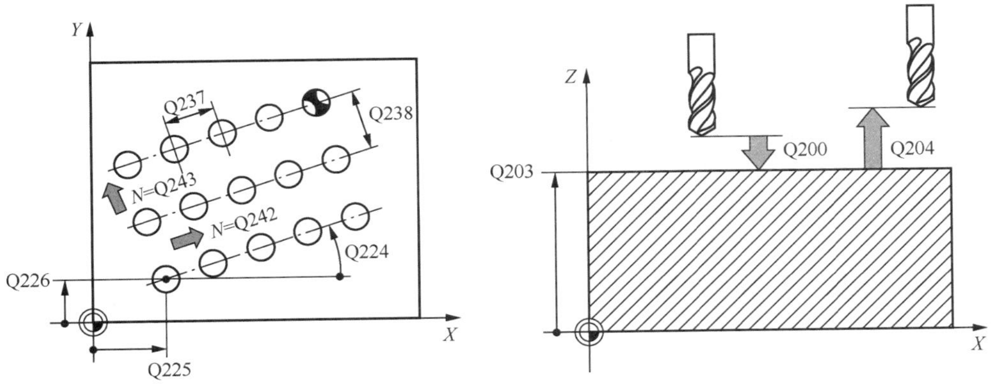

图 4-29　线性阵列循环 221 参数示意

4．阵列循环编程程序格式

一般阵列循环与加工循环联合使用，用阵列循环编程时，应先定义加工循环，如先定义钻孔循环 200，再定义阵列循环。阵列循环定义即生效，与循环 200～循环 267 联合使用时，阵列循环的两个安全高度和表面坐标保持有效。加工阵列定位的元素时，机床将自动定位阵列循环定义的第一点位置。

阵列循环编程程序格式示例见表 4-16。

表 4-16　阵列循环编程程序格式示例

名称	程序	说明
程序开始部分	0 BEGIN PGM DBCX MM	程序开始
	1 BLK FORM 0.1 Z X+0 Y+0 Z-30	定义毛坯
	2 BLK FORM 0.2 X+100 Y+100 Z+0	
	3 TOOL CALL 2 Z S1000	调用刀具
	4 L Z+100 R0 FMAX M3	刀具移至安全高度
定义加工循环	5 CYCL DEF 200 DRILLING	按【CYCL DEF】键定义循环
定义阵列循环	6 **CYCL DEF 220 POLAR PATTERN**	起调用加工循环和提供加工位置作用
程序结束部分	7 L Z+100 R0 FMAX M30	退刀，程序结束
	8 END PGM DBCX MM	程序结束说明

当阵列点位使用多把刀具加工时，如先钻定位孔，然后钻底孔，最后攻螺纹，用阵列循环编程的程序格式示例见表 4-17。

表 4-17　阵列点位多刀具加工程序格式示例

名称	程序	说明
程序开始部分	0 BEGIN PGM ZLXHCX MM	程序开始
	1 BLK FORM 0.1 Z X+0 Y+0 Z-30	定义毛坯
	2 BLK FORM 0.2 X+100 Y+100 Z+0	
	3 TOOL CALL 5 Z S1000	调用中心钻
	4 L Z+100 R0 FMAX M3	刀具移至安全高度
定义循环 240	5 CYCL DEF 240 CENTERING	定义定心钻循环
调用子程序	6 CALL LBL 1	钻定位孔
换刀	7 L Z+100 R0 FMAX	
	8 TOOL CALL 2 Z S1000	调用麻花钻
	9 L Z+100 R0 FMAX	
定义循环 200	10 CYCL DEF 200 DRILLING	定义钻孔循环
调用子程序	11 CALL LBL 1	钻底孔
换刀	12 L Z+100 R0 FMAX	
	13 TOOL CALL 3 Z S1000	调用丝锥
	14 L Z+100 R0 FMAX	
定义循环 206	15 CYCL DEF 206 TAPPING NEW	定义攻螺纹循环
调用子程序	16 CALL LBL 1	攻螺纹
	17 L Z+100 R0 FMAX M30	退刀，程序结束
子程序	18 LBL 1	子程序名
	19 **CYCL DEF 221 POLAR PATTERN**	定义阵列循环
	20 LBL 0	子程序结束
	21 END PGM ZLXHCX MM	程序结束说明

📖 **注意**

应用子程序可避免多次定义阵列循环，子程序相关知识将在项目 5 中详细介绍。

4.4.4 指导实施

1．重点、难点、注意点

应用线性阵列循环编程时，阵列元素的行与列必须为垂直关系。

2．仿真加工程序

程序如下：

```
0 BEGIN PGM ZLXHCX MM
1 BLK FORM 0.1 Z X+0 Y+0 Z-20
2 BLK FORM 0.2 X+100 Y+100 Z+0
3 TOOL CALL 3 Z S1000
4 L Z+100 R0 FMAX M3
5 CYCL DEF 200 DRILLING  （定义钻孔循环 200）
  Q200=+2
  Q201=-12
  Q206=+150
  Q202=+5
  Q210=+0
  Q203=+0
  Q204=+5
  Q211=+0
6 CYCL DEF 221 CARTESIAN PATTERN  （定义线性阵列循环 221）
  Q225=+10  （起始孔 X 坐标）
  Q226=+10  （起始孔 Y 坐标）
  Q237=+10  （列间距）
  Q238=+10  （行间距）
  Q242=+9  （列数）
  Q243=+9  （行数）
  Q224=+0  （阵列旋转角）
  Q200=+2
  Q203=+0
  Q204=+5
  Q301=+1
7 L Z+100 R0 FMAX M2
8 END PGM ZLXHCX MM
```

3．测试运行结果

阵列孔仿真加工结果如图 4-30 所示。

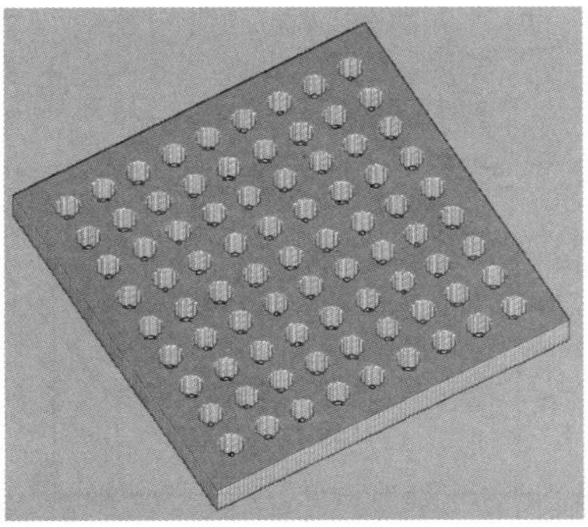

图 4-30　阵列孔仿真加工结果

4.4.5 思考训练

1. 实施本任务时，如孔倒角 *C*0.5，怎么编程？
2. 如图 4-31 所示，应用阵列循环仿真加工 17 × M6 螺纹孔，要求使用中心钻定位，毛坯尺寸为 100 × 100 × 20。

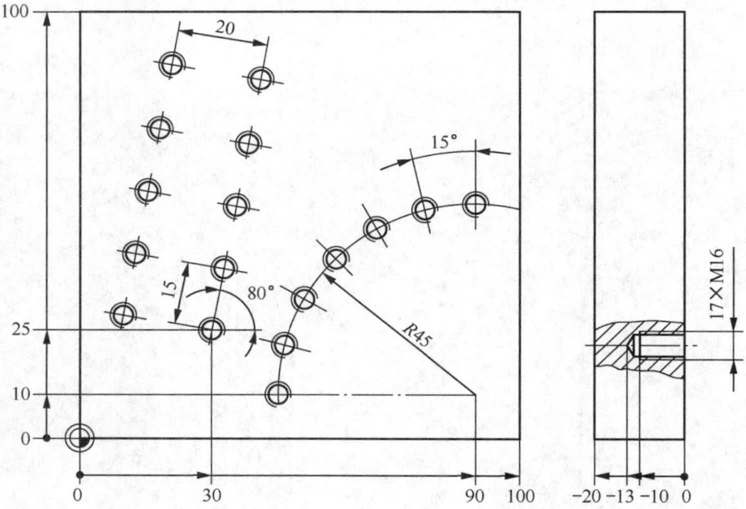

图 4-31　思考训练 2

阵列循环综合练习

3. 如图 4-32 所示，仿真加工工件，毛坯尺寸为 150 × 150 × 15。

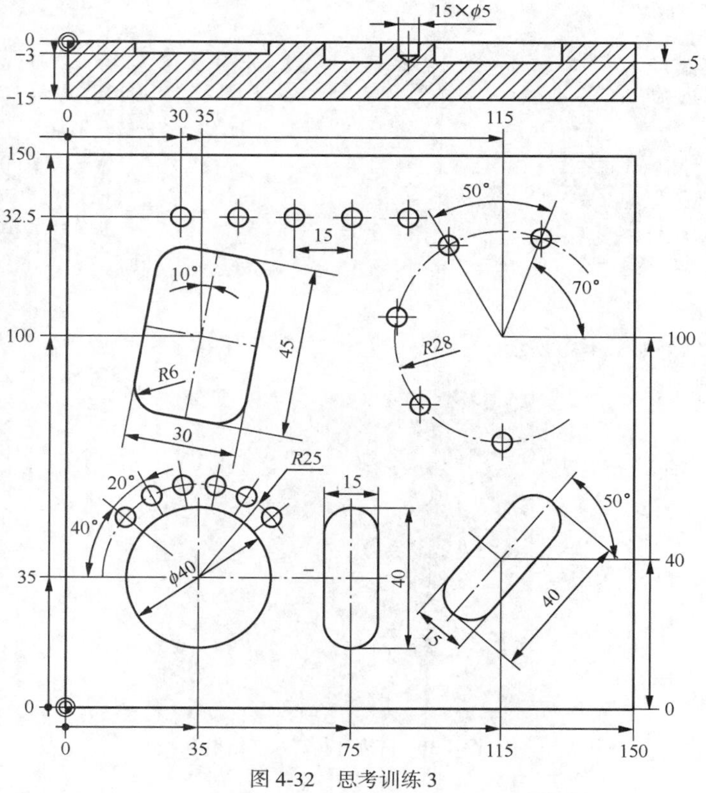

图 4-32　思考训练 3

任务 4.5　SL 循环

对于由平面轮廓围成的型腔或凸台，应用 SL 循环编程，可以自动去除余料，方便加工型腔或凸台，避免按轮廓编程时考虑去除余料的问题。

4.5.1　任务目标

（1）能定义型腔与凸台。

（2）掌握 SL 循环编程的程序格式。

（3）培养思维能力，能用 SL 循环编制加工型腔与凸台的程序。

4.5.2　任务内容

如图 4-33 所示，仿真加工型腔，毛坯尺寸为 100 × 100 × 20。

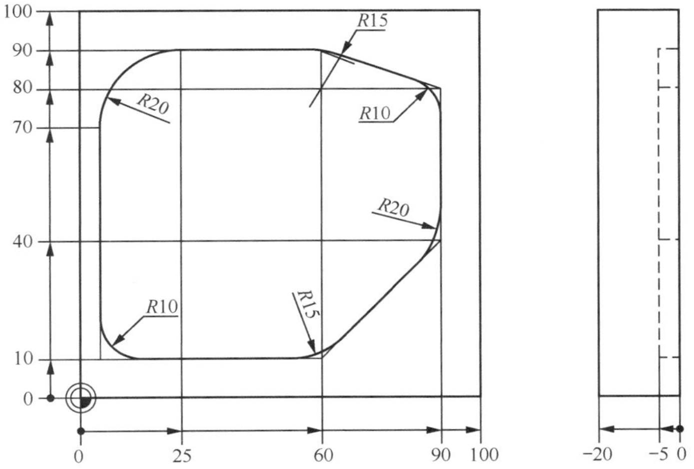

图 4-33　任务 4.5

4.5.3　相关知识

1．SL 循环概述

SL 循环用于加工平面轮廓围成的型腔或凸台，如两个相交圆围成的凸台，就可以用 SL 循环编程。

通常 SL 循环由循环 14（轮廓定义）、循环 20（轮廓数据）、循环 22（粗铣）、循环 23（精铣底面）、循环 24（精铣侧面）及轮廓子程序组成。铣削型腔前如要预钻孔，还需要用循环 21（定心钻）。常用 SL 循环见表 4-18。

表 4-18　常用 SL 循环

循环	软键	说明
循环 14	14 LBL 1...N	列举轮廓编号，对应子程序号，确定加工平面范围
循环 20	20 轮廓数据	确定加工范围：深度、余量。 设定走刀路径（行距、方向、拐弯圆角半径、安全高度、表面坐标）
循环 21	21 	预钻孔，当无法螺旋、往复下刀和直接垂直下刀铣削型腔时有效

续表

循环	软键	说明
循环 22		粗加工
循环 23		底面精加工
循环 24		侧面精加工

2．SL 循环定义

定义 SL 循环，先按【CYCL DEF】键，弹出循环定义界面，然后单击[SL 循环]软键，再选择所需循环，进入 SL 循环参数设置界面，如图 4-34 所示。

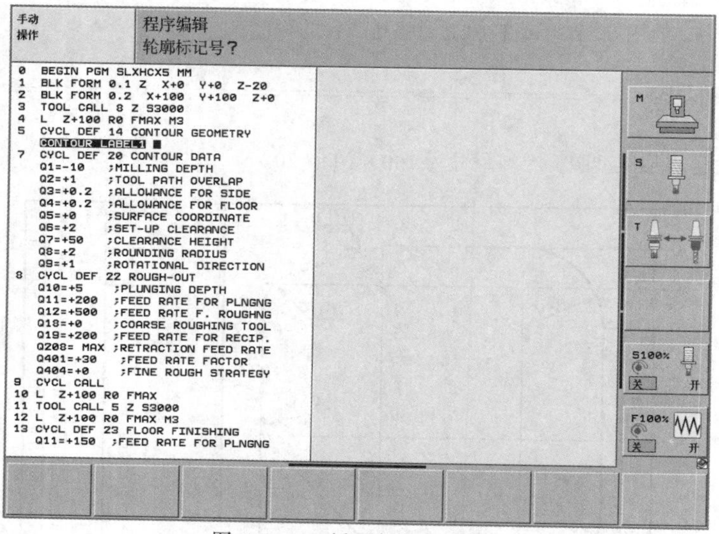

图 4-34 SL 循环参数设置界面

定义循环 14，只需输入轮廓标记号 1、2 等，一个轮廓对应一个号，每输入一个标记号，按【ENT】键确认，最后按【END】键结束，最终将自动生成 14.0、14.1 这两个程序段。定义其他常用 SL 循环，参数输入示例见表 4-19～表 4-22。

表 4-19 循环 20 参数输入示例

循环及输入参数	提示信息	说明
CYCL DEF 20 CONTOUR DATA		定义轮廓数据循环 20
Q1=-10	铣削深度？	总深度（高度），取负值
Q2=+1	路径行距系数？	行距 k 与刀具半径 R 之比，取 1～1.8
Q3=+0.2	侧面精铣余量？	侧面精加工余量
Q4=+0.2	底面精铣余量？	底面精加工余量
Q5=+0	表面坐标？	加工表面坐标
Q6=+2	安全高度？	下刀安全高度
Q7=+50	退刀安全高度？	跨越安全高度（避免刀具与工件、夹具碰撞）
Q8=+2	拐弯半径？	走刀路径拐弯半径
Q9=+1	走刀方向？	+1 表示逆时针，−1 表示顺时针

表 4-20 循环 22 参数输入示例

循环及输入参数	提示信息	说明
CYCL DEF 22 ROUGH-OUT		定义粗加工循环 22
Q10=+5	切入深度?	分层切削，每次切入深度，取正值
Q11=+300	切入进给率?	垂直下刀进给率
Q12=+500	粗铣进给率?	水平铣削进给率
Q18=+0	粗铣刀具?	当用更大刀具先开粗时设置，0 表示无新增粗铣刀具
Q19=+300	往复进给率?	倾斜铣削进给率（螺旋、往复切入）
Q208=MAX	退刀进给率?	退刀速度
Q401=+60	进给率百分比?	在过渡、狭窄处减小进给率，改善铣削状态，其值小于等于 100
Q404=+0	加工余量规划?	0 表示余量均匀，1 表示残留式

表 4-21 循环 23 参数输入示例

循环及输入参数	提示信息	说明
CYCL DEF 23 FLOOR FINISHING		定义底面精铣循环 23
Q11=+150	切入进给率?	垂直下刀进给率
Q12=+300	铣削进给率?	水平铣削进给率
Q208=MAX	退刀进给率?	退刀速度

表 4-22 循环 24 参数输入示例

循环及输入参数	提示信息	说明
CYCL DEF 24 SIDE FINISHING		定义侧面精铣循环 24
Q9=+1	走刀方向?	+1 表示逆时针，−1 表示顺时针
Q10=+5	切入深度?	分层切削，每次切入深度，取正值
Q11=+150	切入进给率?	垂直下刀进给率
Q12=+300	铣削进给率?	水平铣削进给率
Q14=+0	侧面精铣余量?	半精加工给精加工留的余量
Q438=+6	半精加工刀号?	半精加工刀具直径大于精加工刀具直径（Q14＞0）

图 4-35 所示为循环 20 参数示意。

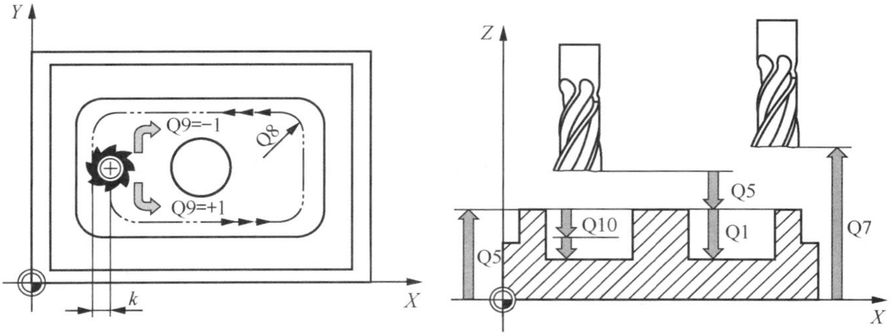

图 4-35 循环 20 参数示意

3．型腔与凸台定义方法

在 SL 循环编程中，需要明确加工对象是型腔还是凸台，TNC 系统结合轮廓的走刀方向和刀具半径补偿类型进行定义与判定。

型腔与凸台定义方法

轮廓具有封闭性，每个轮廓都是一条闭合的线。型腔轮廓为内轮廓，刀具在轮廓内加工；凸台轮廓为外轮廓，刀具在轮廓外加工。根据轮廓与刀具半径补偿的关联性，可以通过轮廓的走刀方向（顺时针或逆时针）与刀具半径补偿类型（左刀补或右刀补）来定义加工对象为型腔或凸台。

（1）型腔定义

根据刀具半径补偿类型的判定方法，铣削型腔时，如顺时针方向走刀，则必然用右刀补编程；如逆时针方向走刀，则必然用左刀补编程。反之，顺时针方向走刀用右刀补编程，或逆时针方向走刀用左刀补编程，则可推断加工对象为型腔。所以，可用以下两种方式定义型腔，如图 4-36 所示。

方式 1：顺时针走刀（DR−）+刀具半径右补偿 （RR）。

方式 2：逆时针走刀（DR+）+刀具半径左补偿 （RL）。

（2）凸台定义

如图 4-37 所示，铣削凸台时，如顺时针方向走刀，则必然用左刀补编程；如逆时针方向走刀，则必然用右刀补编程。反之，顺时针方向走刀用左刀补编程，或逆时针方向走刀用右刀补编程，则可推断加工对象为凸台。所以，定义凸台有以下两种方式。

方式 1：顺时针走刀（DR−）+刀具半径左补偿（RL）。

方式 2：逆时针走刀（DR+）+刀具半径右补偿（RR）。

结合走刀方向和刀具半径补偿类型来定义 SL 循环加工对象是型腔还是凸台，该程序一般编为子程序，且仅用于确定 SL 循环加工范围。因此，该程序描述的只是一个封闭的轮廓线，不需要切入和切出程序段，也不需要辅助功能、F、S、T 指令，只需要轨迹功能、坐标字及刀具半径补偿类型指令。

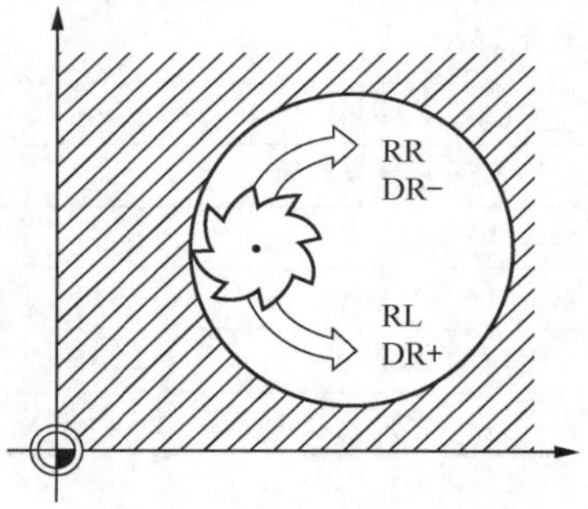

图 4-36　定义型腔示意

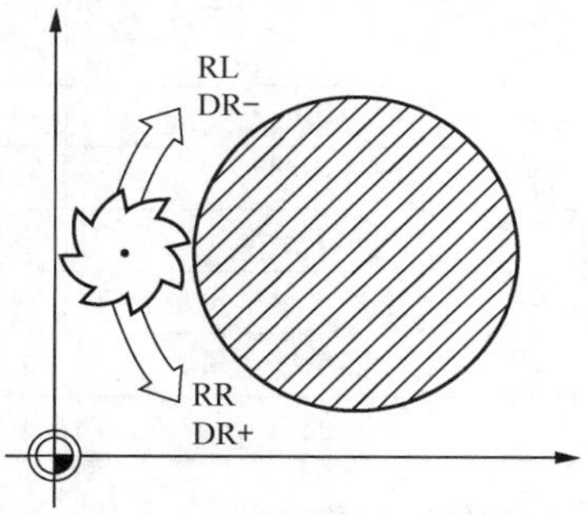

图 4-37　定义凸台示意

4．SL 循环编程程序格式

SL 循环编程程序格式示例见表 4-23。

SL 循环编程程序格式

表 4-23　SL 循环编程程序格式示例

名称	程序	说明
程序开始部分	0 BEGIN PGM SLXHCX MM	
	1 BLK FORM 0.1 Z X+0 Y+0 Z−20	
	2 BLK FORM 0.2 X+100 Y+100 Z+0	
	3 TOOL CALL 8 Z S2000	调用粗铣刀具
	4 L Z+100 R0 FMAX M3	

续表

名称	程序	说明
定义循环 14	5 CYCL DEF 14.0 CONTOUR GEOMETRY	
	6 CYCL DEF 14.1 CONTOUR LABEL**1/2**	轮廓标记号#1、#2
定义循环 20	**7 CYCL DEF 20 CONTOUR DATA**	轮廓数据
定义循环 22	**8 CYCL DEF 22 ROUGH-OUT**	粗铣型腔或凸台
调用循环 22	**9 CYCL CALL**	
换刀	10 L Z+100 R0 FMAX	
	11 TOOL CALL 5 Z S1000	调用精铣刀具
	12 L Z+100 R0 FMAX	
定义循环 23	13 CYCL DEF 23 FLOOR FINISHING	精铣底面
调用循环 23	**14 CYCL CALL**	
定义循环 24	15 CYCL DEF 24 SIDE FINISHING	精铣侧面
调用循环 24	**16 CYCL CALL**	
	17 L Z+100 R0 FMAX M30	程序结束
子程序 1	18 LBL 1	#1 轮廓
	…	
	33 LBL 0	
子程序 2	34 LBL 2	#2 轮廓
	…	
	50 LBL 0	
程序结束部分	51 END PGM SLXHCX MM	程序结束说明

4.5.4 指导实施

1．重点、难点、注意点

用 SL 循环编程时，为了去除凸台外围的余料，加工凸台时应设置两个轮廓，即一个外轮廓（凸台轮廓）和一个内轮廓，内轮廓为假想轮廓，用来确定外围加工范围。因此，加工凸台可看作加工内、外轮廓组成的“槽”，如图 4-38 所示。

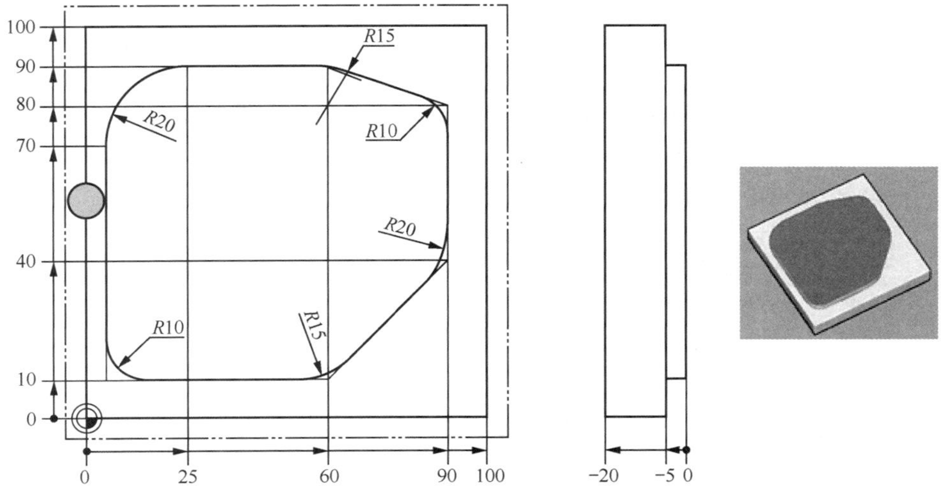

图 4-38 加工凸台编程示意

📖 注意

定义假想轮廓时，要考虑粗加工刀具大小，刀具直径必须比假想“槽宽”小，否则无法进行粗加工。

2．仿真加工程序

程序如下：

```
0 BEGIN PGM SLXHCX5 MM
1 BLK FORM 0.1 Z X+0 Y+0 Z-20
2 BLK FORM 0.2 X+100 Y+100 Z+0
3 TOOL CALL 8 Z S2000   （调用粗铣刀具）
4 L Z+100 R0 FMAX M3
5 CYCL DEF 14.0 CONTOUR GEOMETRY （定义循环 14）
6 CYCL DEF 14.1 CONTOUR LABEL 1
7 CYCL DEF 20 CONTOUR DATA  （定义循环 20）
  Q1=-5     （铣削深度）
  Q2=+1     （路径行距系数）
  Q3=+0.2   （侧面精铣余量）
  Q4=+0.2   （底面精铣余量）
  Q5=+0     （加工表面坐标）
  Q6=+2     （下刀安全高度）
  Q7=+50    （退刀跨越安全高度）
  Q8=+2     （拐弯半径）
  Q9=+1     （逆时针走刀）
8 CYCL DEF 22 ROUGH-OUT  （定义粗铣循环 22）
  Q10=+2.5    （切入深度）
  Q11=+300    （切入进给率）
  Q12=+500    （粗铣进给率）
  Q18=+0      （无新增粗铣刀具）
  Q19=+300     （往复进给率）
  Q208=MAX    （退刀速度）
  Q401=+60     （进给率系数）
  Q404=+0     （余量均匀）
9  CYCL CALL  （调用循环 22 粗铣型腔）
10 L Z+100 R0 FMAX
11 TOOL CALL 5 Z S3000  （调用精铣刀具）
12 L Z+100 R0 FMAX M3
13 CYCL DEF 23 FLOOR FINISHING  （定义底面精铣循环 23）
   Q11=+150     （切入进给率）
   Q12=+300     （铣削进给率）
   Q208=+99999    （退刀速度）
14 CYCL CALL       （调用循环 23 精铣底面）
15 CYCL DEF 24 SIDE FINISHING  （定义侧面精铣循环 24）
   Q9=+1      （逆时针铣削）
   Q10=+5     （切入深度）
   Q11=+150    （切入进给率）
   Q12=+300    （铣削进给率）
   Q14=+0     （一次性精加工）
   Q438=+5     （无新增半精加工刀具）
16 CYCL CALL    （调用循环 24 精铣侧面）
17 L Z+100 R0 FMAX M30
```

子程序如下：

```
18 LBL 1  （子程序 1）
19 L X+5 Y+40 RR   （定义型腔：RR+DR-）
20 RND R20
21 L X+60
```

```
22 RND R15
23 L X+90 Y+80
24 RND R10
25 L Y+40
26 RND R20
27 L X+60 Y+10
28 RND R15
29 L X+5
30 RND R10
31 L Y+40
32 LBL 0
33 END PGM SLXHCX5 MM
```

注意

① 5、6 程序段输入方法为，按【CYCL DEF】键→单击[SL 循环]软键→单击[14　LBL1...N]软键→输入 1→按【END】键。输入多个子程序号时，先逐个按【ENT】键确认，最后按【END】键结束。

② 子程序中“LBL”输入方法为按【LBL SET】键。

3．测试运行结果

型腔仿真加工结果如图 4-39 所示。

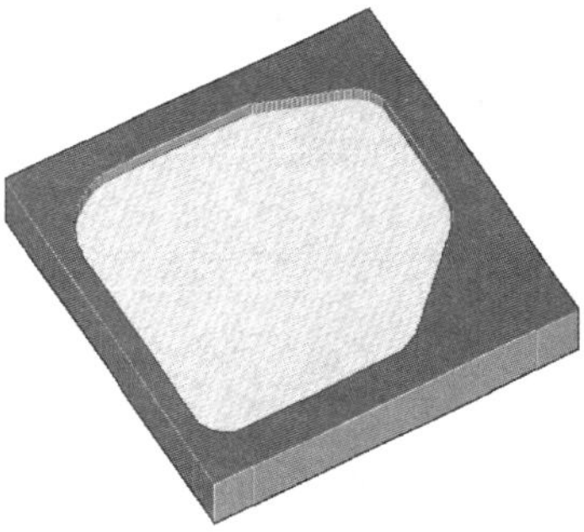

图 4-39　型腔仿真加工结果

4.5.5 思考训练

1. 实施本任务时，如把型腔改为凸台，用 SL 循环怎么编程？
2. 如图 4-40 所示，应用 SL 循环编程加工型腔（深度为 10），毛坯尺寸为 100 × 60 × 20。

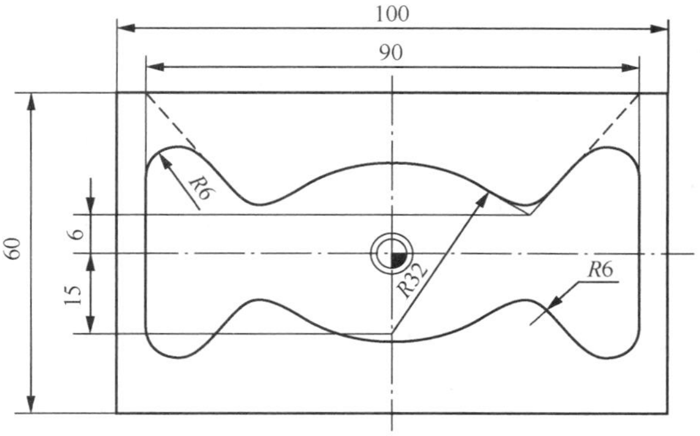

图 4-40　思考训练 2

SL 循环应用

3. 应用 SL 循环编程加工图 4-41 所示工件，毛坯尺寸为 120 × 100 × 20。

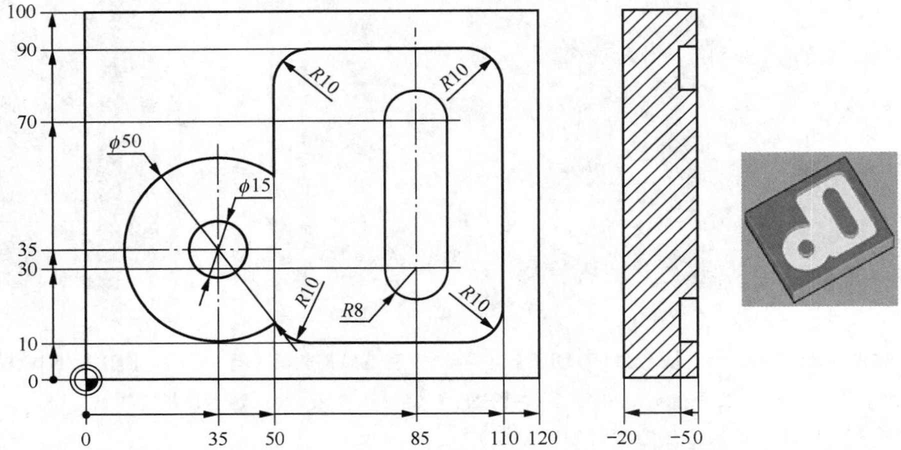

图 4-41　思考训练 3

任务 4.6　坐标变换循环

对于形状相同或相似而位置不同的轮廓，应用坐标变换循环，并引进子程序，可以避免编写多个轮廓程序，简化编程。另外，坐标变换循环是定向加工编程的基础。

4.6.1　任务目标

（1）理解坐标变换循环编程思路。

（2）掌握应用坐标变换循环编程的程序格式。

（3）能用坐标变换循环编程加工形状相同而位置不同的元素。

4.6.2　任务内容

如图 4-42 所示，仿真加工①～④ 4 个型腔，毛坯尺寸为 100 × 100 × 20。

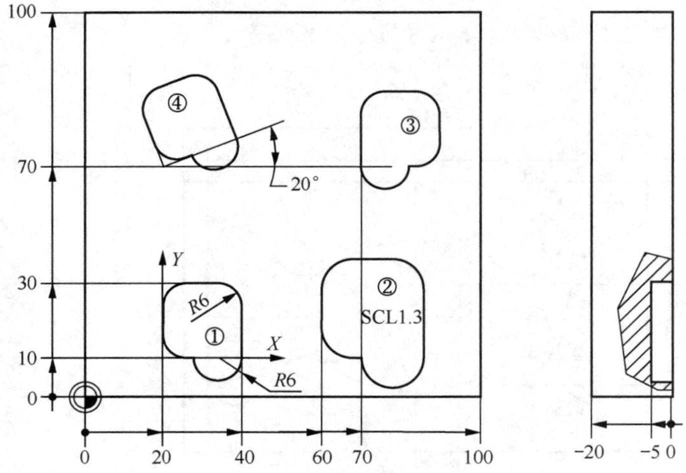

图 4-42　任务 4.6

4.6.3 相关知识

1．坐标变换循环概述

对于形状相同或相似而位置不同的加工元素，如本任务中的 4 个型腔，只是位置或大小不同，就可以用坐标变换循环编程。其编程基本思路是选择一个基本加工元素，建立局部坐标系，按局部坐标系编写子程序，然后通过坐标变换并调用子程序来加工其他元素。坐标变换方式有原点平移、镜像、旋转和缩放。其中，原点平移是其他坐标变换的基础，启用坐标变换功能时，一般都先进行原点平移，再进行镜像、旋转和缩放。取消坐标变换功能时，应先取消镜像、旋转和缩放，再取消原点平移。进行坐标变换编程时，通常要引入子程序。常用坐标变换循环见表 4-24。

坐标变换循环概述

表 4-24　常用坐标变换循环

循环	软键	说明
原点平移循环 7	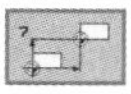	平移坐标系，这是其他坐标变换的基础
镜像循环 8	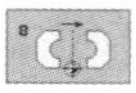	镜像轮廓，“对称轴”必须为局部坐标系坐标轴，循环中输入镜像方向
旋转循环 10	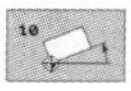	在加工平面旋转坐标系
缩放循环 11		放大或缩小轮廓尺寸

坐标变换循环定义即生效，不需要调用。重新定义循环参数值（如旋转循环的旋转角度）或复位（取消循环功能）后，原循环功能终止。

定义坐标变换循环，先按【CYCL DEF】键，弹出循环定义界面，然后单击[坐标变换]软键，再选择所需循环，进入坐标变换循环参数设置界面，如图 4-43 所示。

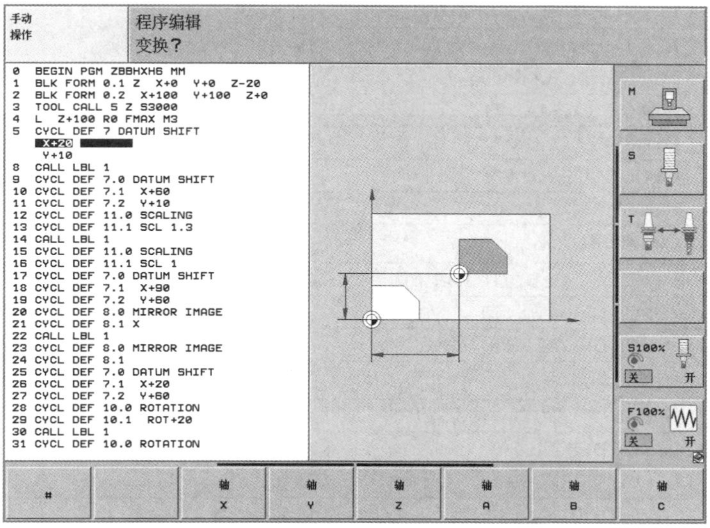

图 4-43　坐标变换循环参数设置界面

常用坐标变换循环定义与复位示例见表 4-25。

表 4-25　常用坐标变换循环定义与复位示例

循环	定义	复位
原点平移循环 7	5 CYCL DEF 7.0 DATUM SHIFT 6 CYCL DEF 7.1 X+20（局部坐标系原点坐标） 7 CYCL DEF 7.2 Y+10	33 CYCL DEF 7.0 DATUM SHIFT 34 CYCL DEF 7.1 X+0 35 CYCL DEF 7.2 Y+0
镜像循环 8	20 CYCL DEF 8.0 MIRROR IMAGE 21 CYCL DEF 8.1 X　　（镜像方向）	23 CYCL DEF 8.0 MIRROR IMAGE 24 CYCL DEF 8.1　（镜像方向不输入）
旋转循环 10	28 CYCL DEF 10.0 ROTATION 29 CYCL DEF 10.1 ROT+20　（旋转角度）	31 CYCL DEF 10.0 ROTATION 32 CYCL DEF 10.1 ROT+0
缩放循环 11	12 CYCL DEF 11.0 SCALING 13 CYCL DEF 11.1 SCL1.3　（缩放系数）	15 CYCL DEF 11.0 SCALING 16 CYCL DEF 11.1 SCL 1

2．原点平移循环

如果几个加工元素通过平移能够重合，就可以用原点平移循环编程。原点平移的实质是平移坐标系。编程思路如下。

（1）选择一个基本加工元素，建立局部坐标系。

（2）按局部坐标系编制该元素的加工子程序。

（3）明确局部坐标系原点在原坐标系中的坐标，将该坐标输入原点平移循环。

（4）调用子程序，完成各元素的加工。

（5）取消原点平移循环。

原点平移循环

原点平移循环编程的程序格式示例见表 4-26。

表 4-26　原点平移循环编程的程序格式示例

名称	程序	说明
程序开始部分	0 BEGIN PGM YDPYCX MM	
	1 BLK FORM 0.1 Z X+0 Y+0 Z−20	
	2 BLK FORM 0.2 X+100 Y+100 Z+0	
	3 TOOL CALL 6 Z S3000	
	4 L Z+100 R0 FMAX M3	
定义原点平移循环 7	5 CYCL DEF 7.0 DATUM SHIFT	输入局部坐标系 1 的原点在原坐标系中的坐标
	6 CYCL DEF 7.1 X+20	
	7 CYCL DEF 7.2 Y+20	
调用子程序	**8 CALL** LBL 1	调用按局部坐标系编制的程序，加工型腔①
定义原点平移循环 7	9 CYCL DEF 7.0 DATUM SHIFT	输入局部坐标系 2 的原点在原坐标系中的坐标
	10 CYCL DEF 7.1 X+70	
	11 CYCL DEF 7.2 Y+70	
调用子程序	12 CALL LBL 1	加工型腔②
取消原点平移循环 7	13 CYCL DEF 7.0 DATUM SHIFT	循环复位
	14 CYCL DEF 7.1 X+0	
	15 CYCL DEF 7.2 Y+0	
程序结束	16 L Z+100 R0 FMAX M30	主程序结束
编写子程序 1	17 LBL 1	子程序（按局部坐标系编制的程序，注意与主程序衔接）
	…	
	31 LBL 0	
程序结束部分	32 END PGM YDPYCX MM	程序结束说明

子程序以子程序名开始、LBL 0 结束，编程方法同一般程序，开始部分与结束部分有变化，注意与主程序衔接，详见项目 5。如图 4-44 所示，加工型腔的子程序如下：

```
17 LBL 1  （子程序名）
18 L X+0 Y+0 R0 FMAX  （与主程序开始部分衔接）
19 L Z+2 R0 FMAX
20 L Z-5 R0 F260
21 APPR LCT X-10 Y+0 R1 RL F200
22 CR X+0 Y-10 R+10 DR+
23 L X+10
24 RND R7
25 L X+20  Y+10
26 RND R7
27 L X+0 Y+10
28 CR X-10 Y+0 R+10 DR+
29 DEP LCT X+0 Y+0 R1
30 L Z+2   （小抬刀）
31 LBL 0   （子程序结束）
```

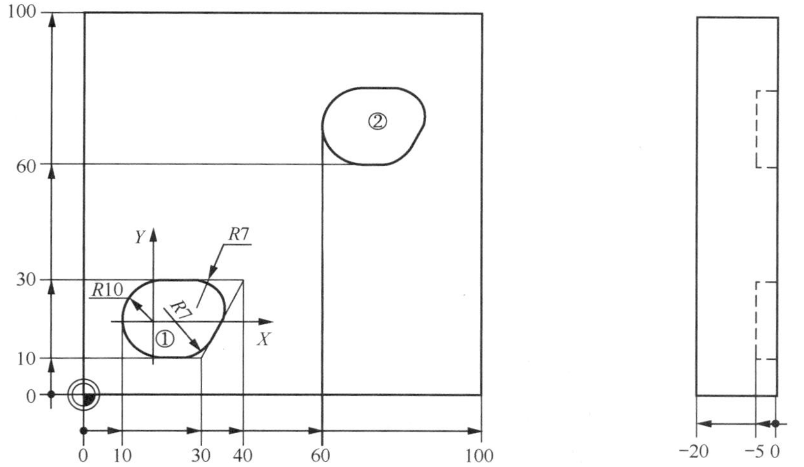

图 4-44　原点平移循环编程示例

3．镜像循环

镜像循环编程适用于两个加工元素经平移后，有轴对称或中心对称关系。如图 4-45 所示，元素①与元素②或元素①与元素④有轴对称关系，元素①与元素③有中心对称关系，可用镜像循环编程。

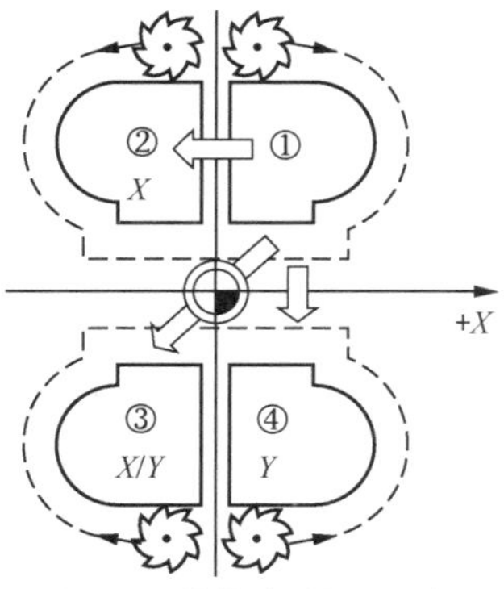

图 4-45　镜像关系加工元素

镜像循环

大多数加工元素经平移之后才有镜像关系，如图 4-46 所示，型腔①与型腔②经平移后才有镜像关系。因此，一般镜像循环编程的思路如下。

（1）建立基准加工元素的局部坐标系。

（2）按局部坐标系编写子程序。

（3）平移坐标系与加工元素局部坐标系重合。

（4）建立镜像。

（5）调用子程序。

（6）取消镜像。

（7）取消平移。

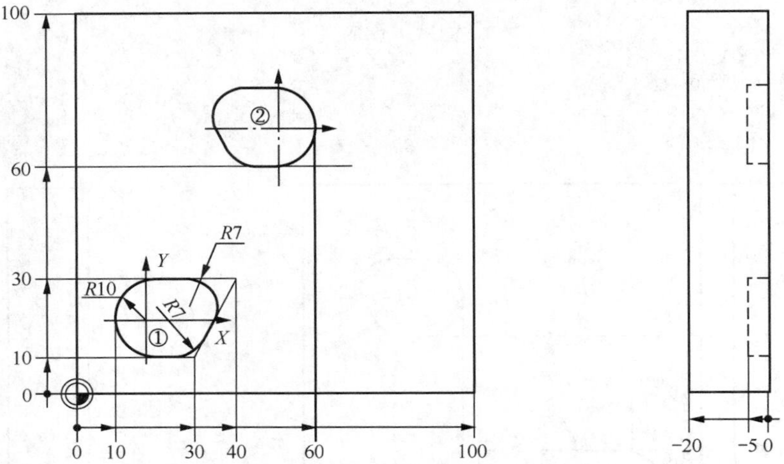

图 4-46 镜像循环编程示例

镜像循环编程的程序格式示例见表 4-27。

表 4-27 镜像循环编程的程序格式示例

名称	程序	说明
程序开始部分	0 BEGIN PGM JXXHCX MM	
	1 BLK FORM 0.1 Z X+0 Y+0 Z−20	
	2 BLK FORM 0.2 X+100 Y+100 Z+0	
	3 TOOL CALL 6 Z S3000	
	4 L Z+100 R0 FMAX M3	
定义原点平移循环 7	5 CYCL DEF 7.0 DATUM SHIFT	半圆圆心为局部坐标系原点
	6 CYCL DEF 7.1 X+50	
	7 CYCL DEF 7.2 Y+70	
定义镜像循环 8	8 CYCL DEF 8.0 MIRROR IMAGE	*X* 方向镜像
	9 CYCL DEF 8.1 X	
调用子程序	10 CALL LBL 1	加工型腔②
取消镜像	11 CYCL DEF 8.0 MIRROR IMAGE	镜像复位（镜像方向不输入）
	12 CYCL DEF 8.1	
取消平移	13 CYCL DEF 7.0 DATUM SHIFT	平移复位
	14 CYCL DEF 7.1 X+0	
	15 CYCL DEF 7.2 Y+0	

续表

名称	程序	说明
程序结束	16 L Z+100 R0 FMAX M30	主程序结束
编写子程序 1	17 LBL 1	子程序（按局部坐标系编写的程序，注意与主程序衔接）
	…	
	31 LBL 0	
程序结束部分	32 END PGM JXXHCX MM	程序结束说明

要注意镜像循环编程会改变顺铣、逆铣工艺特性。如图 4-45 所示，如果元素①用顺铣工艺加工，则通过一次镜像得到的元素②或元素④会变为逆铣工艺加工，通过二次镜像得到的元素③又会变回顺铣工艺加工。

4．旋转循环与缩放循环

编程时轮廓基点的计算比较麻烦，如想通过坐标系平移和旋转，使轮廓基点的计算简化，可以用旋转循环编程。如本任务中型腔④，经坐标系平移与旋转，基点坐标就容易确定，因此可以应用平移循环与旋转循环编程，如图 4-47 所示。

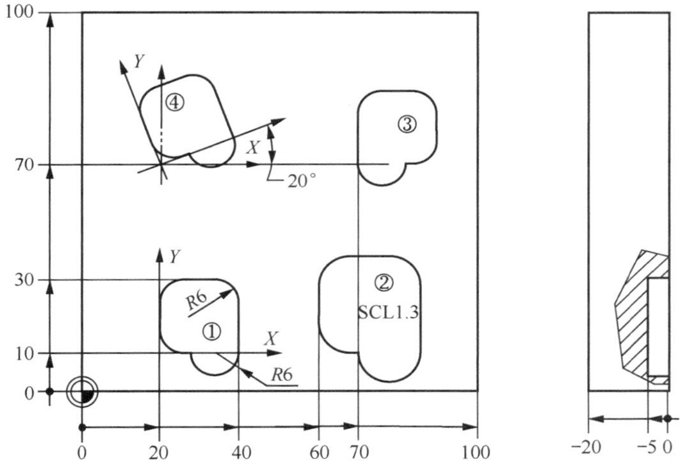

图 4-47　旋转循环编程示例

旋转循环

注意

① 旋转循环 10 旋转中心为局部坐标系原点。

② 旋转循环 10 旋转角的参考轴规定为：*XOY* 平面为 *X* 轴，*YOZ* 平面为 *Y* 轴，*ZOX* 平面为 *Z* 轴；且逆时针方向为正方向。

对于存在相似关系的加工元素，可以把其中一个元素编为子程序，通过缩放循环加工另一个形状相似的元素。如图 4-47 所示，型腔②与型腔①相似，加工型腔②可以应用平移循环与缩放循环编程。

旋转循环与缩放循环编程程序格式类似镜像循环，只是定义循环与取消循环（复位）方式不同，具体见表 4-25。

缩放循环

4.6.4 指导实施

1．重点、难点、注意点

（1）镜像循环局部坐标系原点坐标的确定

明确局部坐标系原点是平移的基础。如图 4-48 所示，从型腔①可知，本任务中局部坐标系原点为 *P*，因此型腔③的局部坐标系原点坐标为(90,60)，而不是(70,60)。

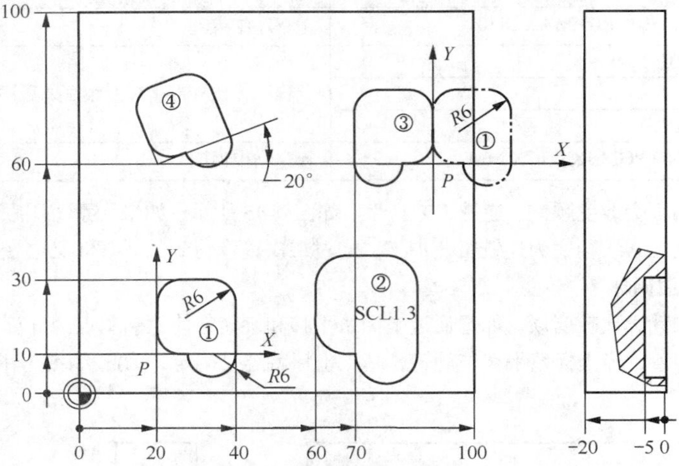

图 4-48　镜像循环局部坐标系原点

（2）镜像方向与镜像轴

如图 4-42 所示，型腔①与型腔③平移后有镜像关系，其镜像轴为 *Y* 轴（局部坐标系的坐标轴），镜像方向为 *X*，在定义镜像循环时，应输入镜像方向。如中心对称，相当于二次镜像，*X*、*Y* 都要输入。

2．仿真加工程序

程序如下：

```
0  BEGIN PGM ZBBHCX6 MM
1  BLK FORM 0.1 Z X+0 Y+0 Z-20
2  BLK FORM 0.2 X+100 Y+100 Z+0
3  TOOL CALL 5 Z S3000
4  L Z+100 R0 FMAX M3
5  CYCL DEF 7.0 DATUM SHIFT   （定义原点平移循环）
6  CYCL DEF 7.1 X+20
7  CYCL DEF 7.2 Y+10
8  CALL LBL 1   （调用子程序加工型腔①）
9  CYCL DEF 7.0 DATUM SHIFT  （定义原点平移循环）
10 CYCL DEF 7.1 X+60
11 CYCL DEF 7.2 Y+10
12 CYCL DEF 11.0 SCALING   （定义缩放循环）
13 CYCL DEF 11.1 SCL1.3
14 CALL LBL 1   （调用子程序加工型腔②）
15 CYCL DEF 11.0 SCALING   （取消缩放功能）
16 CYCL DEF 11.1 SCL 1
17 CYCL DEF 7.0 DATUM SHIFT   （定义原点平移循环）
18 CYCL DEF 7.1 X+90
19 CYCL DEF 7.2 Y+60
20 CYCL DEF 8.0 MIRROR IMAGE   （定义镜像循环）
21 CYCL DEF 8.1 X
22 CALL LBL 1   （调用子程序加工型腔③）
23 CYCL DEF 8.0 MIRROR IMAGE   （取消镜像功能）
24 CYCL DEF 8.1
25 CYCL DEF 7.0 DATUM SHIFT  （定义原点平移循环）
```

```
26 CYCL DEF 7.1 X+20
27 CYCL DEF 7.2 Y+60
28 CYCL DEF 10.0 ROTATION   （定义旋转循环）
29 CYCL DEF 10.1 ROT+20
30 CALL LBL 1   （调用子程序加工型腔④）
31 CYCL DEF 10.0 ROTATION   （取消旋转功能）
32 CYCL DEF 10.1 ROT+0
33 CYCL DEF 7.0 DATUM SHIFT   （取消平移功能）
34 CYCL DEF 7.1 X+0
35 CYCL DEF 7.2 Y+0
36 L Z+100 R0 FMAX M30   （程序结束）
SP ： （局部坐标系子程序）
37 LBL 1  （子程序名）
38 L X+10 Y+10 R0 FMAX M3 （下刀点）
39 L Z+2 FMAX
40 L Z-5 R0 F100
41 APPR LCT X+0 Y+10 R3 RR F50（切入轮廓）
42 L Y+0
43 RND R6
44 L X+8
45 CC X+14 Y+0
46 C X+20 DR+
47 L Y+20
48 RND R6
49 L X+0
50 RND R6
51 L Y+10
52 DEP LCT X+10 Y+10 R3  （切出轮廓）
53 L Z+2
54 LBL 0
55 END PGM ZBBHCX6 MM
```

思考

程序段 18 是否可取“X+70”为镜像轴？

3．测试运行结果

型腔仿真加工结果如图 4-49 所示。

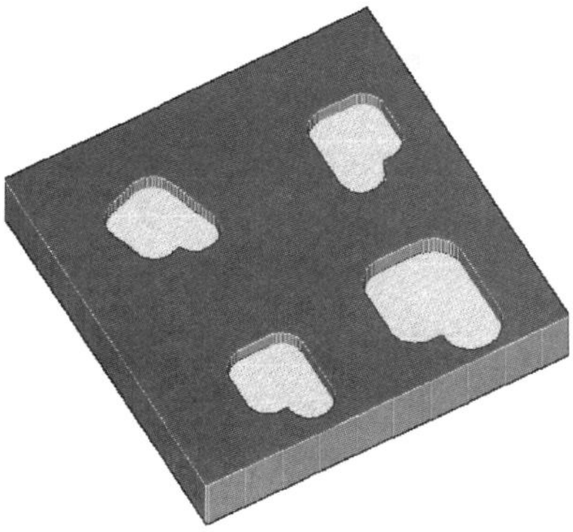

图 4-49　型腔仿真加工结果

4.6.5 思考训练

1. 如将本任务改为加工图 4-50 所示的 4 个型腔，定义镜像循环的程序应怎么改？

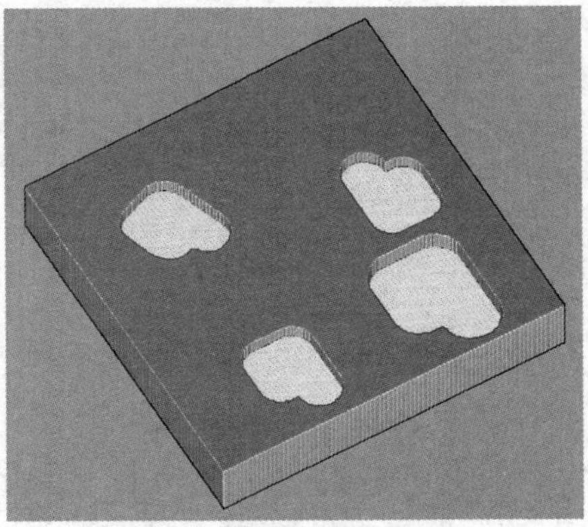

图 4-50 思考训练 1

2. 如图 4-51 所示，仿真加工 2 个相同的型腔，毛坯尺寸为 100×100×20。

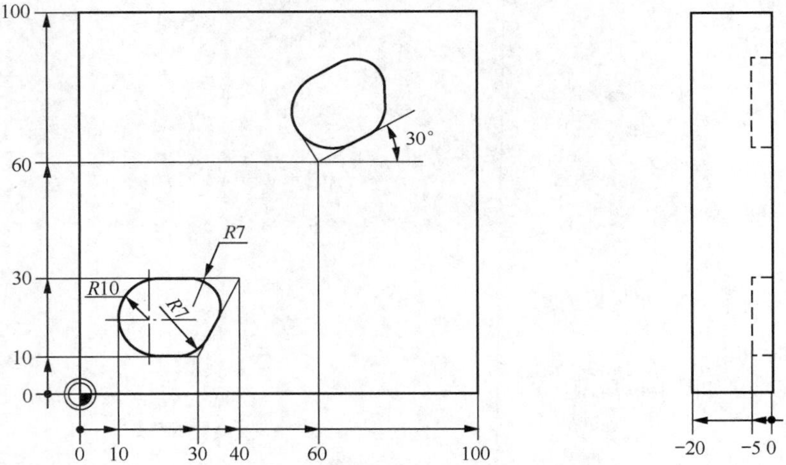

图 4-51 思考训练 2

项目5 子程序与程序块

05

子程序与程序块是简化的编程方法，用于形状相同而位置不同的加工单元。其编程方法灵活，程序格式多样，可以自身嵌套，也可以相互嵌套；程序逻辑性强，结构简单，应用广泛。

项目目标

（1）能按零件的结构特征灵活应用子程序与程序块进行综合编程。

（2）训练逻辑思维能力，培养综合分析和解决问题的能力。

项目任务

（1）子程序编程。

（2）程序块编程。

（3）子程序与程序块综合应用。

任务 5.1 子程序编程

对于形状相同而位置不同的加工单元，应用子程序只需编写一个加工单元的程序，其他单元通过调用子程序完成，这样可避免重复编程。

5.1.1 任务目标

（1）掌握子程序格式。

（2）能应用子程序编程。

5.1.2 任务内容

如图 5-1 所示，仿真加工 12× ϕ8 孔，毛坯尺寸为 100×100×20。

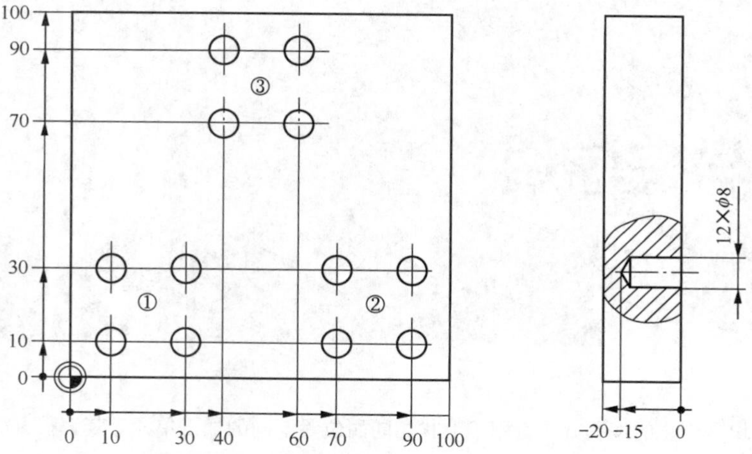

图 5-1　任务 5.1

5.1.3　相关知识

1．子程序概念

零件的加工程序分为主程序和子程序。主程序是一个完整的加工程序，或零件加工程序的主体部分，与被加工零件有对应关系，有一个零件就有一个加工程序与之对应。

在编程中，有时一组程序段（称为程序块）在一个程序中会多次出现，或者在几个程序中都要使用，这个典型的程序块可以编写成固定程序，并单独命名，供其他程序调用，这种程序称为子程序。

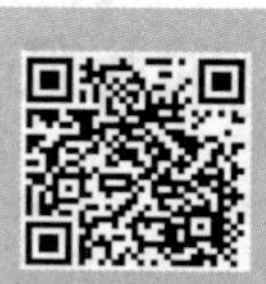

子程序概述

子程序一般不可以作为独立的加工程序使用，只能通过调用才能被执行，以实现加工过程中的局部动作。子程序执行结束后，能自动返回到调用它的程序中。

2．子程序格式

子程序与主程序在程序内容方面基本相同，但 TNC 系统的子程序在开始与结束处有特殊的标记，以“LBL+正整数”标记子程序开始，并代表子程序名称，以“LBL 0”标记子程序结束；子程序一般紧接在主程序 M02 或 M30 程序段后、主程序结束说明前。子程序格式和位置示例如下：

```
11 L Z+100 R0 FMAX M30    （主程序结束）
12 LBL 1     （子程序名）
13 CYCL DEF 200 DRILLING   （定义钻孔循环 200）
14 CYCL CALL  （调用循环）
15 L IX+20 FMAX M89    （调用循环）
16 L IY+20 FMAX        （调用循环）
17 L IX-20 FMAX M99    （调用循环）
18 LBL 0     （子程序结束）
19 END PGM 5ZCX1 MM  （主程序结束说明）
```

📖 **注意**

“LBL”是英文 LABEL（标记）的缩写。

3．子程序输入

TNC 系统中子程序输入步骤如下。

（1）在编程指令区按【LBL SET】键，编程区弹出“LBL”指令行，表示子程序编程开始，如图 5-2 所示。

（2）输入子程序号（正整数）。

（3）输入其他程序段。

（4）按【LBL SET】键并输入整数“0”，表示子程序结束，如图 5-3 所示。

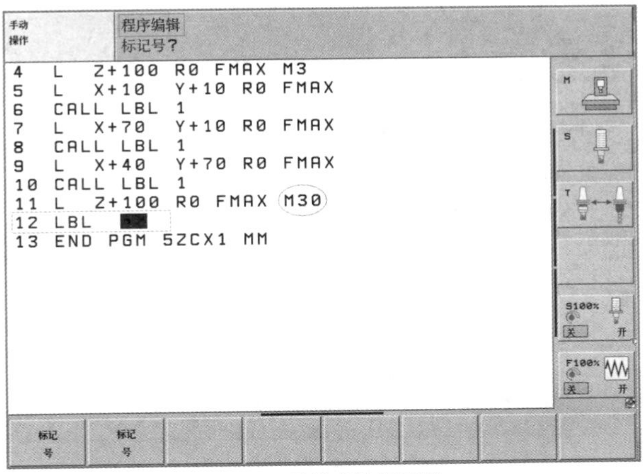

图 5-2　子程序编程开始

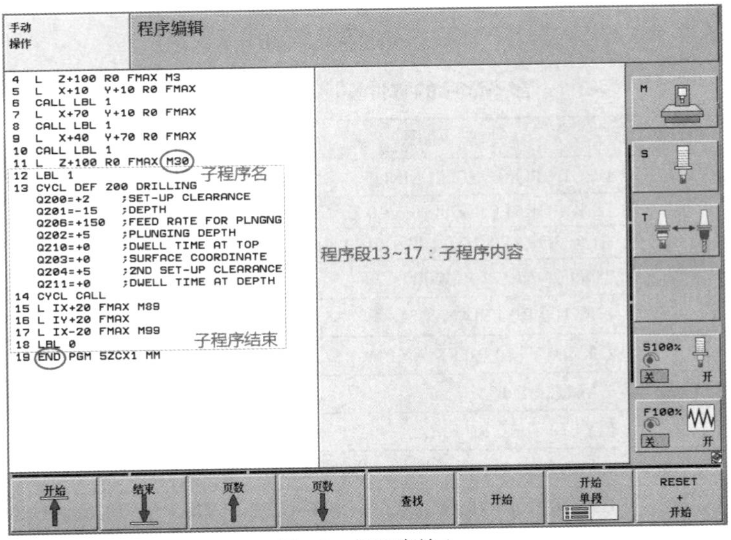

图 5-3　子程序输入

4．子程序调用

TNC 系统中子程序调用步骤如下。

（1）在编程指令区按【LBL CALL】键，编程区弹出“CALL LBL”指令行，如图 5-4 所示。

（2）输入要调用的子程序号。

📖 **注意**

① 子程序使用次数没有限制，多个子程序先后排序没有限制。

② 如果子程序位于 M2 或 M30 所在程序段之前，那么即使没有调用也会被执行。

5．子程序嵌套

为了进一步简化编程，可以用子程序调用另一个子程序，这一功能称为子程序嵌套。当主程序调用子程序时，该子程序称为一级子程序，一级子程序调用的子程序称为二级子程序，依次可以有多级子程序嵌套。

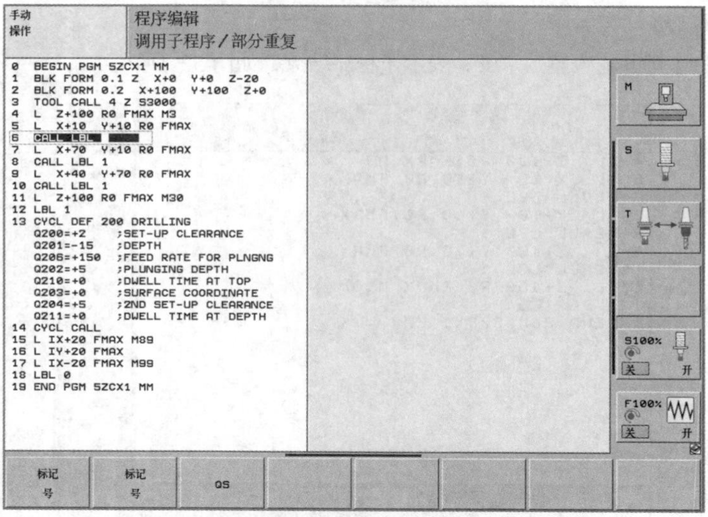

图 5-4 子程序调用

6．含子程序的程序格式及运行

一个主程序如果有 2 个子程序，则其程序格式示例及运行顺序见表 5-1。

表 5-1 含子程序的零件程序基本格式及运行顺序

名称	程序	说明
程序开始部分	BEGIN PGM 5ZCX1 MM	程序开始
	BLK FORM 0.1 **Z** X+0 Y+0 Z−20	定义毛坯
	BLK FORM 0.2 X+100 Y+100 Z+0	
	TOOL CALL 4 **Z** S2000	调用刀具
	L Z+100 R0 FMAX M3	刀具移至第二安全高度或初始平面
子程序 1 定位 1	L X+10 Y+10 R0 FMAX	执行子程序 1 起点 1
调用子程序 1	CALL LBL 1	
子程序 1 定位 2	L X+70 Y+10 R0 FMAX	执行子程序 1 起点 2
调用子程序 1	CALL LBL 1	
子程序 2 定位	L X+70 Y+10 R0 FMAX	执行子程序 2 起点
调用子程序 2	CALL LBL 2	
主程序结束	L Z+100 R0 FMAX M30	M30 或 M02 程序段
子程序 1	LBL 1 … LBL 0	紧接在 M30 程序段后
子程序 2	LBL 2 … LBL 0	紧接在子程序 1 后
主程序结束说明	END PGM 5ZCX1 MM	最后程序段

5.1.4 指导实施

1．重点、难点、注意点

子程序由子程序名、子程序内容和子程序结束 3 部分组成，子程序内容与主程序内容类似；TNC 系统中子程序位于 M30 程序段与 END 程序段之间；一个主程序可以有多个子程序，一个子程序可以被多次调用。

2．仿真加工程序

程序如下：

```
0  BEGIN PGM 5ZCX3 MM
1  BLK FORM 0.1 Z X+0 Y+0 Z-20
2  BLK FORM 0.2 X+100 Y+100 Z+0
3  TOOL CALL 4 Z S3000    （调用刀具）
4  L Z+100 R0 FMAX M3
5  L X+10 Y+10 R0  FMAX    （加工群孔①时执行子程序的起始位置）
6  CALL LBL 1     （调用子程序）
7  L X+70 Y+10 R0 FMAX     （加工群孔②时执行子程序的起始位置）
8  CALL LBL 1     （调用子程序）
9  L X+40 Y+70 R0 FMAX     （加工群孔③时执行子程序的起始位置）
10  CALL LBL 1     （调用子程序）
11  L Z+100 R0 FMAX M30     （主程序结束）
12  LBL 1  （子程序名）
13  CYCL DEF 200 DRILLING    （定义钻孔循环 200）
    Q200=2
    Q201=-15
    Q206=+200
    Q202=+3
    Q210=+0
    Q203=+0
    Q204=+5
    Q211=+0
14  CYCL CALL  （调用循环）
15  L IX+20 FMAX M89   （调用循环）
16  L IY+20 FMAX      （调用循环）
17  L IX-20 FMAX M99   （调用循环）
18  LBL 0    （子程序结束）
19  END PGM 5ZCX3 MM
```

子程序编程

3．测试运行结果

钻孔仿真加工结果如图 5-5 所示。

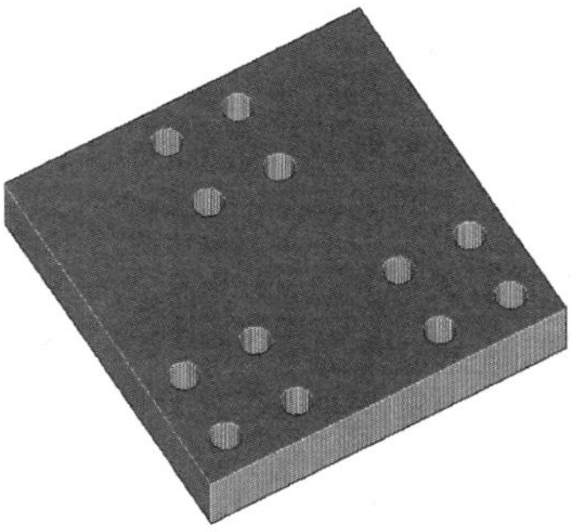

图 5-5 钻孔仿真加工结果

5.1.5 思考训练

1. 子程序在主程序中什么位置？子程序开始与结束的标记是什么？
2. 如图 5-6 所示，仿真加工槽，毛坯尺寸为 100 × 80 × 10。

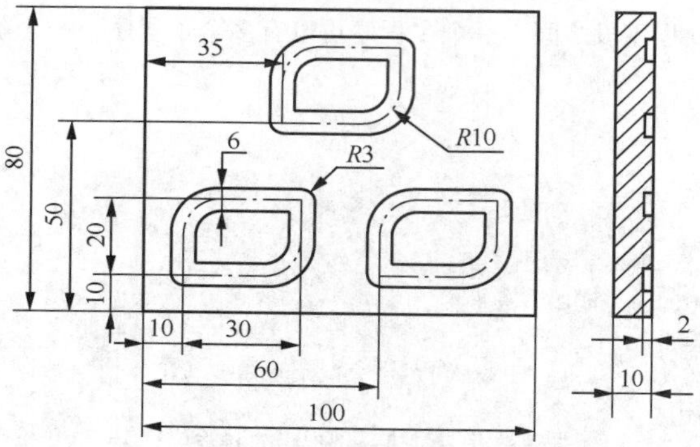

图 5-6　思考训练 2

任务 5.2　程序块编程

对于形状相同而呈阵列式排序的加工单元，应用程序块编制的程序比子程序编制的程序更简约，程序逻辑性更好。

5.2.1　任务目标

（1）明确程序块结构，掌握程序块的格式。
（2）能应用程序块编程。

5.2.2　任务内容

如图 5-7 所示，仿真加工 81 × ϕ6 孔，毛坯尺寸为 100 × 100 × 10。

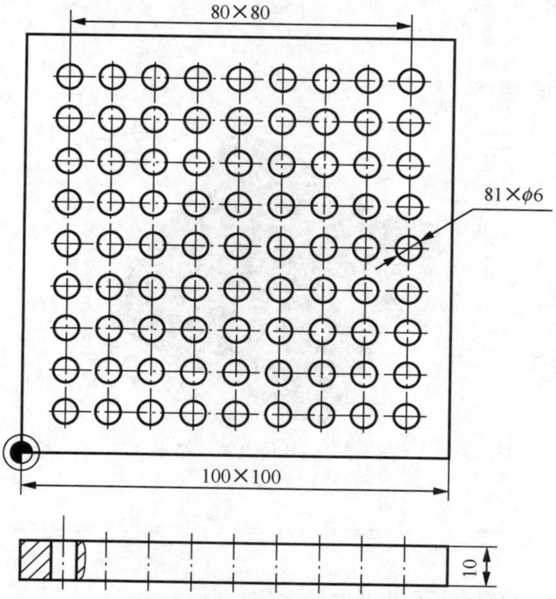

图 5-7　任务 5.2

5.2.3 相关知识

1．程序块概念

在编程中，如果一组程序段在一个程序中连续多次出现，则可把这组程序段看作一个程序单元，这个程序单元即程序块。程序块用“LBL+正整数”命名，并标记程序块开始。因此，程序块从形式上可以看成是子程序去掉子程序结束标记“LBL 0”变成的，与子程序不同的是程序块在程序中能直接执行。要重复执行程序块，只需在程序块后直接调用，再输入重复次数即可。

程序块编程基础

程序块编程能简化程序。如图 5-8 所示，要钻一排孔，如果用子程序编程，钻一个孔编制一个子程序，钻一排孔就要多次调用该子程序；如把钻一个孔做成程序块，钻多个孔通过调用程序块并输入调用次数即可，这样程序就比较简洁，具体程序如下：

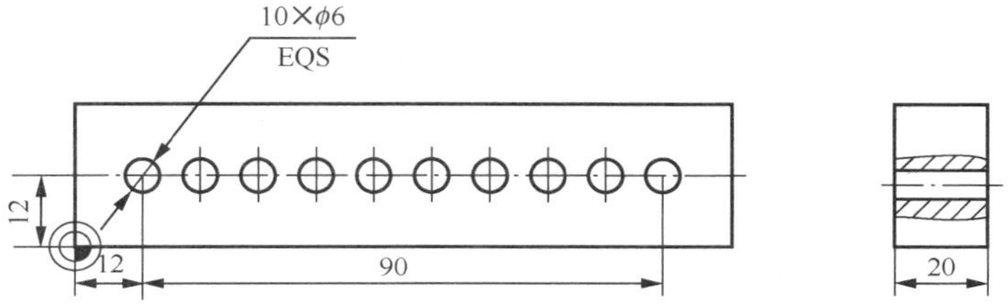

图 5-8　一排孔

```
0  BEGIN PGM CXK MM
1  BLK FORM 0.1 Z X+0 Y+0 Z-20
2  BLK FORM 0.2 X+114 Y+24 Z+0
3  TOOL CALL 3 Z S3000
4  L Z+100 R0 FMAX M3
5  CYCL DEF 200 DRILLING  （定义钻孔循环 200）
   Q200=+2
   Q201=-22
   Q206=+150
   Q202=+5
   Q210=+0
   Q203=+0
   Q204=+100
   Q211=+0
6  L X+2 Y+12 R0 FMAX   （钻孔预定位）
7  LBL 1  （设置程序块标记）
8  L IX+10 R0 FMAX M99  （调用钻孔循环，钻第一个孔）
9  CALL LBL 1 REP 9  （调用程序块及输入调用次数，钻其余 9 个孔）
10  L Z+100 R0 FMAX M2
11  END PGM CXK MM
```

程序块应用

上述程序中，程序段 7 与 8 组成程序块，“LBL 1”为程序块名，程序段 9 为调用程序块及输入调用次数。程序块格式如图 5-9 所示。

注意

REP 为英文 REPETITION（重复）的缩写。

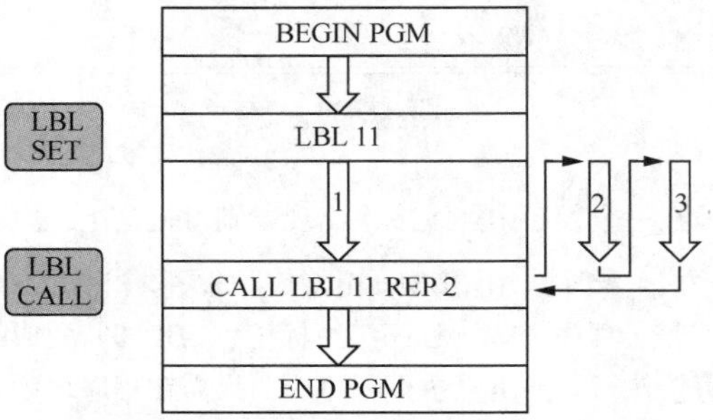

图 5-9　程序块格式与执行过程

2．程序块的输入方法与执行过程

程序块的输入方法与子程序的类似，按【LBL SET】键，编程区弹出“LBL”指令行，输入程序块标记号；按【LBL CALL】键，编程区弹出“CALL LBL”指令行，输入程序块标记号；确认后编程区弹出“REP”指令，输入调用次数，即重复运行程序块的次数。

有程序块的程序执行过程为：零件程序先执行到程序块结束处（“CALL LBL_ REP_”的前程序段），然后重复运行“LBL”和“CALL LBL_ REP_”之间的程序块，重复运行的次数为 REP 之后的正整数。重复运行结束后，继续运行零件程序。程序块执行过程如图 5-9 所示。

3．含程序块的零件程序格式

含程序块的零件程序格式示例见表 5-2。

表 5-2　含程序块的零件程序格式示例

名称	程序	说明
开始部分	BEGIN PGM 5CXK MM	程序开始
	BLK FORM 0.1 **Z** X+0 Y+0 Z−20	定义毛坯
	BLK FORM 0.2 X+100 Y+100 Z+0	
	TOOL CALL 4 **Z** S2000	调用刀具
	L Z+100 R0 FMAX M3	刀具移至初始平面
定义循环	CYCL DEF 200 DRILLING	钻孔循环 200
预定位	L X+2 Y+12 R0 FMAX	执行程序块预定位
设置程序块标记	LBL 1	程序块标记号
程序块内容	L IX+10 R0 FMAX M99	定位并加工
调用程序块	CALL LBL1 REP 9	多次调用程序块
结束部分	L Z+100 R0 FMAX M2	程序结束
	END PGM 5CXK MM	程序结束说明

4．程序块嵌套

类似子程序嵌套，也有程序块嵌套，即程序块中含“子程序块”的形式。程序块嵌套程序块的程序格式示例见表 5-3。

程序块嵌套

表 5-3　程序块嵌套程序块的程序格式示例

名称	程序	说明
开始部分	BEGIN PGM 5CXK2 MM	程序开始
	BLK FORM 0.1 **Z** X+0 Y+0 Z−10	定义毛坯
	BLK FORM 0.2 X+100 Y+100 Z+0	

续表

名称	程序	说明
开始部分	TOOL CALL 3 **Z** S2000	调用刀具
	L Z+100 R0 FMAX M3	刀具移至初始平面
定义循环	CYCL DEF 200 DRILLING	
预定位	L X+0 Y+10 FMAX	加工第一元素预定位
设置父程序块	**LBL 1**	一级程序块（加工单元）
	...	
设置子程序块	LBL 11	二级程序块（加工元素）
调用循环	L IX+10 FMAX M99	加工第一元素
调用子程序块	CALL LBL 11 REP 8	加工其余元素（完成一个单元加工）
预定位	L X+0 IY+10 FMAX	其余单元预定位
调用父程序块	**CALL LBL 1 REP 8**	加工其余单元
	...	
结束部分	END PGM 5CXK2 MM	程序结束说明

5.2.4 指导实施

1．重点、难点、注意点

程序块编程用于加工相同规律排序的相同元素，为了使程序简明，通常把定义加工循环放在程序块前；编程难点是加工元素或单元的定位，加工第一元素，一般应先预定位，加工各元素通常采用增量定位方式。

2．仿真加工程序

程序如下：

```
0  BEGIN PGM 5CXK2 MM
1  BLK FORM 0.1 Z X+0 Y+0 Z-10
2  BLK FORM 0.2 X+100 Y+100 Z+0
3  TOOL CALL 3 Z S3000
4  L Z+100 R0 FMAX M3
5  CYCL DEF 200 DRILLING  （定义钻孔循环 200）
   Q200=+2
   Q201=-12
   Q206=+150
   Q202=+5
   Q210=+0
   Q203=+0
   Q204=+5
   Q211=+0
6  L X+0 Y+10 FMAX  （钻第一排孔预定位）
7  LBL 1
8  LBL 11
9  L IX+10 FMAX M99   （钻每排第一个孔）
10  CALL LBL 11 REP 8  （往右加工其余 8 孔）
11  L X+0 IY+10 FMAX（往上一排，预定位）
12  CALL LBL 1 REP 8  （加工其余 8 排孔）
13  L Z+100 R0 F MAX M30
14  END PGM 5CXK2 MM
```

3．测试运行结果

钻孔仿真加工结果如图 5-10 所示。

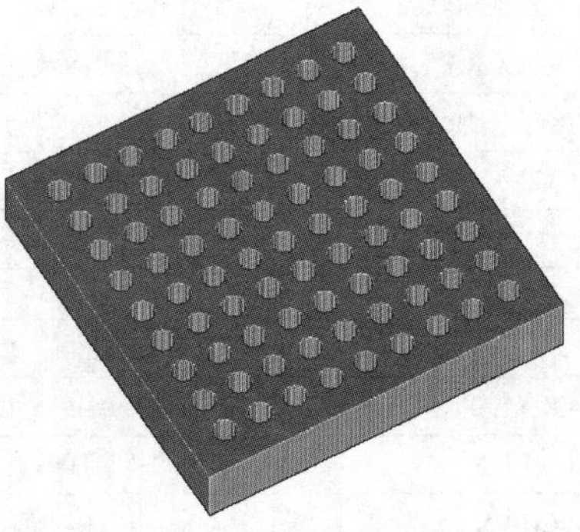

图 5-10　钻孔仿真加工结果

5.2.5　思考训练

1. 程序块与子程序在形式、主程序中位置等方面有什么区别?
2. 如图 5-11 所示，仿真加工梅花形零件，毛坯尺寸为 $\phi 200\times 60$。
3. 如图 5-12 所示，仿真加工 $46\times\phi 5$ 和 12 × M6 通孔，毛坯尺寸为 140 × 100 × 20。

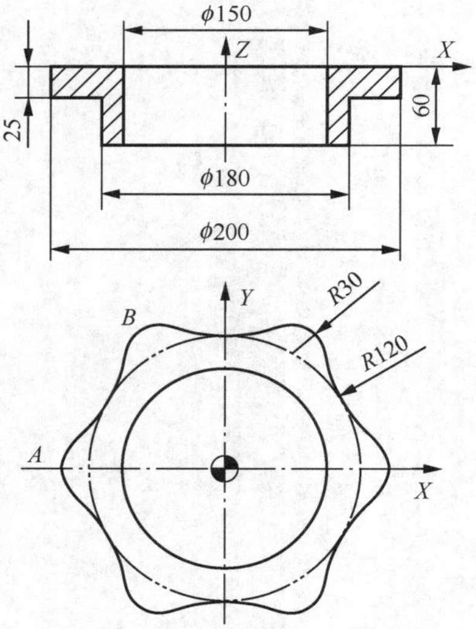

图 5-11　思考训练 2

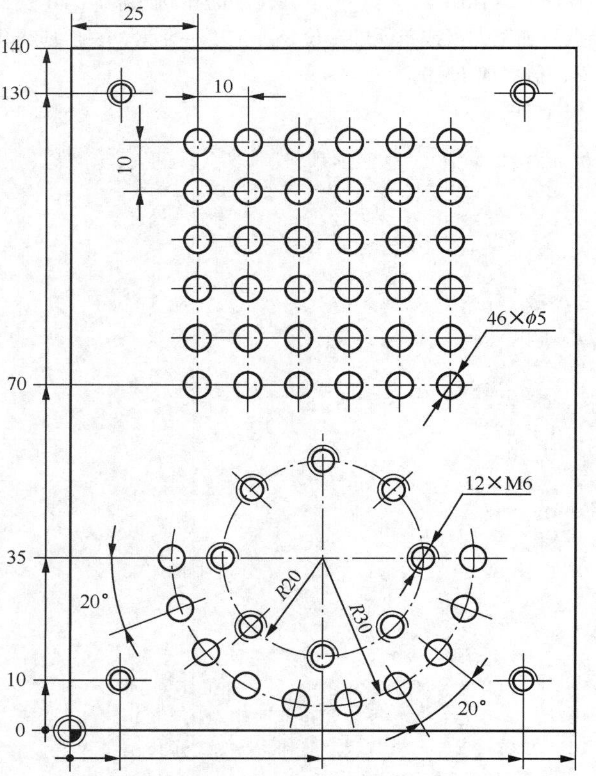

图 5-12　思考训练 3

任务 5.3　子程序与程序块综合应用

子程序与程序块嵌套可使编程变得非常灵活，可以在子程序中嵌套程序块，也可以在程序块中嵌套子程序。这种综合编程的逻辑性强，是编程高级阶段。

5.3.1　任务目标

（1）掌握子程序与程序块嵌套格式。

（2）能应用子程序与程序块嵌套编程。

5.3.2　任务内容

如图 5-13 所示，仿真加工凸台，毛坯尺寸为 100 × 100 × 40，要求分层切削，先粗加工，再精加工。

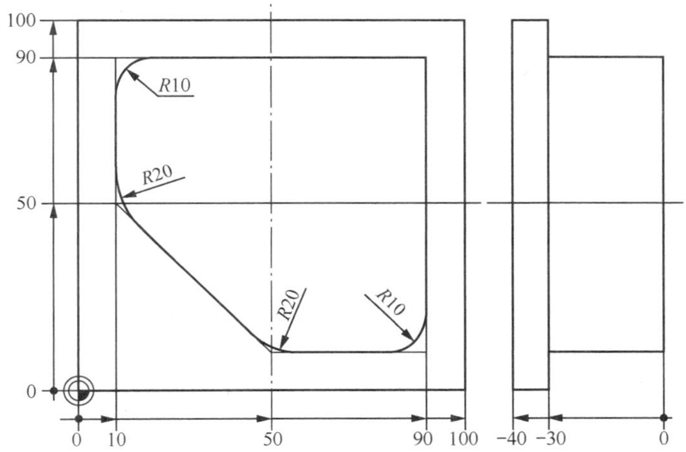

图 5-13　任务 5.3

5.3.3　相关知识

1．分层切削与粗、精加工程序格式

分层切削时每层加工内容相同，高度方向呈规律变化，适合用程序块编程；粗加工与精加工可以用同一程序实现，只需应用系统刀补功能，设置不同的刀补值来运行即可，因此可以编成子程序。分层切削并进行粗、精加工的程序基本格式示例见表 5-4。

表 5-4　分层切削并进行粗、精加工的程序基本格式示例

名称	程序	说明
开始部分	BEGIN PGM 5 ZHYY3 MM	程序开始
	BLK FORM 0.1 **Z** X+0 Y+0 Z−40	定义毛坯
	BLK FORM 0.2 X+100 Y+100 Z+0	
	TOOL CALL 20 **Z** S2000	调用刀具 1
	L Z+100 R0 FMAX M3	刀具移至初始平面

续表

名称	程序	说明
刀具 1 定位	L X−20 Y+70 R0 FMAX	水平定位（下刀点）
	L Z+2 FMAX	上下定位（工件表面）
	L Z+0 F300	
设置程序块	**LBL 2**	
	L IZ−5 R0 F300	每次切入深度
调用子程序	CALL LBL 1	第一次粗加工轮廓，深度为 5
调用程序块	CALL **LBL 2** REP 5	继续分层粗加工轮廓
换刀	L Z+100 R0 FMAX	
	TOOL CALL 16 Z S3000	
	L Z+100 R0 FMAX M3	
刀具 2 定位	X−20 Y+70 R0 FMAX	
	L Z−28 FMAX	
	L Z−30 F300	
调用子程序	CALL LBL 1	精加工
程序结束	L Z+100 R0 FMAX M2	
子程序	LBL 1	子程序名
	…	按轮廓编程
	LBL 0	子程序结束
程序结束说明	END PGM 5ZHYY3 MM	

2．任意程序作为子程序被调用

任意程序都可以作为子程序被调用，且被调用的程序无须做任何标记。但是，被调用的程序要删除 M2 或 M30 程序结束指令，否则程序将在此处结束。

程序调用程序的编程的方法为：按【PGM CALL】键，在编程界面底部软键区单击[程序]软键，输入要调用程序的完整路径名，并按【END】键确认。

注意

① 被调用的程序必须保存在 TNC 系统硬盘上。

② 如果被调用的程序和调用程序在同一目录下，只需输入程序名；如果被调用的程序和调用程序不在同一目录下，必须输入完整路径和程序名，如 TNC:\JIAOCAI\5CXK2.H。

③ 可以用 M99 或 M98 调用程序。

程序调用程序的运行过程如图 5-14 所示。系统执行零件程序，直到用【PGM CALL】调用另一个程序的程序段，然后系统从头到尾执行被调用的程序；之后，系统从“CALL PGM”程序段后继续执行零件程序（即调用程序）。

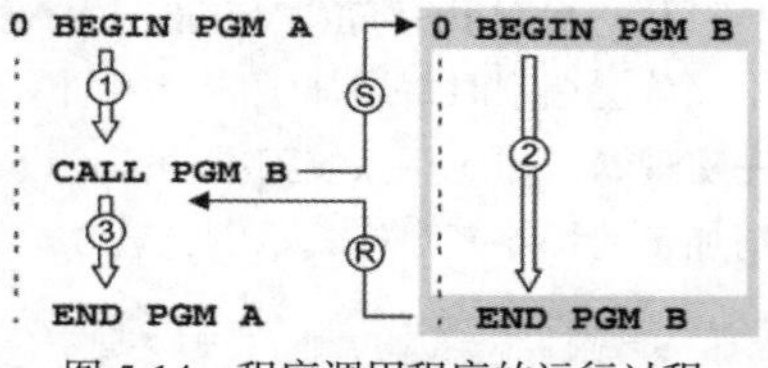

图 5-14　程序调用程序的运行过程

5.3.4　指导实施

1．重点、难点、注意点

子程序与程序块都可用于编制形状相同、位置不同的加工单元程序。应用子程序编程，各加工单元位置没有强制要求；应用程序块编程，各加工单元必须按相同规律排序。另外子程序编程，通过设置刀具半径补偿值可以实现零件的粗、精加工。

2．仿真加工程序

程序如下：

```
0  BEGIN PGM 5FCJG3 MM
1  BLK FORM 0.1 Z X+0 Y+0 Z-40
2  BLK FORM 0.2 X+100 Y+100 Z+0
3  TOOL CALL 20 Z S2000
4  L Z+100 R0 FMAX M3
5  L X-20 Y+70 R0 FMAX  （下刀点）
6  L Z+2 FMAX
7  L Z+0 F300
8  LBL 2   （程序块）
9  L IZ-5 R0 F300   （每次切入深度为 5）
10  CALL LBL 1  （第一次粗加工轮廓，深度为 5）
11 CALL LBL 2 REP 5    （分层粗加工轮廓）
12 L Z+100 R0 FMAX
13 TOOL CALL 16 Z S3000
14 L Z+100 R0 F MAX M3
15 L X-20 Y+70 R0 FMAX
16 L Z-28 FMAX
17 L Z-30 F300
18 CALL LBL 1   （一次性精加工轮廓）
19 L Z+100 R0 FMAX M2
20 LBL 1
21 APPR LCT X+10 Y+70 R3 RL F2000
22 L X+10 Y+90
23 RND R10
24 L X+90 Y+90
25 L Y+10
26 RND R10
27 L X+50
28 RND R20
29 L X+10 Y+50
30 RND R20
31 L Y+70
32 DEP LCT X-20 R3 F2000
33 LBL 0      （子程序结束）
34 END PGM 5FCJG3 MM
```

子程序与程序块
综合应用

3．测试运行结果

凸台仿真加工结果如图 5-15 所示。

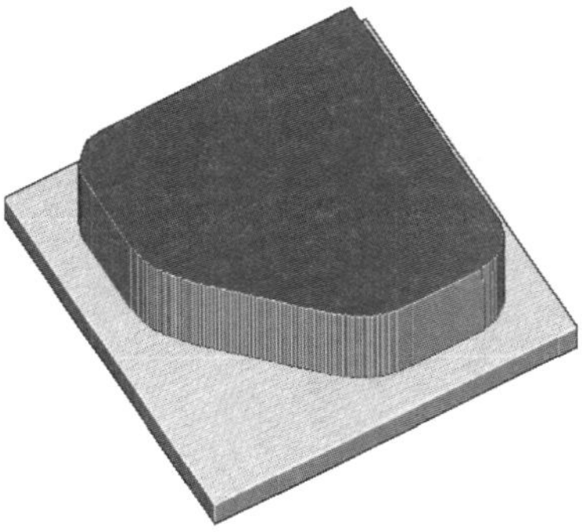

图 5-15　凸台仿真加工结果

5.3.5 思考训练

1. 用同一程序怎么实现粗加工与精加工？
2. 如图 5-16 所示，仿真加工 36 × ϕ6 孔，毛坯尺寸为 100 × 100 × 20。

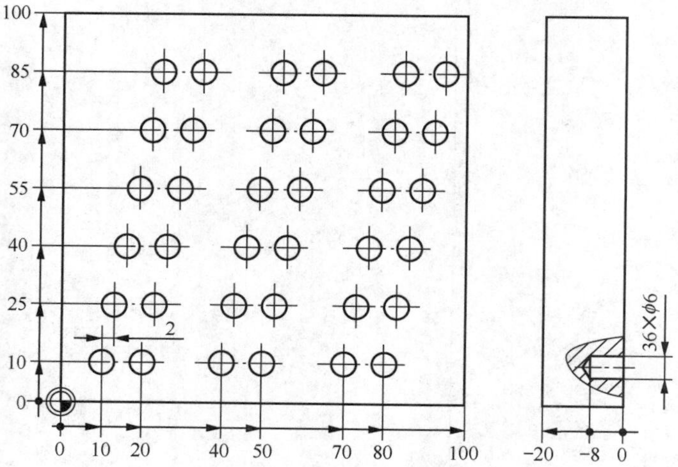

图 5-16 思考训练 2

3. 如图 5-17 所示，仿真加工 20 × M6 孔，毛坯尺寸为 150 × 60 × 20。

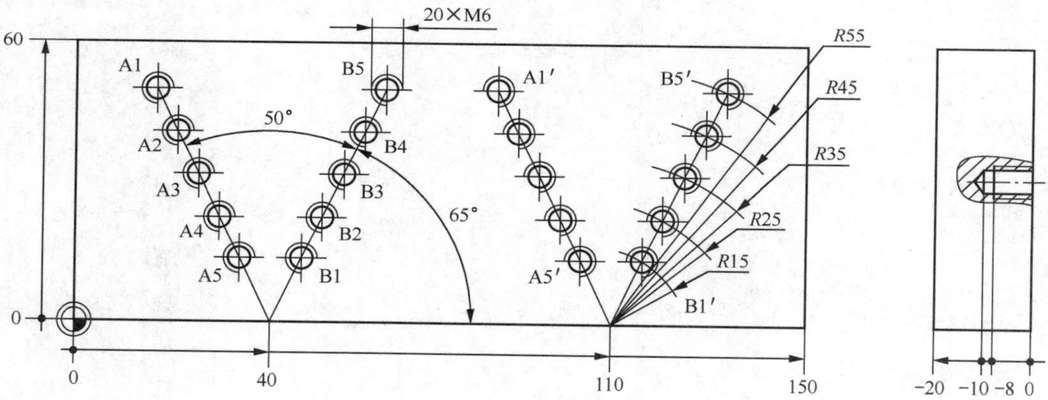

图 5-17 思考训练 3

项目6 FK编程

06

自由轮廓编程简称 FK 编程，常用于平面轮廓基点坐标计算较困难而轮廓容易通过几何画图方法得到的情境。常规手工编程需要计算基点坐标，而 FK 编程不需要计算基点坐标，通过几何元素关系“画出轮廓”则可编写加工程序，使编程更方便。

项目目标

（1）掌握 FK 编程方法。
（2）培养综合应用能力，能按轮廓特性合理应用 FK 编程。

项目任务

（1）倒圆角三角形 FK 编程。
（2）FK 编程综合应用。

任务 6.1　倒圆角三角形 FK 编程

按常规方法编制倒圆角三角形轮廓程序，切点计算烦琐，而用 FK 编程则简单、方便。本任务给出一个典型的 FK 编程案例，通过本案例，读者能够了解 FK 编程方法与步骤。

6.1.1　任务目标

（1）明确 FK 编程方法，能使用 FK 编程指令。
（2）能完成简单轮廓的 FK 编程。

6.1.2　任务内容

如图 6-1 所示，仿真加工凸台，毛坯尺寸为 100 × 100 × 20。

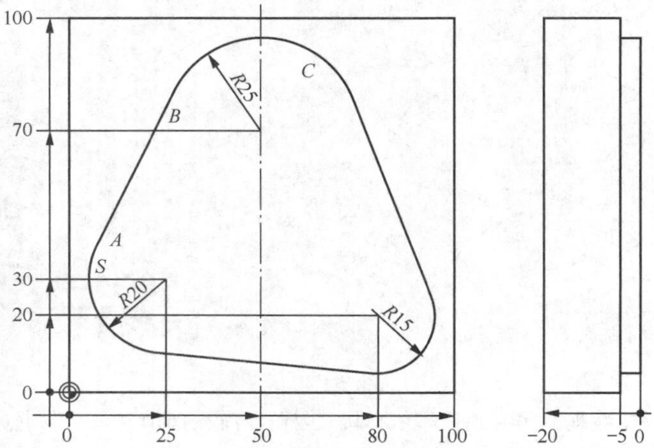

图 6-1　任务 6.1

6.1.3　相关知识

1．FK 编程基础

FK 编程是根据零件图形轮廓，应用系统的“作图”指令，直接绘出零件轮廓的对话式编程。因此，FK 编程时，一般都使用系统的交互编程图形支持功能，选择“程序+图形”编程界面，左侧窗口显示程序，右侧窗口显示编程轨迹或试运行图像，如图 6-2 所示。想要及时显示 FK 编程的走刀轨迹，需进行如下设置：单击图 6-2 中第四软键行（软键上方第四条横线），出现图 6-3 所示的界面，[自动画图]软键设置为“开”状态，[略去的程序段 NR.]软键设置为“显示”，这样就能及时观察编程的走刀轨迹。

FK 编程基础

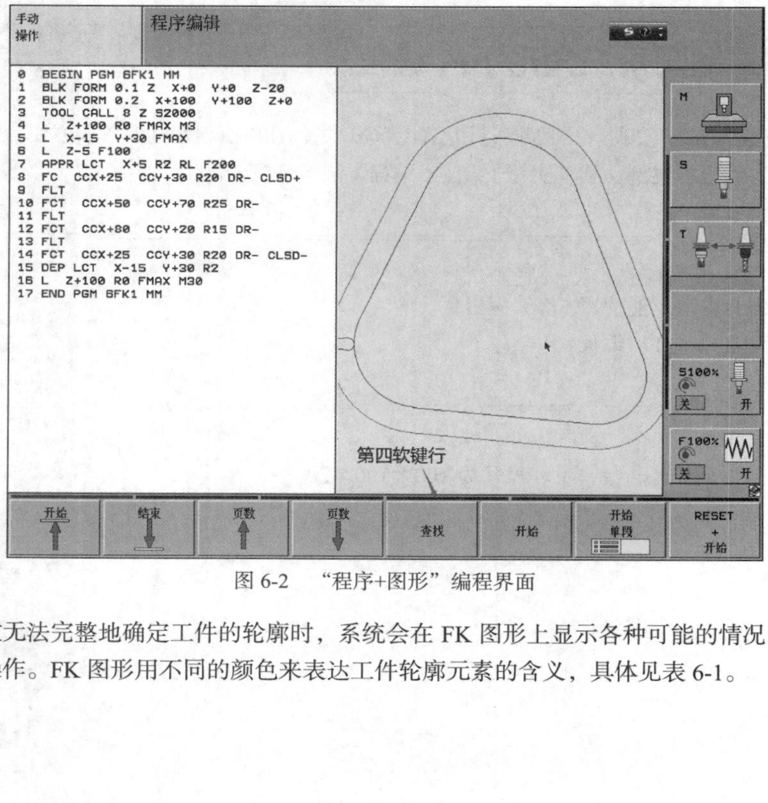

图 6-2　“程序+图形”编程界面

当输入的参数无法完整地确定工件的轮廓时，系统会在 FK 图形上显示各种可能的情况，要求编程人员根据显示结果继续操作。FK 图形用不同的颜色来表达工件轮廓元素的含义，具体见表 6-1。

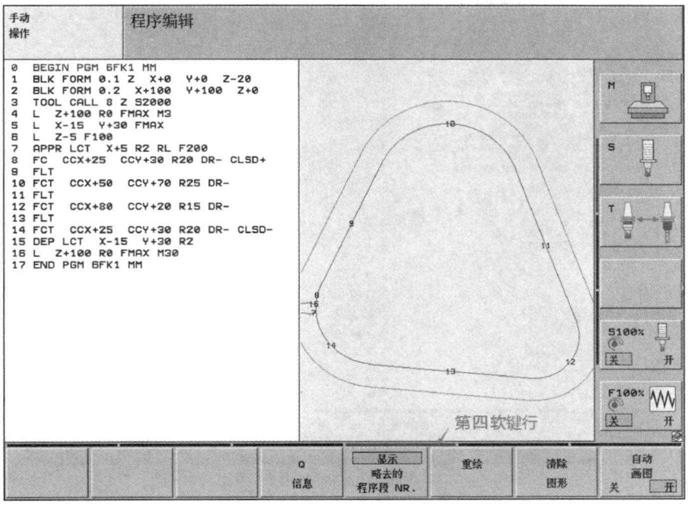

图 6-3　显示走刀轨迹的设置

表 6-1　FK 图形显示颜色与轮廓含义

显示颜色	轮廓含义	说明
黑色	已完整定义的轮廓	不需要再输入此轮廓参数
蓝色	按输入参数有几个可能的轮廓	通过选择来确定需要的轮廓
红色	需要输入更多参数才能确定的轮廓	需要再输入参数

如果输入参数确定的轮廓有几种可能性，且轮廓元素显示为蓝色，可用以下方法选择正确的轮廓元素，具体见表 6-2。

（1）反复单击[显示结果]软键，直到显示正确轮廓元素。

（2）单击[选择方案]软键，选择该轮廓元素。

（3）如不想选择蓝色轮廓元素，可以单击[结束选择]软键，继续 FK 编程对话。

表 6-2　FK 编程可能的轮廓方案选取

软键	文本表示	功能	说明
显示结果	[显示结果]	显示所输入参数的各种可能几何形状	绿色轮廓元素
选择方案	[选择方案]	选择符合要求的轮廓	
结束选择	[结束选择]	不选择可能的轮廓	继续输入轮廓参数

🕮 注意

应尽早用[选择方案]软键选择绿色轮廓元素。

2．FK 编程方法和步骤

（1）启动 FK 编程对话

在编程指令区按【FK】键，启动 FK 编程对话，底部软键区会显示用于绘制轮廓的各种主软键，如图 6-4 所示。使用这些软键启动 FK 编程对话时，系统将显示支软键，用于输入已知的终点坐标、长度及角度等，如图 6-5 所示。其中，图 6-5（a）所示为单击第二个主软键[FLT]出现的支软键，图 6-5（b）所示为单击第四个主软键[FCT]出现的支软键。如要退出 FK 编程对话，再次按【FK】键。

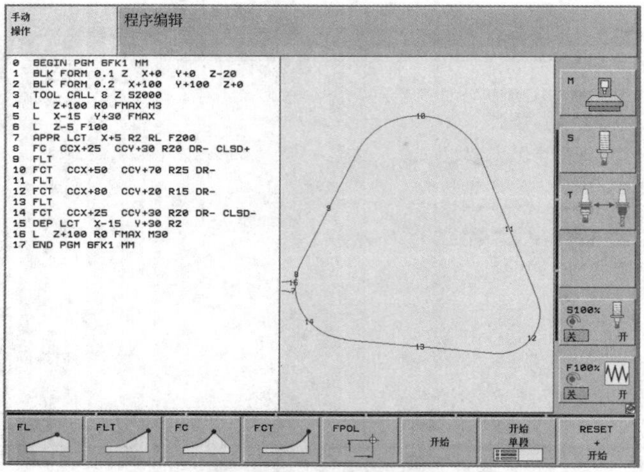

图 6-4　FK 编程主软键

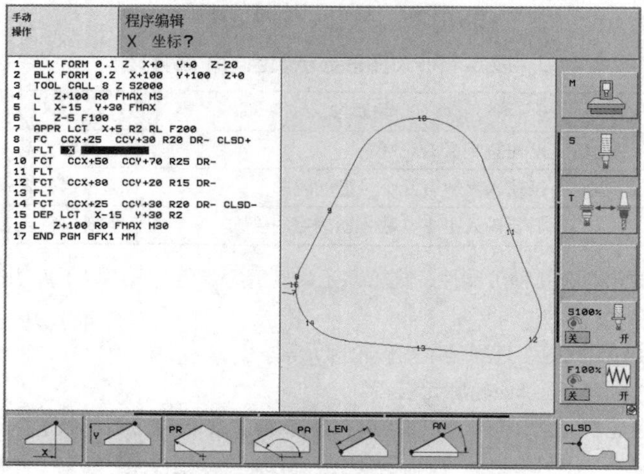

（a）直线轮廓

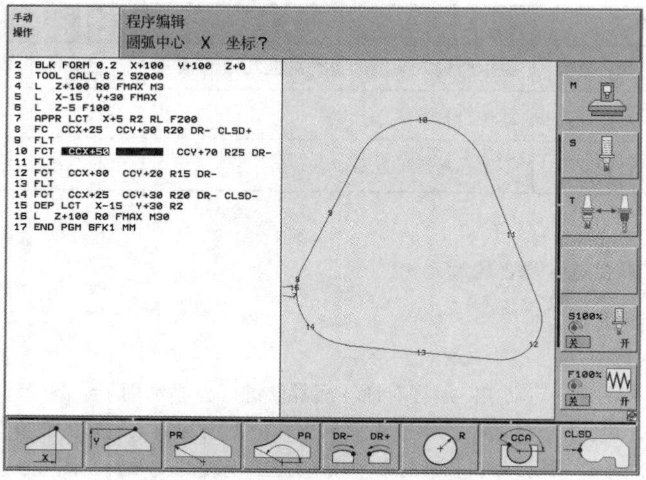

（b）圆弧轮廓

图 6-5　FK 编程支软键

（2）FK 编程方法

FK 编程方法类似于用 CAD 绘制轮廓线。首先在封闭的轮廓上选择一个合适的绘图起点，使切入、切出工件轮廓的编程比较方便。然后用直线或圆弧等软键绘制轮廓。第一个轮廓元素的程序段要有开始标志，用[CLSD]软键的[CLSD+]标记；最后一个轮廓元素的程序段用[CLSD−]标记，表示轮廓闭合。也就是说，用[CLSD]软键标记封闭轮廓的起点和终点。绘制与前一个几何元素相切的直线用[FLT]软键，其他直线则用[FL]软键；同时，一般要输入线的终点坐标或线长、直线倾斜角等。绘制圆弧时，一般要输入圆心坐标、圆弧半径、圆弧方向（顺时针 DR−、逆时针 DR+）等；与前一个几何元素相切时用[FCT]软键，相交时用[FC]软键。用极坐标 FK 编程时，应先用[FPOL]软键定义极点。常用的 FK 编程软键说明见表 6-3。

表 6-3 常用的 FK 编程软键说明

软键	功能	说明
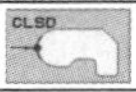	标记绘制轮廓开始与结束	[CLSD+]表示开始，[CLSD−]表示闭合/结束
	绘制相切直线	与前一个几何元素相切
	绘制直线	一般需输入直线的终点坐标 *X*、*Y* 或倾斜角度
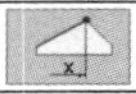、	直线终点坐标 *X*、*Y*	输入终点坐标 *X*、*Y*
	直线长度	输入线长
	直线倾斜角	输入倾斜角
	定义极点	输入极点坐标 *X*、*Y*，建立极坐标系
、	直线终点的极坐标	输入极径、极角（先用[FPOL]软键定义极点）
	绘制相切圆弧	与前一个几何元素相切
	绘制圆弧	一般需输入圆弧圆心、半径和方向
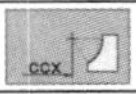、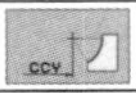	圆心坐标	输入 *X*、*Y*
、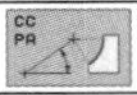	圆心极坐标	输入 PR、PA
	圆弧半径	输入半径
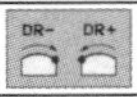	圆弧方向	顺时针 DR−、逆时针 DR+
	圆弧弦长	输入弦长
	切入倾斜角	输入角度
	圆弧圆心角	输入角度

6.1.4 指导实施

1．仿真加工程序

程序如下：

```
 0  BEGIN PGM 6FK1 MM
 1  BLK FORM 0.1 Z X+0 Y+0 Z-20
 2  BLK FORM 0.2 X+100 Y+100 Z+0
 3  TOOL CALL 8 Z S3000
 4  L Z+100 R0 FMAX M3
 5  L X-15 Y+30 FMAX
 6  L Z+2 FMAX
 7  L Z-5 F100
```

FK 编程应用

```
8  APPR LCT X+5 R2 RL F200    （切入轮廓起点 S）
9  FC CCX+25 CCY+30 R20 DR- CLSD+   （绘制起始圆弧 SA）
10 FLT   （绘制相切直线 AB）
11 FCT CCX+50 CCY+70 R25 DR-  （绘制相切圆弧 BC）
12 FLT
13 FCT CCX+80 CCY+20 R15 DR-
14 FLT
15 FCT CCX+25 CCY+30 R20 DR- CLSD- （绘制闭合圆弧）
16 DEP LCT X-15 Y+30 R2
17 L Z+100 R0 FMAX M30
18 END PGM 6FK1 MM
```

2．测试运行结果

凸台仿真加工结果如图 6-6 所示。

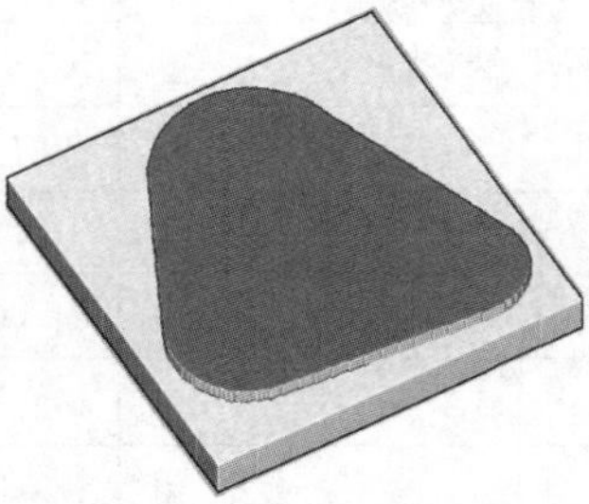

图 6-6　凸台仿真加工结果

6.1.5　思考训练

1. 总结归纳 FK 编程的基本步骤。
2. 如图 6-7 所示，仿真加工零件，毛坯尺寸为 190 × 70 × 15。

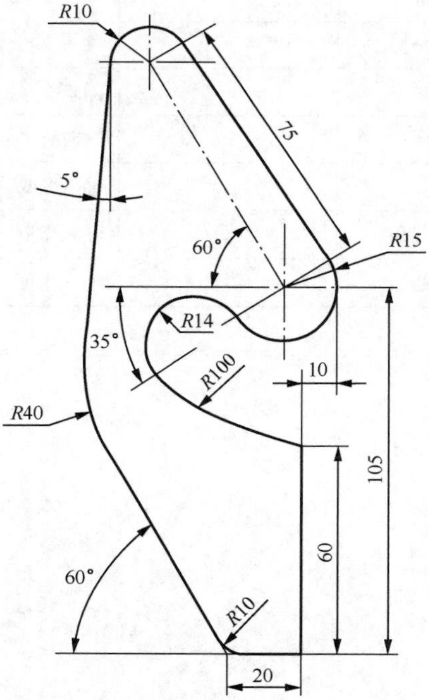

图 6-7　思考训练 2

任务 6.2 FK 编程综合应用

吊钩轮廓基点的计算相当烦琐，不仅计算工作量大，而且按常规方法编程比较困难；而应用 FK 编程，可减少大量计算工作，使编程简便、易行。

6.2.1 任务目标

（1）掌握 FK 编程特点，熟悉 FK 编程方法、技巧。

（2）能完成复杂轮廓的 FK 编程。

（3）培养具体问题具体分析的能力，善于动脑，能灵活解决实际问题。

6.2.2 任务内容

如图 6-8 所示，仿真加工吊钩，毛坯尺寸为 160 × 110 × 10。

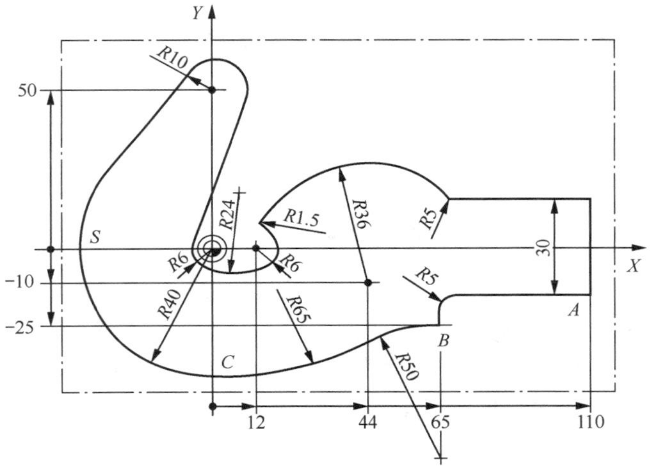

图 6-8　任务 6.2

6.2.3 相关知识

1．FK 编程特点

FK 编程与常规编程在使用场合、范围及形式等方面均不相同，其主要特点如下。

（1）FK 编程仅适用于加工面上的轮廓编程，不适用于型腔等。加工面通过刀轴定义，在定义毛坯的程序段完成。

（2）FK 编程不允许使用省略形式，但 FK 编程定义的极点，直到再次定义新极点前一直保持有效。

（3）一个程序可以同时输入 FK 程序段和常规程序段，但在返回常规编程前必须先完整地定义 FK 轮廓。

（4）倒角、倒圆角指令可以直接用于 FK 编程。

（5）在 LBL 标记之后第一个程序段禁止用 FK 编程。

（6）用极坐标定义圆心，必须先用 [FPOL]软键定义极点，再用 CCPR、CCPA 定义圆心，不能用 CC 功能。如果在常规程序中已用 CC 程序段定义极点，则 FK 编程时必须再用 [FPOL]软键定义极点。

2．FK 编程示例

（1）如图 6-9 所示，定义极点的 FK 编程示例如下：

```
7 FPOL X+20 Y+30   （定义极点 P）
8 FL IX+10 Y+20 RR F200   （绘制直线 AB：输入 B 点坐标）
9 FCT PR+15 IPA+30 R15 DR+   （绘制相切圆弧 BC：输入圆弧终点、半径和方向）
```

（2）如图 6-10 所示，已知线段长度和倾斜角、圆弧弦长和倾斜角的 FK 编程示例如下：

```
17 FT LEN12.5 AN+35 RL F200   （绘制直线 SA：输入线长和倾斜角）
18 FC R6 DR+ LEN10 AN-45（绘制圆弧 AB：输入圆弧半径、方向、弦长和倾斜角）
19 FCTR15 DR- LEN 15   （绘制圆弧 BC：输入圆弧半径、方向和弦长）
```

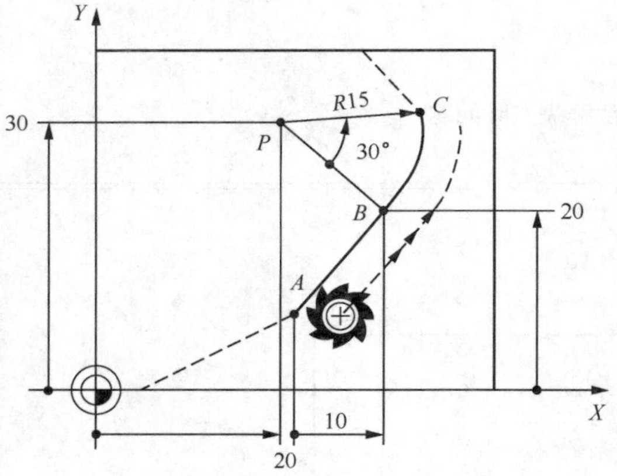

图 6-9　定义极点的 FK 编程示例

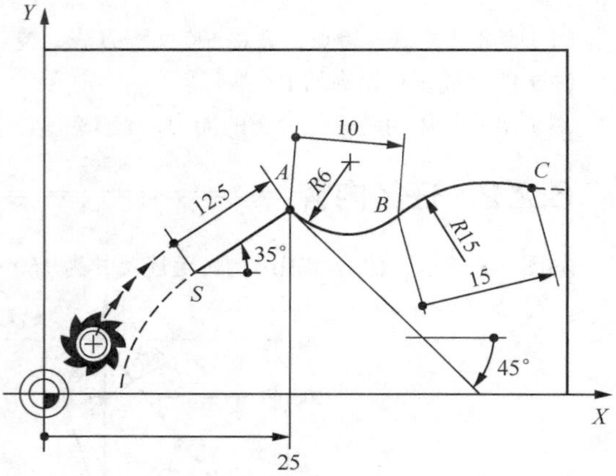

图 6-10　已知线段长度和倾斜角的 FK 编程示例

（3）如图 6-11 所示，已知圆心、半径和圆弧方向的 FK 编程示例如下：

```
10 FC CCX+20 CCY+15 R15 DR+   （绘制圆弧 SA：输入圆弧圆心、半径和方向）
11 FPOL X+20 Y+15   （定义极点 P）
12 FL AN+40   （绘制直线 AB：输入倾斜角）
13 FC CCPA+40 CCPR35 R15 DR+   （绘制圆弧 BC：输入圆弧圆心、半径和方向）
```

（4）如图 6-12 所示，已知轮廓起点与终点的 FK 编程示例如下：

```
...
8 FC R30 DR- CLSD+ （轮廓起点 S，绘制圆弧 SA：输入圆弧半径、方向和起始标志）
...
17 FCT R+5 DR- CLSD-（绘制闭合圆弧 CS：输入圆弧半径、方向和闭合标志）
```

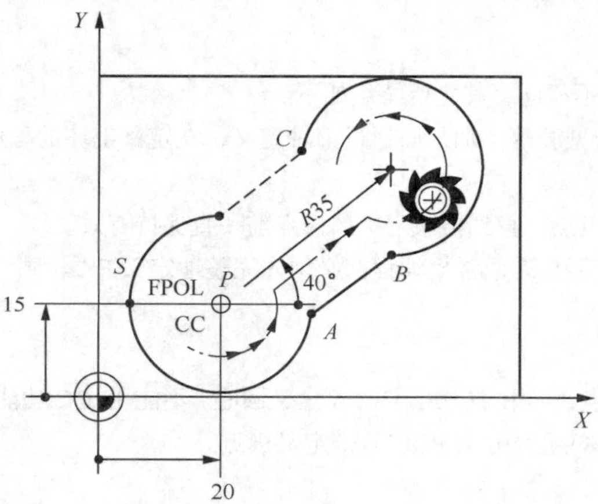

图 6-11　已知圆心、半径和圆弧方向的 FK 编程示例

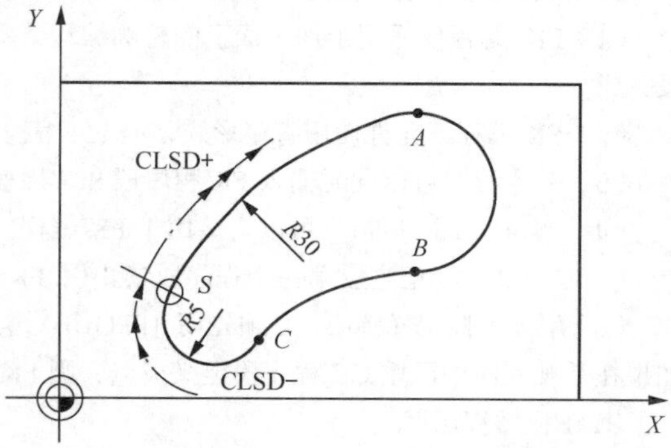

图 6-12　已知轮廓起点与终点的 FK 编程示例

3．将 FK 程序转换为常规程序

系统提供了将 FK 程序转换为常规程序的功能，方法如下。

（1）在编程界面按【PGM MGT】键，进入文件名界面，选择要转换的程序文件名。

（2）切换软键行直到显示[转换程序]软键。

（3）单击[转换程序]软键，系统将所有 FK 程序段转换为直线程序段（L）和圆弧程序段（CC 和 C）。

📖 **注意**

系统创建的文件名为原文件名加上“_NC”。例如 FK 程序文件名为“XH5FK.H”，系统转换后新程序的文件名为“XH5FK_NC.H”。

6.2.4 指导实施

1．仿真加工程序

程序如下：

```
0 BEGIN PG 6FK2 MM
1 BLK FORM 0.1 Z X-45 Y-45 Z-10
2 BLK FORM 0.2 X+115 Y+65 Z+0
3 TOOL CALL 4 Z S3000
4 L Z+100 R0 FMAX
5 L X-70 Y+0 R0 FMAX M3
6 L Z+2 R0 FMAX
7 L Z-11 R0 F100
8 APPR LCT X-40 Y+0 R5 RL F200
9 FC DR- R40 CCX+0 CCY+0 CLSD+
10 FLT
11 FCT DR- R10 CCX+0 CCY+50
12 FLT
13 FCT DR+ R6 CCX+0 CCY+0
14 FCT DR+ R24
15 FCT DR+ R6 CCX+12 CCY+0
16 FCT DR- R1.5
17 FSELECT 2   （单击[显示结果]软键，出现符合要求的轮廓，再单击[选择方案]软键）
18 FCT DR- R36 CCX+44 CCY-10
19 FSELECT 2  （选择方案 2）
20 FCT DR+ R5
21 FLT X+110 Y+15 AN+0
22 FSELECT 1   （选择方案 1）
23 FL Y-15 AN-90
24 FL X+65 Y-15
25 RND R5    （倒圆角指令）
26 FL X+65 Y-25
27 FL AN+180
28 FCT DR+ R50 CCX+65
29 FCT DR- R65
30 FCT CCX+0 CCY+0 R40 DR- CLSD-
31 FSELECT 2   （选择方案 2）
32 DEP LCT X-60 Y+0 R5
33 L Z+100 R0 FMAX M2
34 END PGM 6FK2 MM
```

2．测试运行结果

吊钩仿真加工结果如图 6-13 所示。

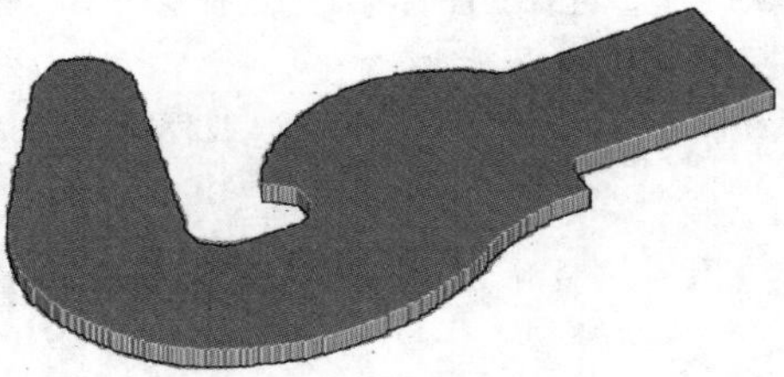

图 6-13　吊钩仿真加工结果

6.2.5　思考训练

1. 请设计案例验证子程序是否可以用 FK 编程。
2. 如图 6-14 所示，仿真加工凸台，毛坯尺寸为 104×80×15。

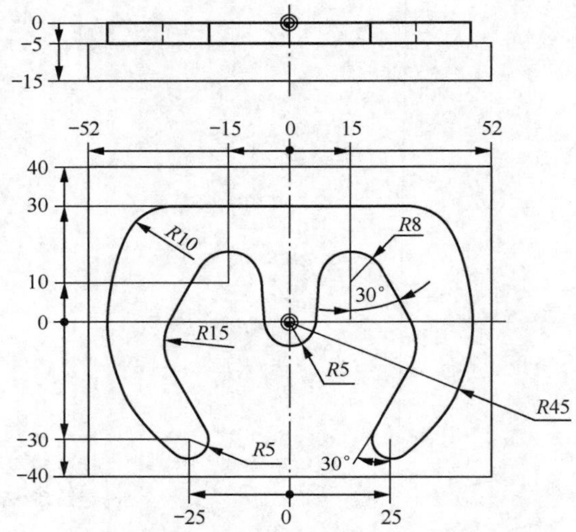

图 6-14　思考训练 2

项目7 定向加工编程

07

三轴加工中刀具是铅直或水平的，加工倾斜平面质量差、效率低。应用定向加工，可使刀轴转过一个角度，与加工平面垂直，从而提高加工质量与效率。

项目目标

（1）掌握定向加工编程方法。
（2）能完成倾斜面加工。
（3）学会探究，培养分析、解决问题的能力。

项目任务

（1）倾斜面加工（PLANE 功能）。
（2）倾斜面加工（二次平移）。
（3）倾斜面综合加工（IC 功能）。

任务 7.1 倾斜面加工（PLANE 功能）

在多轴加工中，有的加工平面是倾斜的，如果刀具不垂直于加工平面，会使加工效率较低。为了提高效率，通常旋转刀轴，使刀轴定位在垂直于加工平面的方向，再按三轴方法进行编程加工。

7.1.1 任务目标

（1）掌握坐标系旋转变换方法。
（2）能完成倾斜面加工。
（3）培养团队协作精神，培养空间想象力。

7.1.2 任务内容

如图 7-1 所示，仿真加工倾斜面和孔，毛坯尺寸为 100 × 100 × 50。

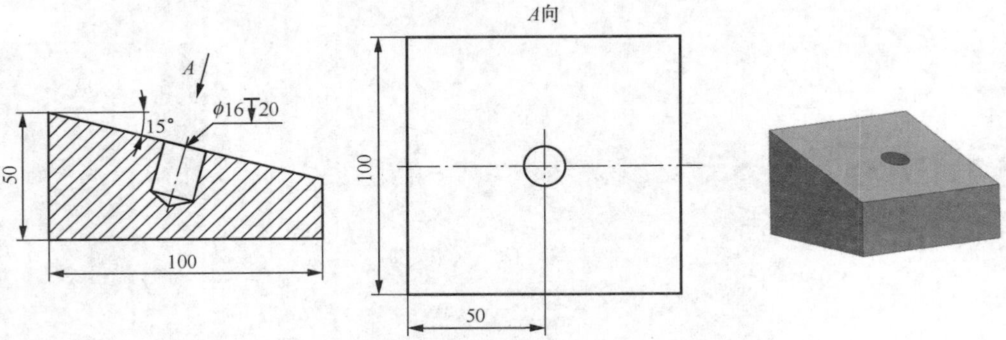

图 7-1　任务 7.1

7.1.3　相关知识

1．定向加工概念

倾斜面加工通常应用数控多轴机床的定向加工功能完成。定向加工又称五轴定位加工，首先 2 个旋转轴（*C*、*A* 或 *B*）摆过一定角度，使刀轴垂直于倾斜面，然后 3 个线性轴联动进行加工。也就是说，通过旋转轴定向后，转化为普通数控机床加工方式。如图 7-2 所示，加工倾斜面及倾斜面上圆环和孔，首先将旋转轴 *B* 转过一定角度，即刀轴 *Z* 绕 *Y* 轴摆过一定角度，使刀轴 *Z* 垂直于倾斜面（即定向），然后按普通数控机床方式进行编程加工。因此，相对刀轴而言，定向加工是把倾斜面转化为垂直面的一种加工方式。

倾斜面加工编程概述

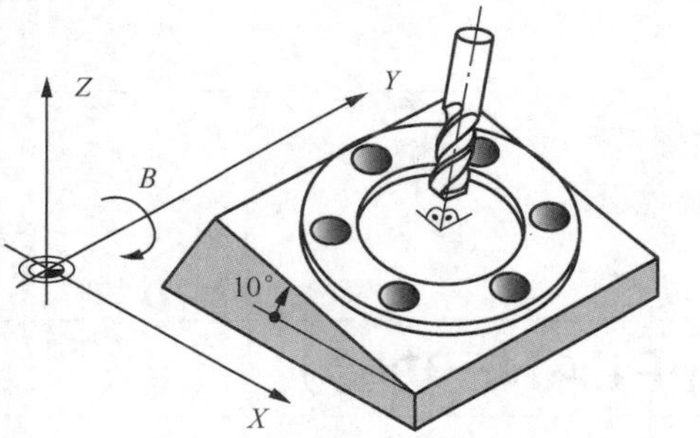

图 7-2　倾斜面加工示例

数控多轴系统一般通过手动定向或程序控制定向实现倾斜面加工。手动定向是在手动操作模式或电子手轮操作模式下使用 3-D ROT 功能实现的；程序控制定向常用 PLANE 功能实现。

2．PLANE 功能

倾斜面加工 PLANE 功能

PLANE 功能用于定义加工面（倾斜面），以实现定向加工。可以通过旋转工件坐标系使刀轴 *Z* 垂直于加工面，从而完成加工面定义。工件坐标系旋转顺序为先绕 *Z* 轴旋转（确定空间角 SPC），再绕 *Y* 轴旋转（确定空间角 SPB），最后绕 *X* 轴旋转（确定空间角 SPA）。并且通过最多两个空间角就能精确定义加工面。其程序基本格式为：

```
PLANE SPATIAL SPA_ SPB_ SPC_ MOVE/TURN/STAY...
```

🕮 注意

定义加工面时，3 个空间角 SPA、SPB 和 SPC 不能省略，即使空间角为 0。

PLANE 功能各代号含义见表 7-1 和表 7-2。

表 7-1　PLANE 空间角

代号	含义	备注
SPA	绕 *X* 轴旋转的空间角	−359.9999° ～+359.9999°
SPB	绕 *Y* 轴旋转的空间角	−359.9999° ～+359.9999°
SPC	绕 *Z* 轴旋转的空间角	−359.9999° ～+359.9999°

表 7-2　PLANE 子功能

子功能	功能描述	图示
MOVE（移动）	PLANE 功能自动将旋转轴定位到计算的位置。刀具相对工件的位置保持不变，TNC 系统执行线性轴的补偿运动。此子功能必须定义刀尖至旋转中心距离和进给率指令参数 F	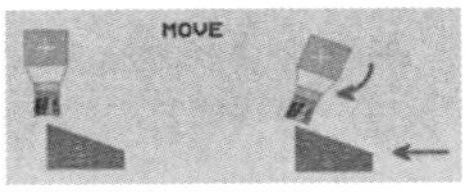
TURN（转动）	PLANE 功能自动将旋转轴定位到计算的位置，但仅定位旋转轴，TNC 系统不对线性轴执行补偿运动。此子功能必须定义进给率指令参数 F	
STAY（不动）	PLANE 功能只定义加工面，无旋转轴运动。此子功能需要后面的程序段（L A+Q120 B+Q121 C+Q122 R0 FMAX）定位旋转轴	

PLANE 空间角的正负按右手螺旋定则确定，大拇指指向 *X* 或 *Y*、*Z* 轴的正方向，工件坐标系沿四指指向转动，相应的空间角为正。

PLANE 子功能有 3 种方式，即 MOVE、TURN 和 STAY，这 3 种方式执行刀轴倾斜的方式不同。MOVE 和 TURN 定义加工面时会执行刀轴倾斜，STAY 定义加工面时不执行刀轴倾斜。并且 MOVE 和 TURN 具体执行倾斜方式不同，MOVE 带线性轴补偿运动，刀具相对工件位置保持不变；TURN 仅定位旋转轴，见表 7-2 中图示。PLANE 子功能的程序格式示例及含义如下。

```
PLANE SPATIAL SPA+0 SPB+15 SPC+0 MOVE DIST5 F1000 （定义加工面并执行倾斜）
```

① SPA/SPB/SPC：工件坐标系分别绕 *X*/*Y*/*Z* 轴旋转的空间角。

② MOVE：倾斜时刀具摆动并移动。

③ DIST：刀位点至工件坐标系旋转中心的距离，如图 7-3 所示。

④ F：进给率。

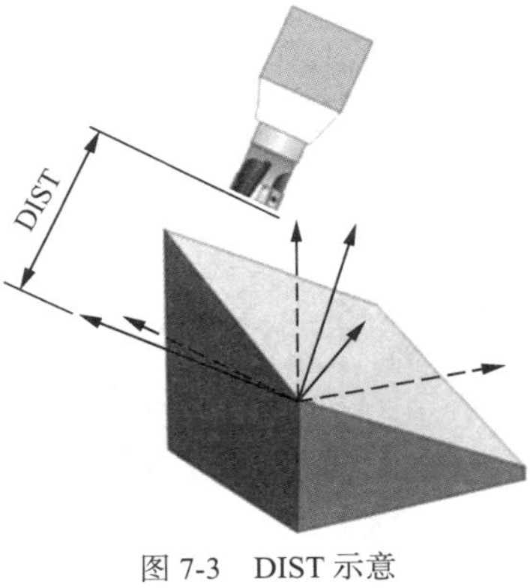

图 7-3　DIST 示意

```
PLANE SPATIAL SPA+0 SPB+15 SPC+0 TURN F_ （定义加工面并执行倾斜）
```

① TURN：倾斜时刀具摆动但不移动。

② F：进给率。

```
PLANE SPATIAL SPA+0 SPB+15 SPC+0 STAY （定义加工面）
L  A+Q120  B+Q121  C+Q122 R0 FMAX  （定位旋转轴并执行倾斜）
```

① STAY：定义加工面时无刀具运动。

② Q120/Q121/Q122：分别用于存储定义加工面的空间角 *A*/*B*/*C* 值的参数。

注意

BC 轴机床省略“A+Q120”，*AC* 轴机床省略“B+Q121”。

PLANE 功能应用后要及时复位取消。MOVE、TURN 复位后轴要运动；STAY 复位后轴不会转动，但坐标系会复位，执行“L　A+Q120　B+Q121　C+Q122 R0 FMAX”后旋转轴才恢复到初始位置。复位程序示例如下：

```
PLANE RESET TURN F1000 （TURN 复位：坐标系复位并摆回旋转轴至初始位置）
PLANE RESET STAY  （STAY 复位：坐标系复位）
L  A+0  B+0  C+0  R0  FMAX  （摆回旋转轴至初始位置）
```

PLANE 空间角定义加工面的编程步骤如下。

（1）进入编程模式，在编程指令区按 SPEC FCT 键。

（2）打开底部第六软键行，单击[倾斜加工平面]软键。

（3）单击[SPATIAL]软键，编程区出现“PLANE　SPATIAL”。

（4）按提示输入参数。

（5）按【END】键结束输入。

PLANE 功能复位程序编写方法前两步同上，然后双击[RESET]软键，再按提示输入其余部分。

3．定向加工程序基本格式

定向加工通常通过坐标变换实现。坐标变换基本方法是坐标系平移和旋转。平移是旋转的基础，一般先平移。把坐标系原点平移到倾斜面的边上，使 *X* 轴或 *Y* 轴与倾斜面的边共线，然后绕共线的轴旋转，使刀轴 *Z* 垂直于倾斜面，再按普通数控机床加工方式进行编程。如图 7-4 所示，先把坐标系原点 *O* 平移到①点，使虚线坐标系 *Y* 轴与倾斜面的边共线，然后虚线坐标系绕虚线 *Y* 轴旋转，当 *X* 轴与倾斜面的边重合时，新坐标系刀轴 *Z* 垂直于倾斜面，这样就完成了坐标系变换。坐标系平移用原点平移循环编程，坐标系旋转用 PLANE 功能编程。因此，定向加工编程基本步骤如下。

（1）定义原点平移循环（坐标系平移）。

（2）使用 PLANE 功能定义加工面（坐标系旋转）。

（3）三轴数控加工编程。

（4）取消 PLANE 功能（复位）。

（5）取消原点平移循环。

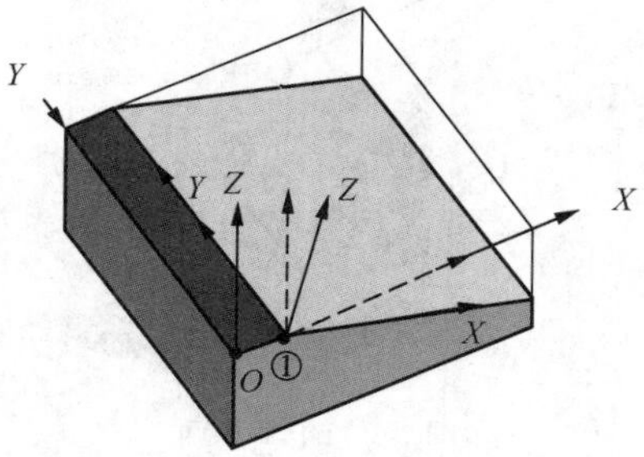

图 7-4　坐标变换示意

定向加工程序的基本格式示例见表 7-3。

表 7-3　定向加工程序的基本格式示例（一把刀具）

名称	程序	说明
开始部分	0 BEGIN PGM DXJG MM 1 BLK FORM 0.1 **Z** X+0 Y+0 Z−50 2 BLK FORM 0.2 X+100 Y+100 Z+0 3 TOOL CALL 10 **Z** S2000 4 L **Z+100** R0 FMAX M3	
定义原点平移	5 CYCL DEF 7.0 DATUM SHIFT 6 CYCL DEF 7.1X+10 7 CYCL DEF 7.2 Y+0 8 CYCL DEF 7.3 Z+0	原点平移循环（坐标值 0 可省略）
PLANE 定义加工面	9 PLANE SPATIAL SPA+0 SPB+15 SPC+0 TURN FMAX	TURN 子功能确定空间角
三轴编程	10 L **Z+100** R0 FMAX … 23 L **Z+100** R0 FMAX	
PLANE 功能取消	24 PLANE RESET TURN FMAX	PLANE 功能复位，子功能 TURN 与定义加工面时一致
原点平移取消	25 CYCL DEF 7.0 DATUM SHIFT 26 CYCL DEF 7.1 X+0 27 CYCL DEF 7.2 Y+0 28 CYCL DEF 7.3 Z+0	原点平移循环复位（未平移的可省略）
结束部分	29 L Z+100 R0 FMAX **M30** 30 END PGM DXJG MM	

7.1.4　指导实施

1．重点、难点、注意点

（1）工件坐标系原点选取

工件坐标系原点通常设置在工件上表面的角点或对称中心。本任务中取毛坯上表面的左前点，如图 7-5 所示。这样定义毛坯的程序为：

```
BLK FORM 0.1 Z X+0 Y+0 Z-50
BLK FORM 0.2 X+100 Y+100 Z+0
```

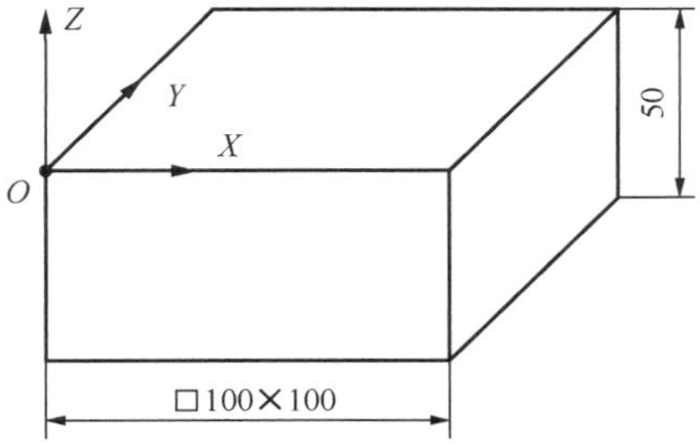

图 7-5　设置工件坐标系原点

注意

选取的原点不同，定义毛坯的程序则不同。

（2）坐标系平移与旋转

如图 7-6 所示，工件坐标系原点已在倾斜面的边上，无须平移坐标系。

Y 轴与倾斜面的边共线，因此工件坐标系绕 Y 轴旋转，当 X 轴与倾斜面的斜边共线时，刀轴 Z 垂直于倾斜面，绕 Y 轴旋转，空间角为 SPB，按右手定则，转过的角度为+15°，即“SPB+15”。

（3）倾斜面铣削

采用端面铣削循环 232 编程，需要确定铣削最大余量 h，如图 7-7 所示，$h=100\times\sin15° \approx 26$。

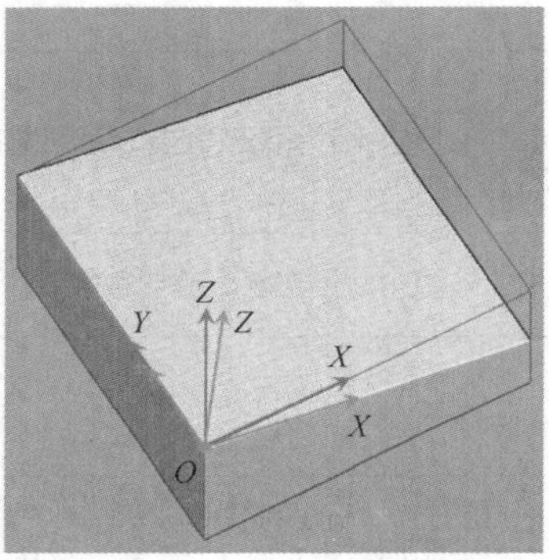

图 7-6　坐标系旋转

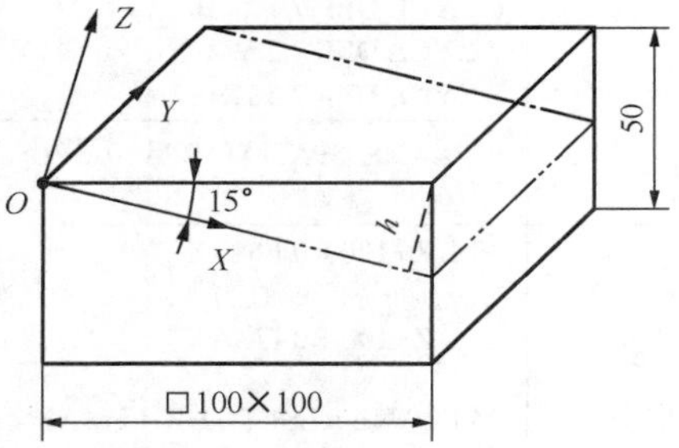

图 7-7　铣削余量计算

2. 仿真加工程序

（1）倾斜面仿真加工程序

程序如下：

```
0 BEGIN PGM DXJG0701 MM
1 BLK FORM 0.1 Z X+0 Y+0 Z-50
2 BLK FORM 0.2 Z X+100 Y+100 Z+0
3 TOOL CALL 10 Z S2000
4 L Z+100 R0 FMAX M3
5 PLANE SPATIAL SPA+0 SPB+15 SPC+0 TURN FMAX （激活倾斜）
6 CYCL DEF 232 FACE MILLING
  Q389=+0 （铣削方式）
  Q225=+0  （起始点第一轴坐标）
  Q226=+0  （起始点第二轴坐标）
  Q227=+26 （起始点第三轴坐标）
  Q386=+0  （终点第三轴坐标）
  Q218=+104  （第一边长度）
  Q219=+100  （第二边长度）
  Q202=+5
  Q369=+0.1
  Q370=+1
  Q207=+500
  Q385=+300
  Q252=+750
  Q200=+2
  Q375=+2
  Q204=+50
7 L Z+100 FMAX
8 L X+0 Y+0 FMAX M99 （铣削倾斜面）
9 L Z+100 R0 FMAX
10 PLANE RESET TURN FMAX （倾斜复位）
```

倾斜面加工编程练习

```
11 L Z+100 R0 FMAX  M30
12 END PGM DXJG0701 MM
```

（2）包括孔的倾斜面的仿真加工程序

程序如下：

```
1 BEGIN PGM DXJG0701 MM
2 BLK FORM 0.1 Z X+0 Y+0 Z-50
3 BLK FORM 0.2 Z X+100 Y+100 Z+0
4 TOOL CALL 10 Z S2000
5 L Z+100 R0 FMAX M3
6 PLANE SPATIAL SPA+0 SPB+15 SPC+0 TURN FMAX   （激活倾斜）
7 L Z+100 R0 FMAX
8 CYCL DEF 232 FACE MILLING
  Q389=+0
…
9 L X+0 Y+0 FMAX M99   （铣削倾斜面）
10 L Z+100 R0 FMAX
11 PLANE RESET TURN FMAX   （倾斜复位）
12 TOOL CALL 8 Z S3000
13 L Z+100 R0 FMAX
14 PLANE SPATIAL SPA+0 SPB+15 SPC+0 TURN FMAX   （激活倾斜）
15 L Z+100 R0 FMAX
16 CYCL DEF 200 DRILLING
  Q200=+2
…
17 L X+50 Y+50 FMAX M99   （钻孔）
18 L Z+100 R0 FMAX
19 PLANE RESET TURN FMAX   （倾斜复位）
20 L Z+100 R0 FMAX  M30
21 END PGM DXJG0701 MM
```

3．测试运行结果

相关仿真加工结果如图 7-8 和图 7-9 所示。

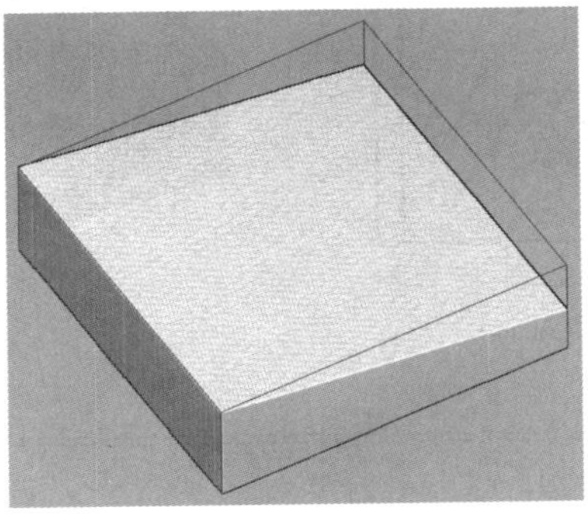

图 7-8　倾斜面仿真加工结果

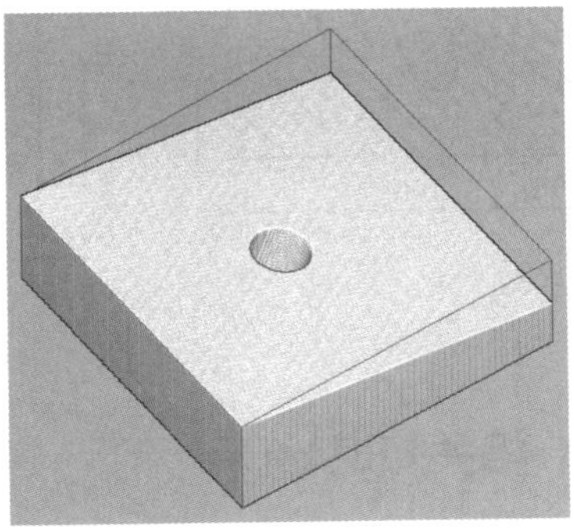

图 7-9　包括孔的倾斜面的仿真加工结果

7.1.5　思考训练

1. 实施本任务时，如工件坐标系原点设置在上表面中心，应如何编程？
2. 如图 7-10 所示，三角形倾斜面与水平面夹角为 15° ，仿真加工此倾斜面，毛坯尺寸为 100 × 100 × 50。

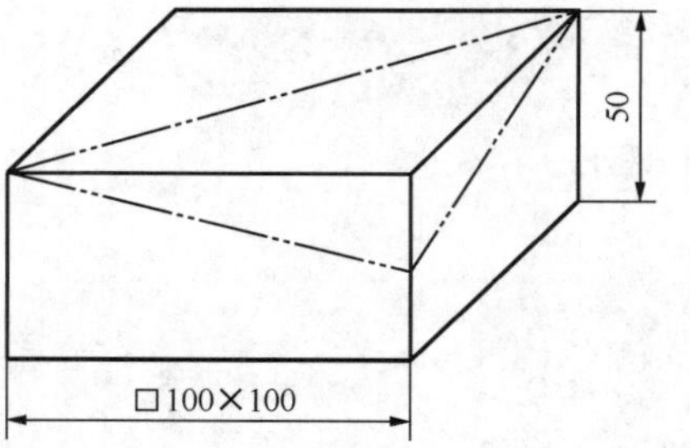

图 7-10 思考训练 2

任务 7.2 倾斜面加工（二次平移）

倾斜面加工实质上是通过平移和旋转坐标系实现的，为了加工倾斜面和倾斜面上的元素，有时需要多次平移和旋转坐标系，以转化为三轴数控机床的编程与加工，这样就可以不使用多轴联动数控机床来加工倾斜面。

7.2.1 任务目标

（1）能进行工件坐标系二次平移变换。

（2）能完成倾斜面上的元素加工。

（3）训练综合思维能力，培养精益求精的工匠精神。

7.2.2 任务内容

如图 7-11 所示，仿真加工倾斜面和孔，毛坯尺寸为 100×100×50。

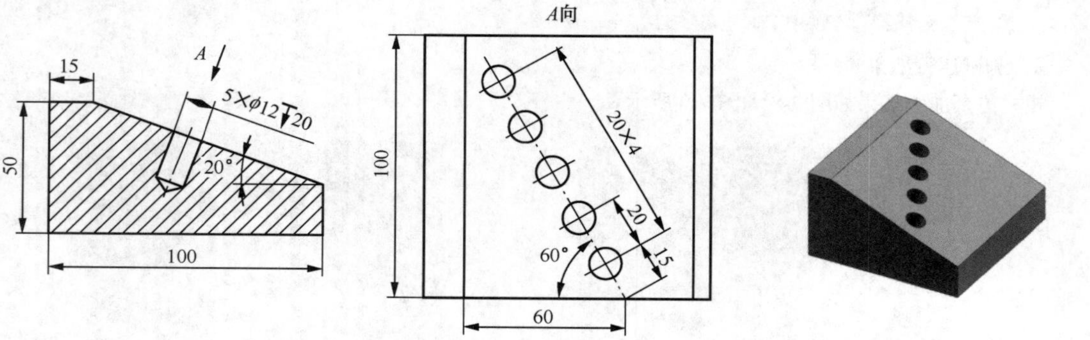

图 7-11 任务 7.2

7.2.3 相关知识

1．坐标系二次平移

倾斜面加工中，为了编程方便，有时需要二次平移工件坐标系。如本任务中钻倾斜面上的 5 个孔，工件坐标系经过一次平移和旋转后，刀轴已垂直于倾斜面，孔也就可编程加工了。但是孔定位坐标计算比较烦琐，可将坐标系二次平移到倾斜面的斜边与孔的连线的交点处，再在倾斜面上旋转坐标系，使 *X* 轴或 *Y* 轴与连线重合，这样孔定位坐标就很容易确定。

二次平移在一次平移的基础上进行，需要使用增量坐标编程，即在原点平移循环中，*X*、*Y* 和 *Z* 坐标为增量坐标 IX、IY 和 IZ。下面是二次平移的程序示例：

```
CYCL DEF 7.0 DATUM SHIFT
CYCL DEF 7.1 IX+15
CYCL DEF 7.2 IY+0
CYCL DEF 7.3 IZ+0
```

并且增量坐标值为 0 时，可以省略。上述程序可简化为：

```
CYCL DEF 7.0 DATUM SHIFT
CYCL DEF 7.1 IX+15
```

2．坐标系二次旋转

工件坐标系旋转时，TNC 系统始终以当前坐标系为基准，所以不用增量坐标表达。工件坐标系空间旋转用于定义加工面，用 PLANE 功能编程；工件坐标系平面旋转是指在垂直于刀轴加工面上的旋转，这种旋转绕刀轴进行，刀轴方向不改变，用 ROT 循环 10 编程。如本任务中二次旋转坐标系时刀轴方向没有改变，因此二次旋转程序为：

```
CYCL DEF 10.0 ROTATION
CYCL DEF 10.1  ROT+30
```

🕮 注意

严禁在启用 PLANE 功能前激活旋转循环 10。

3．二次平移定向加工程序的基本格式

一次平移旋转后，一般用面铣刀先加工倾斜面，然后换刀加工倾斜面上的元素。换刀前应先取消 PLANE 功能，但不必取消原点平移循环。出于安全考虑，换刀后，刀具首先要抬到安全高度，并且加工完后，刀具也要退到安全高度。二次平移定向加工程序的基本格式示例见表 7-4。

表 7-4　二次平移定向加工程序的基本格式示例（两把刀具）

名称	程序	说明
开始部分	0 BEGIN PGM DXJG MM 1 BLK FORM 0.1 **Z** X+0 Y+0 Z−50 2 BLK FORM 0.2 X+100 Y+100 Z+0 3 TOOL CALL 10 **Z** S2000 4 L **Z+100** R0 FMAX M13	
一次原点平移	5 CYCL DEF 7.0 DATUM SHIFT 6 CYCL DEF 7.1 X+15 7 CYCL DEF 7.2 Y+0 8 CYCL DEF 7.3 Z+0	原点平移循环
PLANE 定义加工面	9 PLANE SPATIAL SPA+0 SPB+20 SPC+0 TURN FMAX	确定空间角
三轴编程	10 L **Z+100** R0 FMAX … 20 L **Z+100** R0 FMAX	用第一把刀加工
PLANE 功能取消	21 PLANE RESET TURN FMAX	PLANE 功能复位
换刀	22 TOOL CALL 6 **Z** S3000 23 L **Z+100** R0 FMAX	换刀后退到安全高度
PLANE 重新定义加工面	24 PLANE SPATIAL SPA+0 SPB+20 SPC+0 TURN FMAX	重新确定空间角
二次原点平移	25 CYCL DEF 7.0 DATUM SHIFT 26 CYCL DEF 7.1 IX+60 27 CYCL DEF 7.2 IY+0 28 CYCL DEF 7.3 IZ+0	原点平移循环（增量坐标 0 可省略）
三轴编程	29 L **Z+100** R0 FMAX … 40 L **Z+100** R0 FMAX	用第二把刀加工
PLANE 功能取消	41 PLANE RESET TURN FMAX	PLANE 功能复位

续表

名称	程序	说明
原点平移取消	42 CYCL DEF 7.0 DATUM SHIFT 43 CYCL DEF 7.1 X+0 44 CYCL DEF 7.2 Y+0 45 CYCL DEF 7.3 Z+0	原点平移循环复位（未平移的可省略）
结束部分	46 L Z+100 R0 FMAX **M30** 47 END PGM DXJG MM	

7.2.4 指导实施

1．重点、难点、注意点

实施本任务时工件坐标系平移与旋转过程如图 7-12 所示。

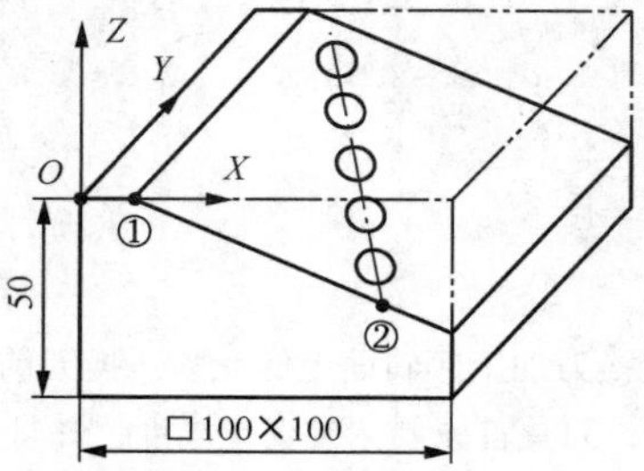

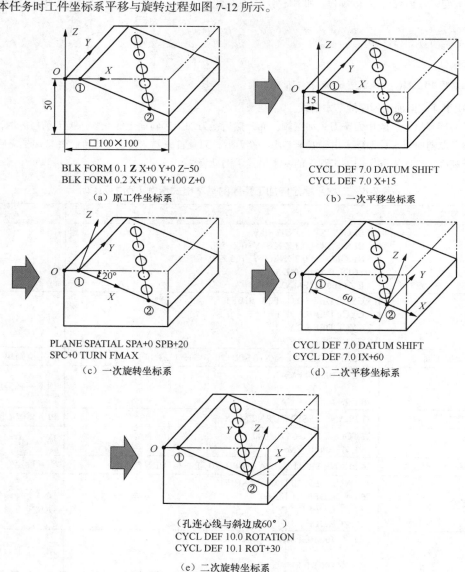

BLK FORM 0.1 **Z** X+0 Y+0 Z-50
BLK FORM 0.2 X+100 Y+100 Z+0

（a）原工件坐标系

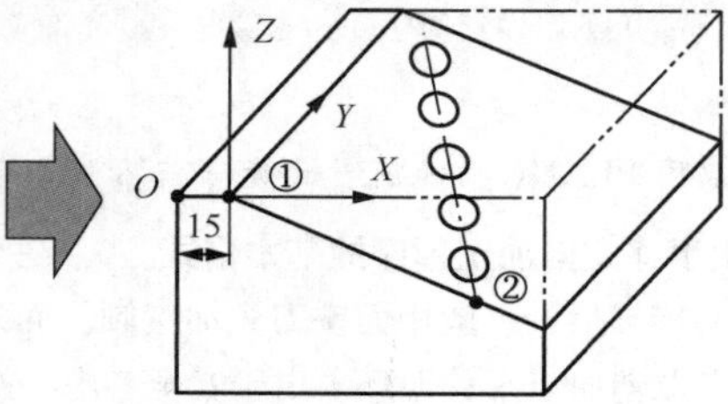

CYCL DEF 7.0 DATUM SHIFT
CYCL DEF 7.0 X+15

（b）一次平移坐标系

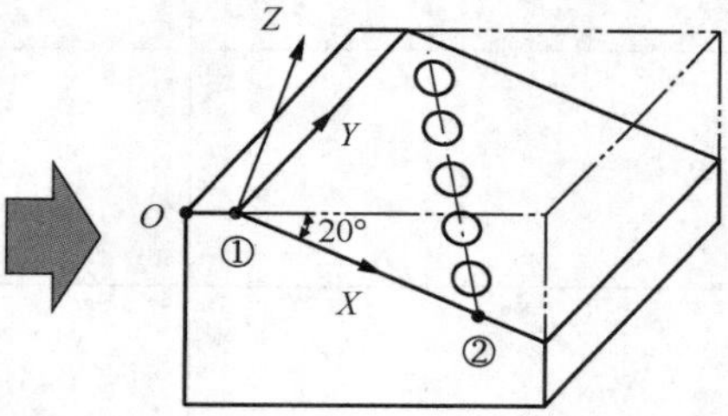

PLANE SPATIAL SPA+0 SPB+20
SPC+0 TURN FMAX

（c）一次旋转坐标系

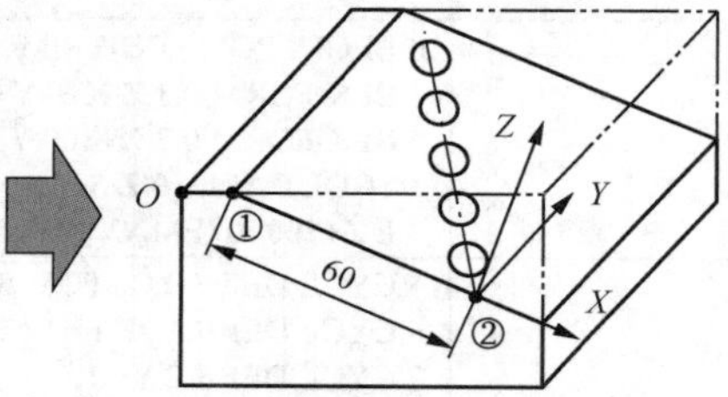

CYCL DEF 7.0 DATUM SHIFT
CYCL DEF 7.0 IX+60

（d）二次平移坐标系

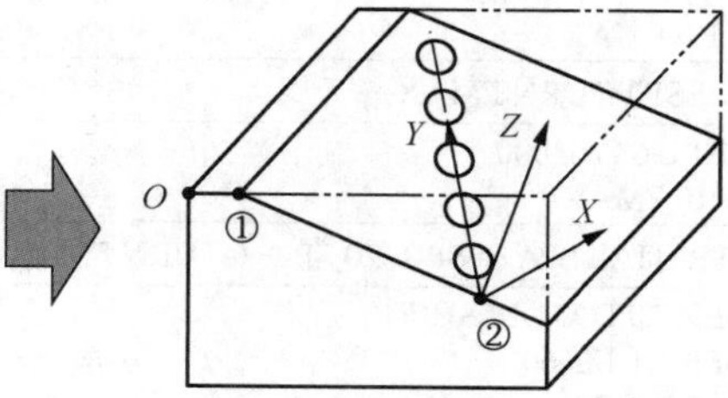

（孔连心线与斜边成60°）
CYCL DEF 10.0 ROTATION
CYCL DEF 10.1 ROT+30

（e）二次旋转坐标系

图 7-12　工件坐标系平移与旋转过程

2．仿真加工程序

程序如下：

```
0 BEGIN PGM DXJG0702 MM
1 BLK FORM 0.1 Z X+0 Y+0 Z-50
2 BLK FORM 0.2 Z X+100 Y+100 Z+0
3 TOOL CALL 10 Z S2000
4 L Z+100 R0 FMAX M13
5 CYCL DEF 7.0 DATUM SHIFT
6 CYCL DEF 7.1 X+15
7 PLANE SPATIAL SPA+0 SPB+20 SPC+0 TURN FMAX （激活倾斜）
8 L Z+100 R0 FMAX
9 CYCL DEF 232 FACE MILLING
  Q389=+0  （铣削方式）
  Q225=+0   （起始点第一轴坐标）
  Q226=+0   （起始点第二轴坐标）
  Q227=+29   （起始点第三轴坐标）
  Q386=+0   （终点第三轴坐标）
  Q218=+91   （第一边长度）
  Q219=+100   （第二边长度）
  Q202=+5
  Q369=+0.1
  Q370=+1
  Q207=+500
  Q385=+300
  Q252=+750
  Q200=+2
  Q375=+2
  Q204=+50
10 L X+0 Y+0 FMAX M99  （铣削倾斜面）
11 L Z+100 R0 FMAX
12 PLANE RESET TURN FMAX   （倾斜复位）
13 TOOL CALL 6 Z S2000
14 L Z+100 R0 FMAX
15 PLANE SPATIAL SPA+0 SPB+20 SPC+0 TURN FMAX   （激活倾斜）
16 L Z+100 R0 FMAX
17 CYCL DEF 7.0 DATUM SHIFT
18 CYCL DEF 7.1 IX+60
19 CYCL DEF 10.0 ROTATION
20 CYCL DEF 10.1  ROT+30
21 CYCL DEF 200 DRILLING
   Q200=+2
   …
22 CYCL DEF 221 CARTESIAN PATTERN
   Q225=+0
   …
23 L Z+100 R0 FMAX
24 CYCL DEF 10.0 ROTATION
25 CYCL DEF 10.1  ROT+0
26 PLANE RESET TURN FMAX   （倾斜复位）
27 CYCL DEF 7.0 DATUM SHIFT
28 CYCL DEF 7.1 X+0
29 L Z+100 R0 FMAX M30
30 END PGM DXJG0702 MM
```

3．测试运行结果

仿真加工结果如图 7-13 所示。

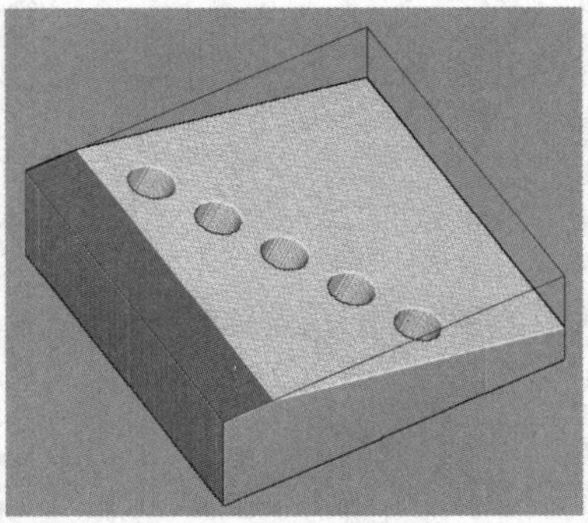

图 7-13　仿真加工结果

7.2.5　思考训练

1. 实施本任务时，如二次旋转使 X 轴与孔的连心线重合，应如何编程？这样旋转有什么优点？

2. 上述任务为方体右侧加工倾斜面，如倾斜面改在方体前面，其他不变，按图 7-14 所示坐标系重新进行编程加工。如定义该加工面时，取“SPC-90”，则其他空间角应取多少？

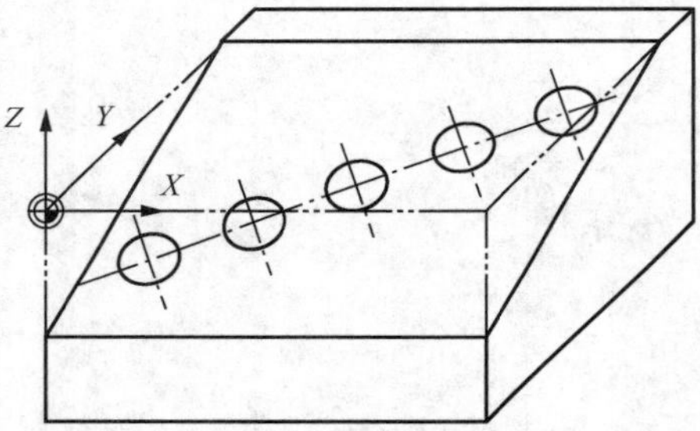

图 7-14　思考训练 2

任务 7.3　倾斜面综合加工（IC 功能）

对于倾斜面多且规律分布的工件，可以综合应用数控系统功能，只需编写一个倾斜面的加工程序，通过变换即可实现其他倾斜面加工。

7.3.1　任务目标

（1）掌握 IC 功能的编程格式。

（2）能应用 IC 功能编写倾斜面加工程序。

（3）学会探究，培养综合应用能力。

7.3.2　任务内容

如图 7-15 所示，仿真加工倾斜面和孔，毛坯尺寸为 90 × 90 × 50。

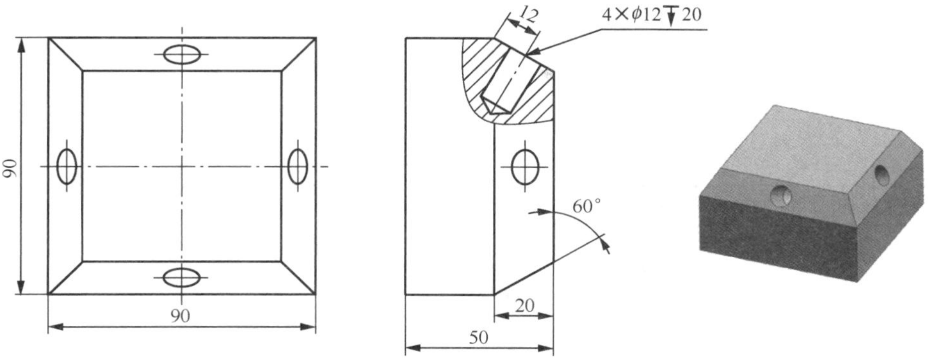

图 7-15　任务 7.3

7.3.3 相关知识

1．目标等同变换

在倾斜面加工中，如果加工的元素相同，可用子程序或程序块编程，这时必须给相同的加工元素设置相同的坐标系。本任务中 4 个倾斜面是一样的，我们可以考虑用子程序或程序块编程，把三轴数控加工部分编为子程序。如我们设置右倾斜面的加工坐标系时倾斜面长边（等腰梯形底边）为 *Y* 轴，对称中心线为 *X* 轴，那么在设置其他倾斜面坐标系时，倾斜面长边也应该是 *Y* 轴，对称中心线也应该是 *X* 轴。下面我们设置倾斜面加工坐标系。原工件坐标系原点在上表面中心，先将坐标系平移到(45,0,−20)，然后绕 *Y* 轴旋转+60°，使 *Z* 轴垂直于倾斜面，这样右倾斜面加工坐标系为长边 *Y* 轴，对称中心线为 *X* 轴；设置后倾斜面加工坐标系时，我们首先把原坐标系平移到(0,45,−20)，然后绕 *Z* 轴旋转 90°，再绕 *Y* 轴旋转+60°，这样新坐标系就与右倾斜面坐标系完全一致。在定向加工中，通过坐标系变换使新坐标系相对几个相同的加工元素来说保持完全一致，这种变换称为目标等同变换。显然在倾斜面加工中，目标等同变换是应用子程序或程序块编程的基础。

🕮 注意

① 坐标系目标等同变换必须将坐标系先平移后旋转。

② 旋转工件坐标系必须遵循“先 *C* 后 *B* 再 *A*”次序。

应用目标等同变换，定义右加工面的程序为：

```
CYCL DEF 7.0 DATUM SHIFT    （坐标系平移）
CYCL DEF 7.1 X+45
CYCL DEF 7.2 Y+0
CYCL DEF 7.3 Z-20
PLANE SPATIAL SPA+0 SPB+60 SPC+0 TURN FMAX  （坐标系旋转）
```

定义后加工面的程序为：

```
CYCL DEF 7.0 DATUM SHIFT    （坐标系平移）
CYCL DEF 7.1 X+0
CYCL DEF 7.2 Y+45
CYCL DEF 7.3 Z-20
PLANE SPATIAL SPA+0 SPB+60 SPC+90 TURN FMAX  （坐标系旋转）
```

2．IC 应用

IC 为旋转轴 *C* 的增量方式，其功能相当于坐标系绕 *Z* 轴旋转，这种旋转能把所有功能“旋转”，如 PLANE

定义倾斜面功能，因此应用广泛。一般倾斜面沿圆周均布，都可以应用 IC 编程。

3．IC 定向加工程序的基本格式

IC 编程通常引入程序块，并且在程序块中嵌套子程序，使程序变得精简。IC 定向加工程序的基本格式示例见表 7-5。

表 7-5　IC 定向加工程序的基本格式示例（两把刀具）

名称	程序	说明
开始部分	0 BEGIN PGM DXJG MM 1 BLK FORM 0.1 **Z** X−45 Y−45 Z−50 2 BLK FORM 0.2 X+100 Y+100 Z+0 **3 PLANE SPATIAL RESET MOVE DIST100 FMAX** 4 TOOL CALL 25 **Z** S1000 5 L Z+100 R0 FMAX M13	倾斜复位，第一把刀
原点平移	6 CYCL DEF 7.0 DATUM SHIFT 7 CYCL DEF 7.1 X+45 8 CYCL DEF 7.2 Y+0 9 CYCL DEF 7.3 Z−20	原点平移循环
程序块 1	10 LBL 3 11 CALL　LBL 1　（调用子程序，加工第一倾斜面） 12 CYCL DEF 7.0 DATUM SHIFT 13 CYCL DEF 7.1 I C+90　（旋转坐标系） 14 CALL　LBL 3 REP3　（加工其余倾斜面）	加工倾斜面，程序块中含子程序，通过 IC 换位加工
换刀	15 TOOL CALL 6 Z S2000 16 L **Z+100** R0 FMAX M13	第二把刀
程序块 2	17 LBL 4 18 CALL　LBL 2　（调用子程序，加工第一倾斜面元素） 19 CYCL DEF 7.0 DATUM SHIFT 20 CYCL DEF 7.1 I C+90　（旋转坐标系） 21 CALL　LBL 3 REP3　（加工其余倾斜面元素）	加工倾斜面元素
循环 7 复位	22 CYCL DEF 7.0 DATUM SHIFT 23 CYCL DEF 7.1 X+0 24 CYCL DEF 7.2 Y+0 25 CYCL DEF 7.3 Z+0 26 CYCL DEF 7.4 A+0 27 CYCL DEF 7.5 B+0 28 CYCL DEF 7.6 C+0	*X*、*Y*、*Z*、*A*、*B*、*C* 均回零
程序结束	29 10 L **Z+100** R0 FMAX M30	
子程序 1	30 LBL 1 31 PLANE SPATIAL SPA+0 SPB+60 SPC+0 MOVE DIST100 FMAX … LBL 0	加工倾斜面单元
子程序 2	42 LBL 2 43 PLANE SPATIAL SPA+0 SPB+60 SPC+0 MOVE DIST100 FMAX … 49LBL 0	加工倾斜面元素单元
程序结束说明	50 END PGM DXJG MM	

7.3.4 指导实施

1．重点、难点、注意点

（1）子功能 TURN 与 MOVE

执行 PLANE 的 TURN 与 MOVE 子功能，倾斜后刀具相对工件的位置是不同的，子功能 MOVE 的刀具相对工件位置不变，而子功能 TURN 相对位置是改变的，因此在多倾斜面加工时，为了避免多切，推荐使用 MOVE 子功能。

（2）旋转功能关系

ROT（循环 10）、IC 和 PLANE（定义倾斜面）都具有旋转特性。ROT 在加工面上旋转，绕刀轴 *Z* 轴进行，刀轴与加工面垂直关系始终保持不变，因此可以在 PLANE 定义的加工面上旋转；PLANE 功能是通过空间角定义加工面，确定空间角常用旋转坐标系的方法，确定次序为 *C*、*B*、*A*；IC 的旋转功能十分强大，能把所有功能一起“旋转”，包括 PLANE 功能。

2．仿真加工程序

（1）倾斜面仿真加工程序（目标等同变换编程）

程序如下：

```
0  BEGIN PGM DXJG0703 MM
1  BLK FORM 0.1 Z X-45 Y-45 Z-50
2  BLK FORM 0.2 Z X+45 Y+45 Z+0
3  PLANE SPATIAL MOVE DIST100 FMAX
4  TOOL CALL 10 Z S2000
5  L Z+100 R0 FMAX M13
6  CYCL DEF 7.0 DATUM SHIFT
7  CYCL DEF 7.1 X+45
8  CYCL DEF 7.2 Y+0
9  CYCL DEF 7.3 Z-20
10 PLANE SPATIAL SPA+0 SPB+60 SPC+0 MOVE DIST100 FMAX （激活倾斜）
11 CALL LBL 1   （加工右倾斜面）
12 CYCL DEF 7.0 DATUM SHIFT   （相对原始坐标系）
13 CYCL DEF 7.1 X+0
14 CYCL DEF 7.2 Y+45
15 CYCL DEF 7.3 Z-20
16 PLANE SPATIAL SPA+0 SPB+60 SPC+90 MOVE DIST100 FMAX （激活倾斜）
17 CALL LBL 1   （加工后倾斜面）
18 CYCL DEF 7.0 DATUM SHIFT
19 CYCL DEF 7.1 X-45
20 CYCL DEF 7.2 Y+0
21 CYCL DEF 7.3 Z-20
22 PLANE SPATIAL SPA+0 SPB+60 SPC+180 MOVE DIST100 FMAX （激活倾斜）
23 CALL LBL 1   （加工左倾斜面）
24 CYCL DEF 7.0 DATUM SHIFT
25 CYCL DEF 7.1 X+0
26 CYCL DEF 7.2 Y-45
27 CYCL DEF 7.3 Z-20
28 PLANE SPATIAL SPA+0 SPB+60 SPC+270 MOVE DIST100 FMAX （激活倾斜）
29 CALL  LBL 1   （加工前倾斜面）
30 TOOL CALL 6 Z S3000   （换刀）
31 L Z+100 R0 FMAX M13
32 CYCL DEF 7.0 DATUM SHIFT
33 CYCL DEF 7.1 X+45
```

```
34 CYCL DEF 7.2 Y+0
35 CYCL DEF 7.3 Z-20
36 PLANE SPATIAL SPA+0 SPB+60 SPC+0 MOVE DIST100 FMAX （激活倾斜）
37 CALL LBL 2   （钻右倾斜面孔）
38 CYCL DEF 7.0 DATUM SHIFT
39 CYCL DEF 7.1 X+0
40 CYCL DEF 7.2 Y+45
41 CYCL DEF 7.3 Z-20
42 PLANE SPATIAL SPA+0 SPB+60 SPC+90 MOVE DIST100 FMAX （激活倾斜）
43 CALL LBL 2   （钻后倾斜面孔）
44 CYCL DEF 7.0 DATUM SHIFT
45 CYCL DEF 7.1 X-45
46 CYCL DEF 7.2 Y+0
47 CYCL DEF 7.3 Z-20
48 PLANE SPATIAL SPA+0 SPB+60 SPC+180 MOVE DIST100 FMAX （激活倾斜）
49 CALL LBL 2   （钻左倾斜面孔）
50 CYCL DEF 7.0 DATUM SHIFT
51 CYCL DEF 7.1 X+0
52 CYCL DEF 7.2 Y-45
53 CYCL DEF 7.3 Z-20
54 PLANE SPATIAL SPA+0 SPB+60 SPC+270 MOVE DIST100 FMAX （激活倾斜）
55 CALL  LBL 2   （钻前倾斜面孔）
56 CYCL DEF 7.0 DATUM SHIFT   （取消平移）
57 CYCL DEF 7.1 X+0
58 CYCL DEF 7.2 Y+0
59 CYCL DEF 7.3 Z+0
60 L Z+100 R0 FMAX M30
61 LBL 1
62 L Z+100 R0 FMAX
63 CYCL DEF 232 FACE MILLING
   Q389=+0  （铣削方式）
   Q225=-16   （起始点第一轴坐标）
   Q226=-45  （起始点第二轴坐标）
   Q227=+4  （起始点第三轴坐标）
   Q386=+0   （终点第三轴坐标）
   Q218=+16   （第一边长度）
   Q219=+90   （第二边长度）
   …
64 L X-16 Y-45 R0 FMAX M99  （铣削倾斜面）
65 L Z+100 R0 FMAX
66 PLANE RESET MOVE DIST100 FMAX   （倾斜复位）
67 LBL  0
68 LBL  2
69 L Z+100 R0 FMAX
70 CYCL DEF 200 DRILLING
   Q200=+2
   …
71 L X-12 Y+0 R0 FMAX M99
72 L Z+100 R0 FMAX
73 PLANE RESET MOVE DIST100 FMAX   （倾斜复位）
74 LBL  0
75 END PGM DXJG0703 MM
```

（2）倾斜面仿真加工程序（IC 编程）

程序如下：

```
0 BEGIN PGM DXJG0703A MM
1 BLK FORM 0.1 Z X-45 Y-45 Z-50
2 BLK FORM 0.2 Z X+45 Y+45 Z+0
3 PLANE SPATIAL MOVE DIST100 FMAX
4 TOOL CALL 10 Z S2000
5 L Z+100 R0 FMAX M13
6 CYCL DEF 7.0 DATUM SHIFT
7 CYCL DEF 7.1 X+45
8 CYCL DEF 7.2 Y+0
9 CYCL DEF 7.3 Z-20
10 LBL  3
11 CALL LBL  1
12 CYCL DEF 7.0 DATUM SHIFT
13 CYCL DEF 7.1 IC+90
14 CALL LBL 3 REP3
15 TOOL CALL 6 Z S3000   （换刀）
16 L Z+100 R0 FMAX M13
17 LBL  4
18 CALL LBL  2
19 CYCL DEF 7.0 DATUM SHIFT
20 CYCL DEF 7.1 IC+90
21 CALL LBL 4 REP3
22 CYCL DEF 7.0 DATUM SHIFT
23 CYCL DEF 7.1 X+0
24 CYCL DEF 7.2 Y+0
25 CYCL DEF 7.3 Z+0
26 CYCL DEF 7.4 A+0
27 CYCL DEF 7.5 B+0
28 CYCL DEF 7.6 C+0
29 L Z+100 R0 FMAX M30
30 LBL  1
31 PLANE SPATIAL SPA+0 SPB+60 SPC+0 MOVE DIST100 FMAX （激活倾斜）
32 L Z+100 R0 FMAX
33 L X-10 Y-75 R0 F1000
34 L Z+12 FMAX
35 L Z+5
36 L Y+75
37 L Z+0
38 L Y-75
39 L Z+100 R0 FMAX
40 PLANE RESET MOVE DIST100 FMAX
41 LBL  0
42 LBL  2
43 PLANE SPATIAL SPA+0 SPB+60 SPC+0 MOVE DIST100 FMAX （激活倾斜）
44 L Z+100 R0 FMAX
45 CYCL DEF 200 DRILLING
   Q200=+2
   …
46 L X-12 Y+0 R0 FMAX M99
47 L Z+100 R0 FMAX
48 PLANE RESET MOVE DIST100 FMAX   （倾斜复位）
49 LBL0
50 END PGM DXJG0703A MM
```

3．测试运行结果

倾斜面及孔仿真加工结果如图 7-16 所示。

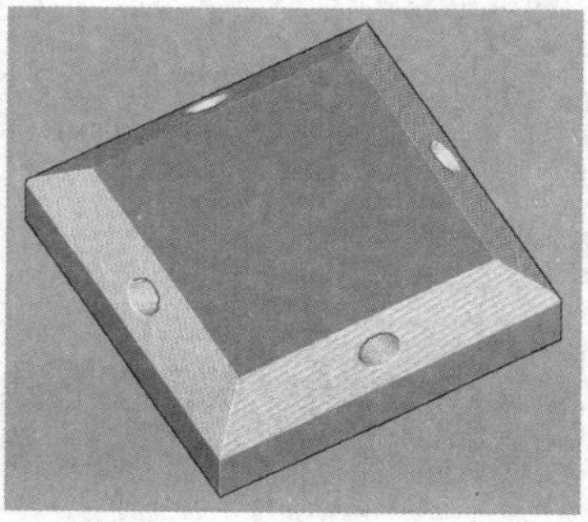

图 7-16　倾斜面及孔仿真加工结果

7.3.5　思考训练

1. IC 编程用于倾斜面加工的哪些场合？探究 IC 程序结构。

2. 如图 7-17 所示成形凸模，4 个相同三角形倾斜面与水平面成 20°，仿真加工 4 个倾斜面，毛坯尺寸为 100 × 100 × 50。

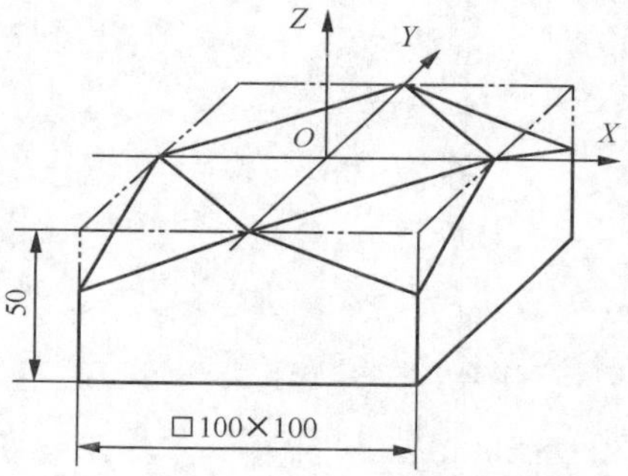

图 7-17　思考训练 2

自动编程部分

项目8 多轴加工自动编程

08

含不规则曲面等零件的数控加工，手工编程是无法完成的，必须应用软件进行自动编程；同时为了提高零件加工质量，减少装夹次数，也常应用自动编程，自动编程在生产实践中应用广泛。

项目目标

（1）了解自动编程原理，掌握自动编程常用方法。
（2）掌握常见零件自动编程方法。
（3）学会探究，培养分析、解决问题的能力，能具体问题具体分析。

项目任务

（1）圆柱凸轮加工。
（2）叶轮加工。
（3）桨杯加工。

任务8.1　圆柱凸轮加工

圆柱凸轮是一个在圆柱面上开有曲线凹槽的零件，可以看作移动凸轮卷成圆柱体演化而来。加工圆柱凸轮，如采用手工编程则完成十分困难，应采用多轴加工自动编程，可以使用四轴、五轴数控机床加工，推荐使用三坐标轴加一转台结构的四轴数控机床加工。

8.1.1　任务目标

（1）熟悉 UG NX 界面组成，掌握 UG NX 界面操作方法。
（2）熟悉自动编程流程，掌握多轴加工曲线/点驱动编程方法。
（3）学会合作、相互讨论，培养团队合作精神。

8.1.2　任务内容

如图 8-1 所示，自动编程并仿真加工圆柱凸轮（槽宽 12，槽深 5）。已知半成品圆柱尺寸为 $\phi 50\times 100$。

图 8-1　任务 8.1

8.1.3　相关知识

1．UG NX 自动编程流程

零件加工方案确定后，UG NX（以 12.0 版本为例）自动编程的一般流程如下。

（1）启动 UG NX 软件，打开零件模型。

（2）选择“加工”应用模块，进入加工环境。

（3）创建工序（以创建程序、几何体、刀具和方法为基础）。

（4）生成刀轨，仿真加工（通过几何视图等进入修改）。

（5）后处理（生成程序）。

具体流程如图 8-2 所示。

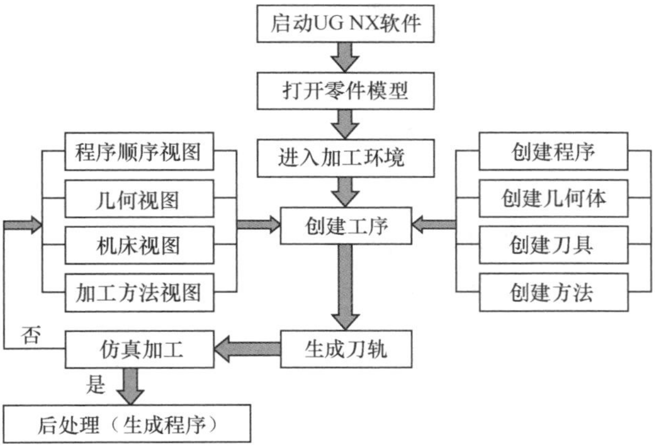

图 8-2　UG NX 自动编程流程

2．工艺规划

工艺规划是指根据零件结构和精度确定加工方法与方案，是 UG NX 自动编程规划工作，其为创建工序服务。从毛坯加工成零件一般要经过粗加工（MILL_ROUGH）、半精加工（MILL_SEMI_FINISH）和精加工（MILL_FINISH）等阶段，各阶段在形体上的差异主要表现为加工后留在工件上的余量及表面粗糙度的不同。粗加工主要是切除毛坯大部分加工余量；半精加工进一步去除余量，完成零件次要表面的加工，并为主要表面的精加工做准备；精加工使各主要表面达到图纸规定的技术要求。

多轴加工编程应用多轴铣（mill_multi-axis）加工类型（模板），粗加工常用固定轮廓铣（fixed_contour）工序子类型，精加工常用可变轮廓铣（variable_contour）工序子类型。加工类型与工序子类型应根据工艺规划，结合零件结构与技术要求合理选用，并且创建半精加工、精加工工序时，经常需要分区域选择不同的工序子类型，以提高加工精度与效率。

3．加工环境

在 UG NX 建模环境下打开或创建模型，在加工环境下进行自动编程。如图 8-3 所示，在建模环境下选择【应用模块】，单击【加工】图标（或按【Ctrl+Alt+M】组合键），进入加工环境。

如果是首次进入加工环境，则弹出“加工环境”对话框，系统要求设置加工环境，如图 8-4 所示。在“CAM 会话配置”和“要创建的 CAM 设置”列表中选择相应的选项，【确定】后完成加工环境初始化设置。

“CAM 会话配置”列表用于选择加工处理器等，通常选择“cam_general”（常规 CAM）；“要创建的 CAM 设置”列表用于选择加工模板，如多轴加工选择“mill_multi-axis”（多轴铣）。

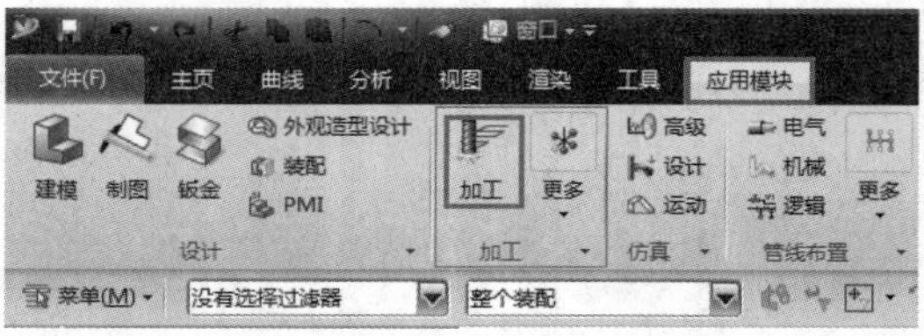

图 8-3　建模环境

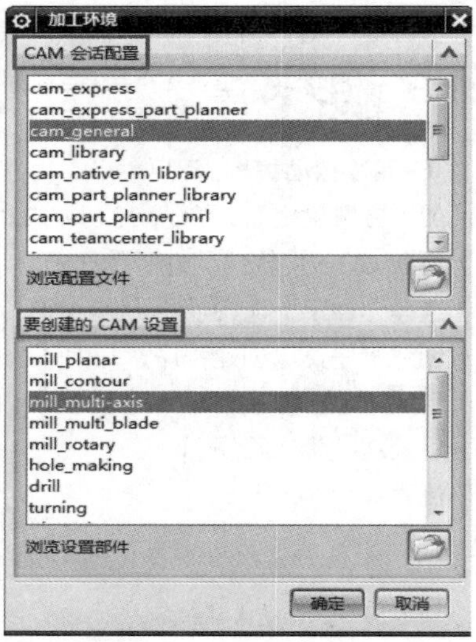

图 8-4　“加工环境”对话框

4．编程设置

编程前通常需要进行一些常规设置，如创建程序名，设置编程坐标系与安全面，定义工件几何体（部件几何体、毛坯几何体等），确定刀具，设置通用加工参数等。这些工作分别在 UG NX 应用模块中“创建程序”“创建几何体”“创建刀具”“创建方法”对话框中完成。

（1）创建程序

程序名用于组织加工工序的排列，方便工序管理。如图 8-5 所示，在插入功能选项区单击图标（先选择主菜单中的【主页】)，系统弹出“创建程序”对话框，如图 8-6 所示。

在“创建程序”对话框的“类型”下拉列表中选择加工模板，如多轴加工选择“mill_multi-axis”，在“位置”区域的“程序”下拉列表中选择“NC_PROGRAM”，在“名称”文本框中输入程序名，完成输入后【确定】，系统弹出“程序”对话框，【确定】即可，完成程序创建。

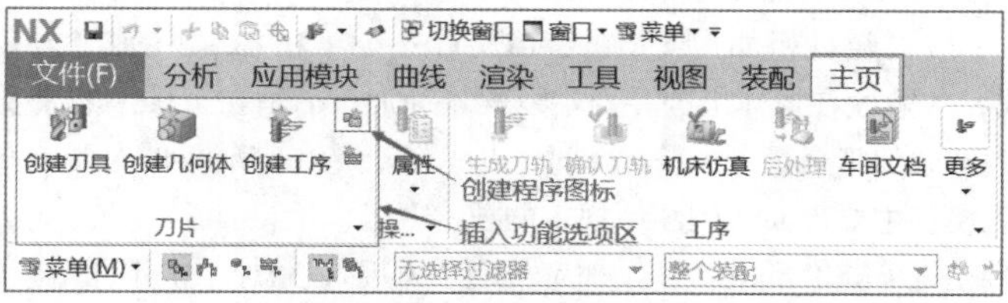

图 8-5　插入功能选项区

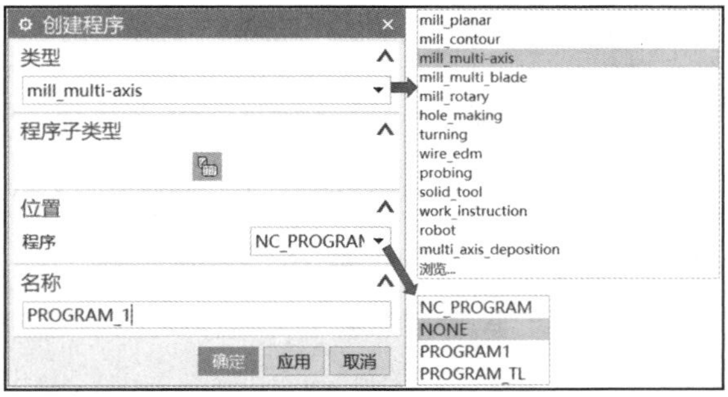

图 8-6 “创建程序”对话框

“创建程序”对话框中“类型”选项说明见表 8-1。

表 8-1 “类型”选项说明

选项	说明	选项	说明
mill_planar	平面铣	wire_edm	线切割
mill_contour	轮廓铣	probing	探测
mill_multi-axis	多轴铣	solid_tool	整体刀具
mill_multi_blade	多轴铣叶轮	work_instruction	工作说明
mill_rotary	旋转铣	robot	机器人
hole_making	加工孔	multi_axis_deposition	多轴沉积
turning	车	浏览	用于查找其他模板

（2）创建几何体

创建几何体主要是设置 MCS 坐标系和安全面，定义部件几何体和毛坯几何体。这些设置将直接决定刀轨生成、后处理数控程序坐标值和在机床加工时对刀设置。

在图 8-5 所示的插入功能选项区单击图标，系统弹出图 8-7 所示的“创建几何体”对话框，选择几何体子类型，进行相应几何体创建。

“创建几何体”对话框中“几何体子类型”选项说明见表 8-2。

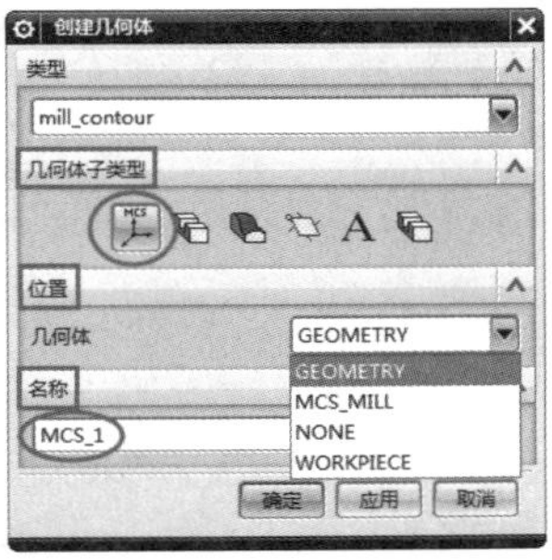

图 8-7 “创建几何体”对话框

表 8-2 “几何体子类型”选项说明

几何体	含义	说明
	MCS	设置 MCS 坐标系、安全面等
	WORKPIECE	创建部件几何体、毛坯几何体等
	MILL_AREA	创建切削区域几何体，用于指定局部切削区域
	MILL_BND	创建铣削边界
	MILL_TEXT	创建加工文字几何体，用于雕刻文字
	MILL_GEOM	创建铣削几何体

“创建几何体”对话框中“位置”区域的“几何体”选项说明见表 8-3。

表 8-3　“位置”区域的“几何体”选项说明

几何体	说明
GEOMETRY	几何体中最高节点，系统自动产生
MCS_MILL	选择加工模板后，系统自动生成 MCS 坐标系，为工件几何体的父节点
NONE	表示没有任何要加工的对象
WORKPIECE	选择加工模板后，系统在“MCS_MILL”节点下自动生成的工件几何体

📖 **注意**

工件几何体可以在创建工序之前定义，也可以在创建工序过程中定义。但在创建工序之前定义的工件几何体可以被多个工序使用，在创建工序过程中定义的工件几何体只能被该工序使用。因此，如工件几何体要被多个工序使用，应在创建工序之前定义。

① **设置 MCS 坐标系与安全面**。如图 8-7 所示，在“创建几何体”对话框中，单击“几何体子类型”选项中的按钮，选择“位置”区域“几何体”下拉列表中的“GEOMETRY”选项，在“名称”文本框中输入坐标系名称“MCS_1”，【确定】后系统弹出图 8-8 所示的“MCS”对话框，按对话框结合图形区模型完成 MCS 坐标系与安全面设置。

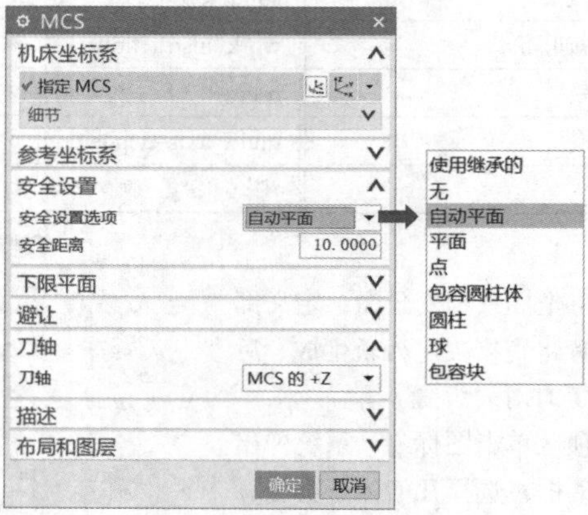

图 8-8　“MCS”对话框

“MCS”对话框中的主要选项说明见表 8-4。

表 8-4　“MCS”对话框中的主要选项说明

选项	说明
	用于设置 MCS 坐标系
使用继承的	继承上一级的安全设置
自动平面	在“安全距离”文本框输入安全距离来设置安全平面
圆柱	以圆柱面设置安全面
包容块	以块的包容面设置安全面

② **创建工件几何体**。工件几何体有部件几何体和毛坯几何体。部件几何体是指零件的模型或零件的部分，毛坯几何体是指用于加工零件的毛坯。

如图 8-7 所示，在“创建几何体”对话框中，单击“几何体子类型”选项中的按钮，选择“位置”区域“几何体”下拉列表中的“MCS_1”选项（前面已创建的 MCS 坐标系），在“名称”文本框中输入工件几何体名称“WORKPIECE_1”,【确定】后系统弹出图 8-9 所示的“工件”对话框，在此对话框中进行 MCS_1 坐标系下的部件几何体与毛坯几何体设置。

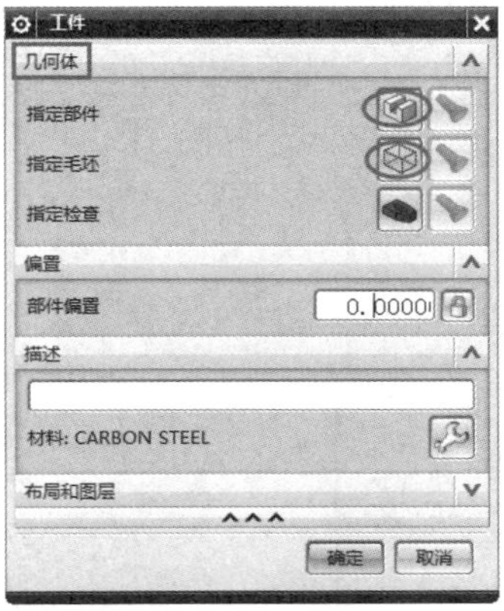

图 8-9　“工件”对话框

“工件”对话框中的主要选项说明见表 8-5。

表 8-5　“工件”对话框中的主要选项说明

选项	作用	说明
	定义部件几何体	可以选择零件模型的线、面、实体或特征来定义
	定义毛坯几何体	可以选择零件模型的线、面、实体或特征来定义，也可以偏置部件几何体来定义
	显示几何体	单击此按钮，已定义的几何体将高亮显示
部件偏置	增减厚度	在零件模型上增加或减去一定的厚度。正的偏置值表示增加，负的偏置值表示减去

③ **创建切削区域几何体**。零件分区块编程，或进行局部加工时，应设置切削区域几何体。

如图 8-7 所示，在“创建几何体”对话框中，单击“几何体子类型”选项中的按钮，选择“位置”区域“几何体”下拉列表中的“WORKPIECE_1”选项（前面已创建的工件几何体），在“名称”文本框中输入切削区域几何体名称“MILL_AREA1”,【确定】后系统弹出图 8-10 所示的“铣削区域”对话框，在此对话框中进行 WORKPIECE_1 工件几何体的切削区域几何体 MILL_AREA1 的设置。

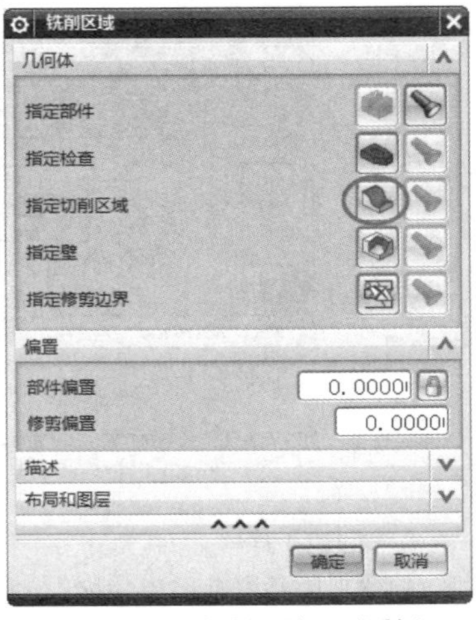

图 8-10　“铣削区域”对话框

创建几何体应注意顺序节点，通常先设置 MCS 坐标系，然后在坐标系节点创建工件几何体（部件几何体与毛坯几何体），再在工件几何体节点创建切削区域几何体。

（3）创建刀具

创建刀具是指根据零件形状大小及所处加工阶段，合理选取刀具类型、设置刀具参数；常用刀具可以从刀具库中直接调用。

如图 8-5 所示，在插入功能选项区单击【创建刀具】图标，系统弹出图 8-11 所示的“创建刀具”对话框，在“刀具子类型”选项中选择刀具类型（如），输入刀具名称，然后在弹出的“铣刀-5 参数”对话框中进行刀具参数设置，如图 8-12 所示。

（4）创建方法

创建方法用于定义加工方法和加工阶段（粗加工、半精加工与精加工），并设置各加工阶段的加工余量、加工公差和进给率等通用参数以及选择相应切削方法。

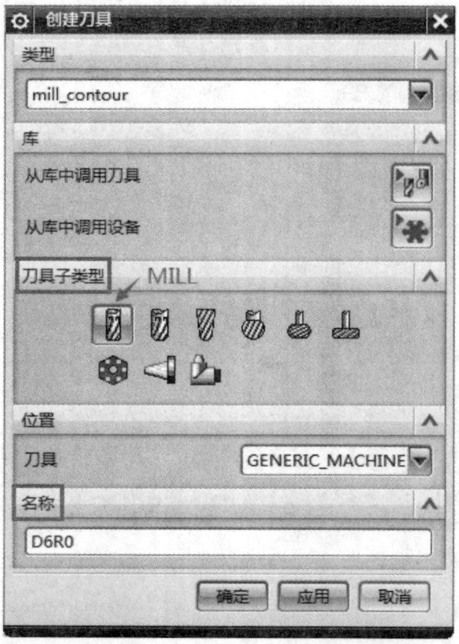

图 8-11 “创建刀具”对话框

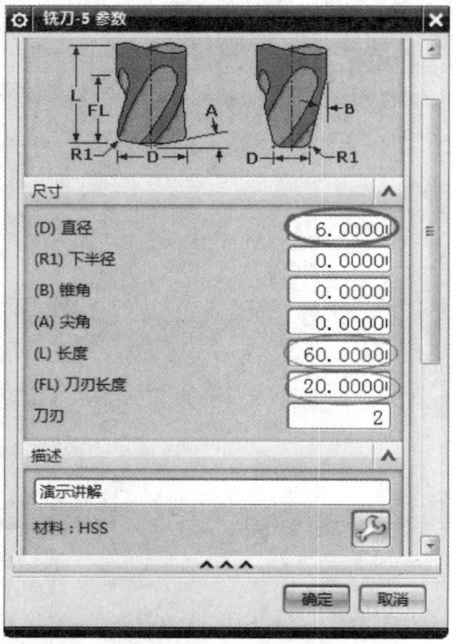

图 8-12 “铣刀-5 参数”对话框

如图 8-5 所示，在插入功能选项区单击【创建方法】图标，系统弹出图 8-13 所示的“创建方法”对话框，在“方法子类型”选项中选择加工方法子类型（如），在“位置”下拉列表中选择具体方法，在“名称”文本框输入加工方法名称，【确定】后弹出“铣削方法”对话框，如图 8-14 所示，然后进行通用参数设置和切削方法选择等，【确定】后完成方法创建。

图 8-13 “创建方法”对话框

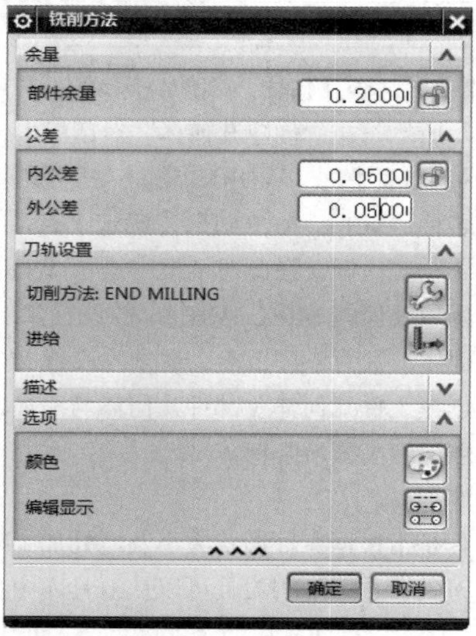

图 8-14 “铣削方法”对话框

5．创建工序

创建工序是自动编程的核心，通过创建工序生成刀轨，刀轨后处理生成程序。每创建一个工序就会生成一个刀轨，每个刀轨后处理生成一个程序单元，一个程序通常由若干个程序单元组成。

创建工序主要工作是选择工序类型，选择或设置程序名、几何体、刀具、方法和工序参数，最后生成刀轨。在插入功能选项区单击【创建工序】图标，系统弹出图 8-15 所示的“创建工序”对话框，在“类型”

下拉列表中选择加工模板（如 mill_contour），在“工序子类型”选项中选择具体加工方法（如），在“位置”区域选择程序、刀具、几何体和方法，在“名称”文本框指定工序名称，【确定】后弹出图 8-16 所示的子工序（如“型腔铣”）对话框，再进行刀轨等设置，【确定】后完成工序创建。

图 8-15 “创建工序”对话框

图 8-16 “型腔铣”对话框

注意

创建工序以创建程序、创建刀具、创建几何体和创建方法为基础，一般在创建工序前先创建程序、创建刀具、创建几何体和创建方法；对于简单零件，创建程序和创建方法可在创建工序时直接进行。

6．生成刀轨与仿真加工

刀轨是指在图形窗口显示生成的刀具路径，用于检查工序的各项设置是否合理。如图 8-16 所示的工序设置完成后，单击操作区的生成按钮，系统自动生成刀轨。如生成的刀轨不理想，可修改子工序对话框中的参数设置，重新生成刀轨，然后单击确认按钮，弹出“刀轨可视化”对话框，选择 3D 动态，调整动画速度，单击播放按钮▶，进行仿真加工。

仿真加工后，如需再次修改工序参数，可通过工序导航器进入程序顺序视图、机床视图、几何视图和加工方法视图。

7．后处理

UG NX 生成刀轨形成的是 CLSF 刀位文件，不能直接用于加工，需要将其转化为 NC 文件。后处理是将刀轨文件生成数控加工程序的过程，可用系统提供的 NX/Post 完成。

在工序导航器的程序顺序视图中，选择已生成刀轨的一个或多个工序，单击鼠标右键，选择快捷菜单中的【后处理】（或在工具条上单击【后处理】图标），打开“后处理”对话框，在后处理器列表中选择相应的后处理器，完成各项设置后【确定】，生成 NC 程序。

8．工序导航器和视图

工序导航器是一种图形化的用户界面，用于管理、编辑当前零件的加工工序和工序参数。它以树形结构显示程序、加工方法、几何体和刀具等对象，以及它们的从属关系。图 8-17 所示为几何工序导航器，最顶层的节点称为父节点，父节点下的节点称为子节点，子节点继承父节点的参数数据。各节点前的展开符号“+”或折叠符号“–”用于展开或折叠各节点包含的对象。

在工序导航器中，有 4 个不同的视图，即程序顺序视图、机床视图、几何视图和加工方法视图，这 4 个视图分别以程序、刀具、几何体和加工方法作为主线，通过树形结构显示所有的工序。工序导航器是否显示视图以及显示哪种视图，可以通过选择工序导航器工具栏图标来控制，也可以通过工序导航器的快捷菜单进行切换。

进入加工环境后，单击工序导航器图标，打开工序导航器，在工序导航器的空白区域右击，系统弹出图 8-18 所示的快捷菜单，在此菜单中可以选择要显示的视图，并通过编辑、剪切、复制、删除和重命名等命令编辑刀轨，在不同的视图下方便地设置工序参数。

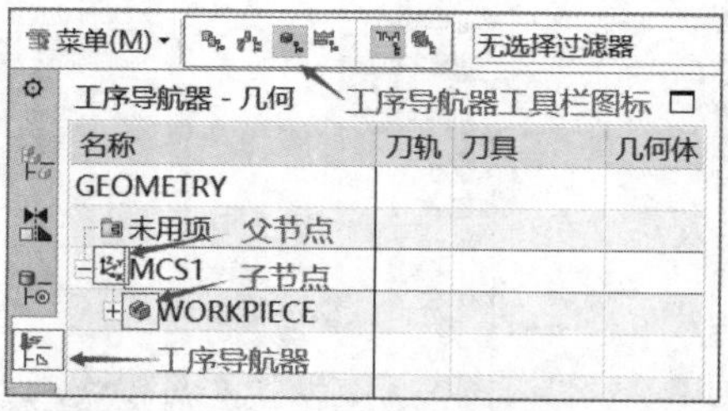

图 8-17　工序导航器

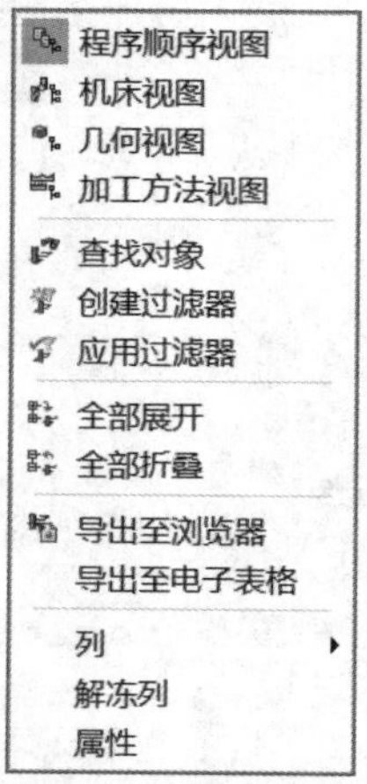

图 8-18　工序导航器快捷菜单

用工序导航器工具栏图标来显示视图时，具体图标说明见表 8-6。

表 8-6　工序导航器工具栏图标说明

图标	功能	包含的信息
	显示程序顺序视图	管理工序，决定工序输出的顺序
	显示机床视图	加工用的刀具名称和参数
	显示几何视图	几何数据，如 MCS 坐标系、部件、毛坯等
	显示加工方法视图	加工参数，如进给率、主轴转速和余量等

（1）程序顺序视图

程序顺序视图按刀轨的执行顺序列出当前零件的所有工序，显示每个工序所属的程序单元和加工顺序。单击程序顺序视图图标，工序导航器切换为程序顺序视图，如图 8-19 所示。视图中各工序的排列顺序确定了后处理的顺序、生成刀具位置和源文件的顺序。

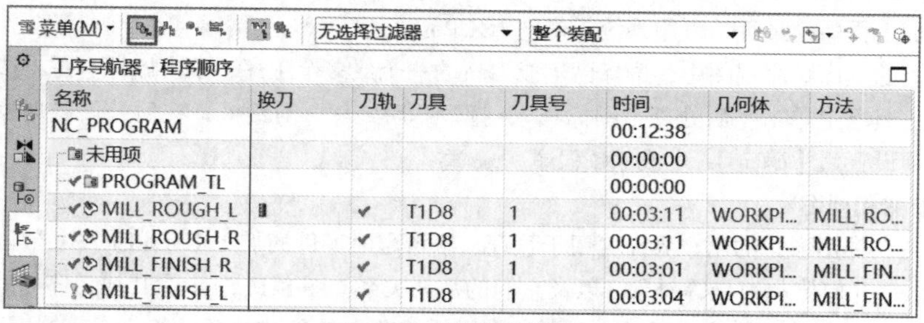

图 8-19　程序顺序视图

使用程序顺序视图，可以对程序的顺序进行调整，并且有多个栏目，如名称、换刀、刀轨和刀具等，用于显示每个工序的名称以及该工序的相关信息。

在程序顺序视图中，每个程序单元代表一个可以独立输出至后处理器或 CLSF 的程序文件。

（2）机床视图

机床视图用刀具来组织各工序，列出了加工当前零件的刀具以及使用这些刀具的工序名称。单击机床视图图标，工序导航器切换为机床视图，如图 8-20 所示。在机床视图的“GENERIC_MACHINE”处右击，在打开的快捷菜单中选择【编辑】，系统弹出“通用机床”对话框，在此对话框中可以进行调用机床、调用刀具、调用设备和编辑刀具等操作。

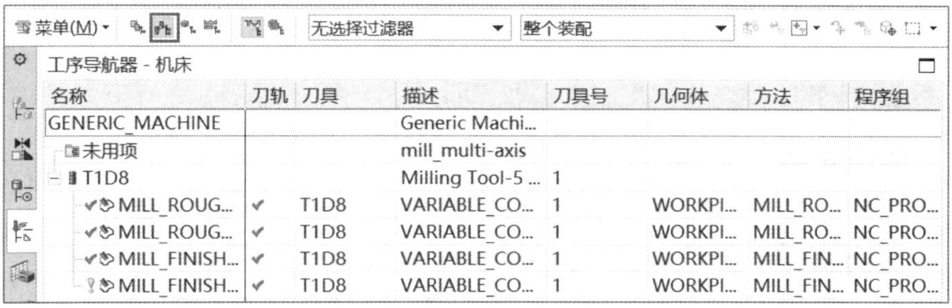

图 8-20　机床视图

（3）几何视图

几何视图主要以几何体为主线来显示加工工序，该视图列出了当前零件中已设置的几何体和加工坐标系，以及使用这些几何体和加工坐标系的工序名称。单击几何视图图标，工序导航器切换为几何视图，如图 8-21 所示，并且位于几何体 WORKPIECE 和加工坐标系 MCS1 节点下的各工序将继承它们的所有参数。

图 8-21　几何视图

（4）加工方法视图

加工方法视图列出了当前零件中使用的加工方法（如粗加工、精加工等），以及这些加工方法的工序名称。单击加工方法视图图标，工序导航器切换为加工方法视图，如图 8-22 所示。在加工方法视图中，显示根据加工方法分组在一起的工序。通过这种组织方式，可以很方便地选择工序中的加工方法。

工序导航器的 4 个视图是相互联系、统一的整体，它们围绕着工序这条主线，按照各自的规律显示。工序导航器的 4 个视图只反映数控程序的几个侧面，通过不同主线，分别集中显示程序、刀具、几何体和方法，使各工序一目了然。

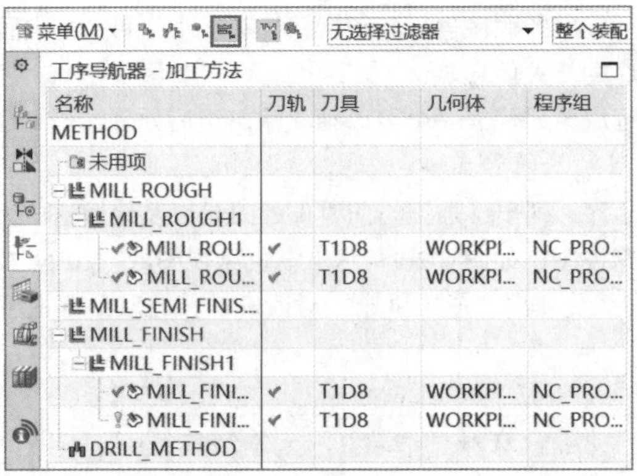

图 8-22　加工方法视图

8.1.4　指导实施

1．圆柱凸轮 3D 建模要点

（1）圆环拉伸创建圆柱体。

（2）展开圆柱体，绘制凸轮槽展开中心线。

（3）缠绕中心线到圆柱面上。

（4）生成径向扫掠面。

（5）偏置加厚求差生成凸轮槽。

凸轮自动编程（一）

凸轮自动编程（二）

凸轮自动编程（三）

2．圆柱凸轮工艺规划与编程思路

（1）工艺规划

车削完成 ϕ50 圆柱面，然后用数控多轴机床（宜用 3+*A* 四轴机床）加工槽。槽加工基本思路同平面槽，分为粗加工与精加工，粗加工分为槽左侧粗加工和槽右侧粗加工，同样精加工也分为槽左侧精加工和槽右侧精加工。因此自动编程应创建 4 个工序，详见表 8-7。

表 8-7　圆柱凸轮槽加工方案

工序	加工内容	编程方法	刀具	驱动体	投影矢量	刀轴控制	说明
1	粗加工左半槽	可变轮廓铣	T1D8	槽底左边	刀轴	远离直线（*X* 轴）	部件选槽底，驱动设置左偏置取 55%刀具直径，部件余量偏置取槽深
2	粗加工右半槽	可变轮廓铣	T1D8	槽底右边	刀轴	远离直线（*X* 轴）	
3	精加工右半槽	可变轮廓铣	T1D8	槽底右边	刀轴	远离直线（*X* 轴）	驱动设置的左偏置取 50%刀具直径，刀路数为 1
4	精加工左半槽	可变轮廓铣	T1D8	槽底左边	刀轴	远离直线（*X* 轴）	

（2）编程思路

采用多轴加工模板中的可变轴轮廓铣工序，中心线为 *X* 轴，毛坯为 $\phi50\times100$ 圆柱体，部件选槽底面，用 D8 平底立铣刀；驱动体为曲线/点（槽底面边/端面圆心），投影方向为刀轴，刀轴控制为远离直线（圆柱中心线）；通过“左偏置”驱动设置完成刀具半径偏移和留侧面精加工余量，通过切削参数中的“部件余量偏置”实现槽深度加工。

3．圆柱凸轮编程步骤

（1）打开 3D 模型，进入加工模块

① 启动 UG NX 软件，打开圆柱凸轮模型文件，如图 8-23 和图 8-24 所示。

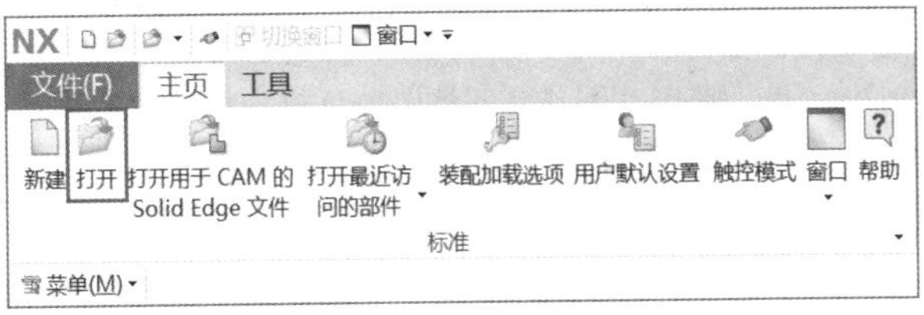

图 8-23　启动 UG NX 软件

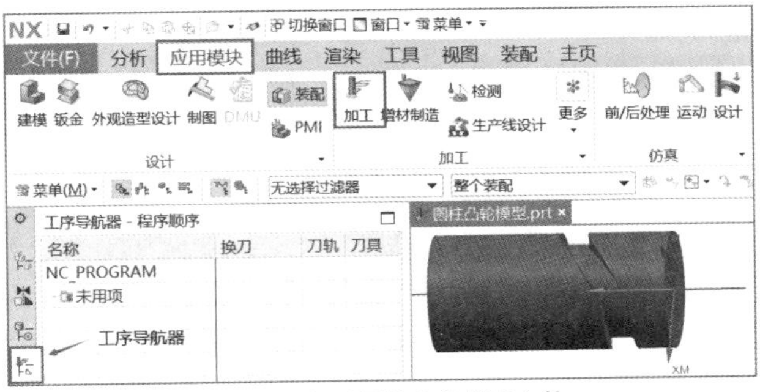

图 8-24　打开圆柱凸轮模型文件

② 选择【应用模块】，单击【加工】图标，进入加工应用模块，如图 8-25 所示。

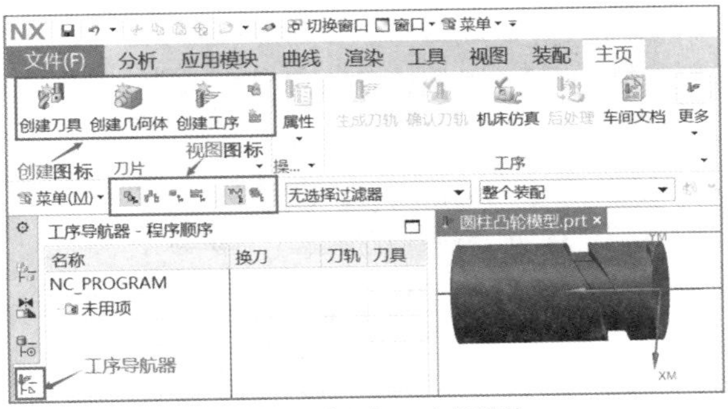

图 8-25　进入加工应用模块

（2）编程设置

① 单击工序导航器图标，打开工序导航器。

② 创建程序。

- 在主页单击【创建程序】图标，弹出“创建程序”对话框。
- 按图 8-26 完成设置，【确定】后结果如图 8-27 所示。

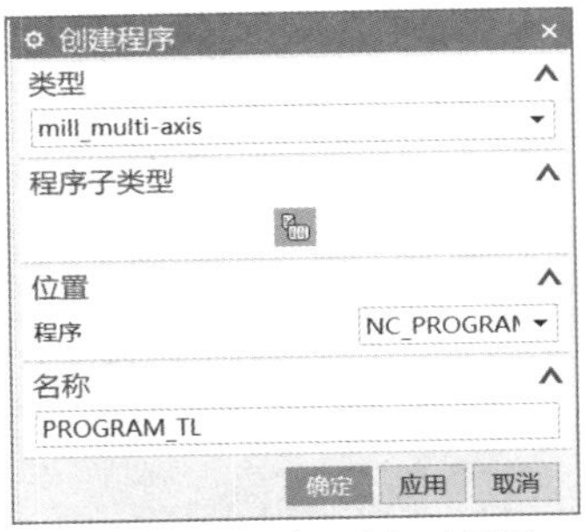

图 8-26　“创建程序”对话框

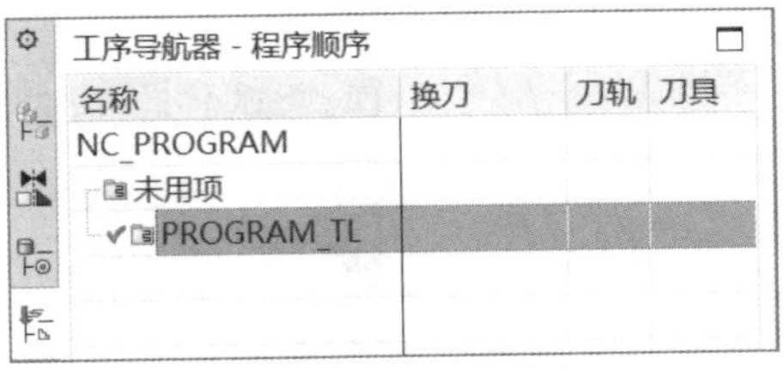

图 8-27　创建程序完成

③ 创建几何体。

- 单击【创建几何体】图标，弹出“创建几何体”对话框，设置完成后结果如图 8-28 所示。
- 【确定】后弹出“MCS”对话框，完成设置并在图中设定工件坐标系 MCS1（原点在右端面中心，圆柱中心线为 X 轴）、安全面（ϕ60 圆柱面），如图 8-29 和图 8-30 所示。

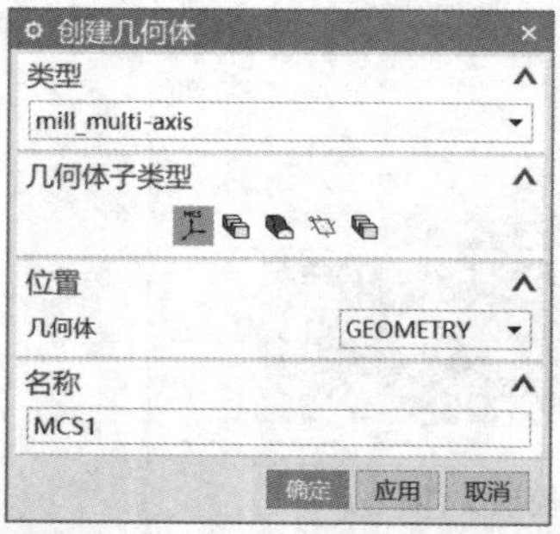

图 8-28　“创建几何体”对话框

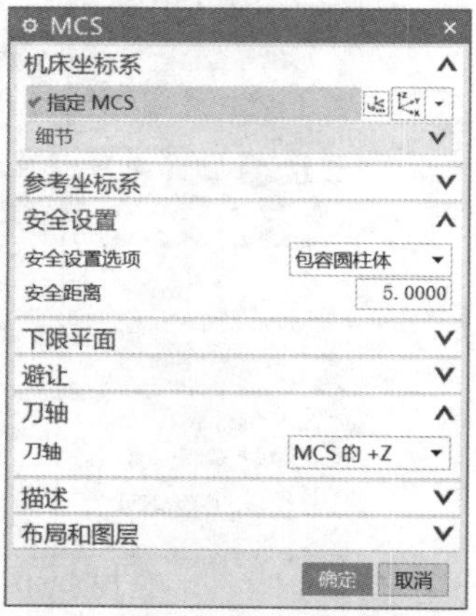

图 8-29　“MCS”对话框

图 8-30　创建 MCS 坐标系

- 单击几何视图图标，弹出“工序导航器-几何”框，如图 8-31 所示。

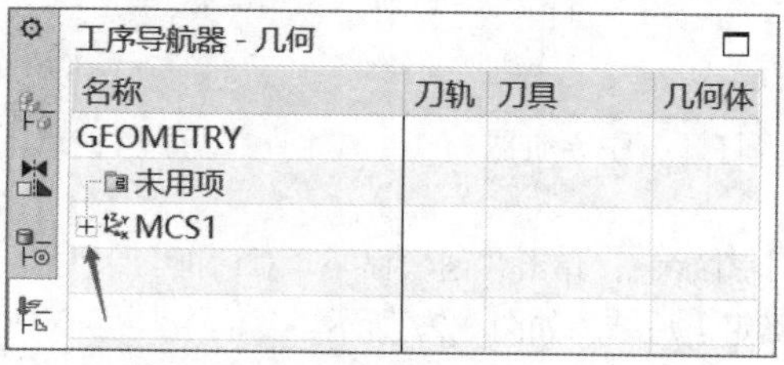

图 8-31　“工序导航器-几何”框

- 点开 MCS1 前的“+”，展开节点，如图 8-32 所示。

图 8-32　展开节点

- 双击图 8-32 所示的工件按钮，弹出“工件”对话框，如图 8-33 所示。
- 单击指定部件按钮，弹出“部件几何体”对话框，如图 8-34 所示；在图中选取槽底面，结果如图 8-35 所示。

图 8-33 “工件”对话框

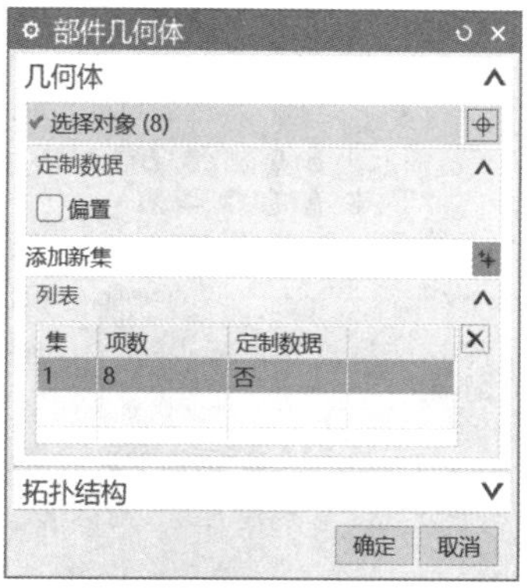

图 8-34 “部件几何体”对话框

图 8-35 选取槽底面

- 单击指定毛坯按钮，弹出“毛坯几何体”对话框，如图 8-36 所示；在图中选取 $\phi 50\times 100$ 圆柱体，结果如图 8-37 所示。

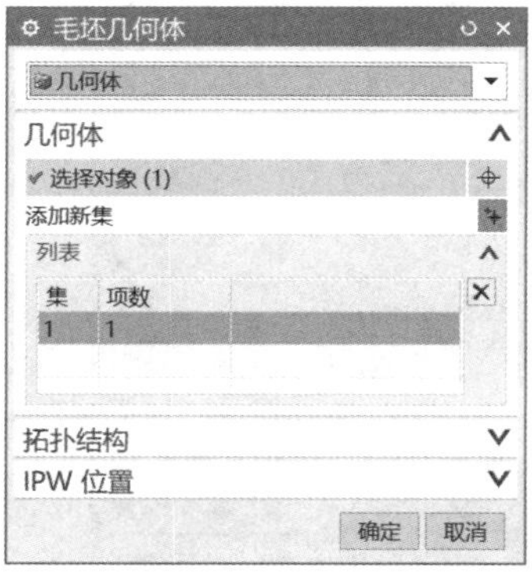

图 8-36 “毛坯几何体”对话框

图 8-37 选取圆柱体毛坯

④ 创建刀具。

- 单击【创建刀具】图标，弹出“创建刀具”对话框，完成设置后结果如图 8-38 所示。
- 【确定】后出现“铣刀-5 参数”对话框，如图 8-39 所示，输入参数，【确定】后完成 T1D8（直径为 8mm）刀具创建，结果如图 8-40 所示。

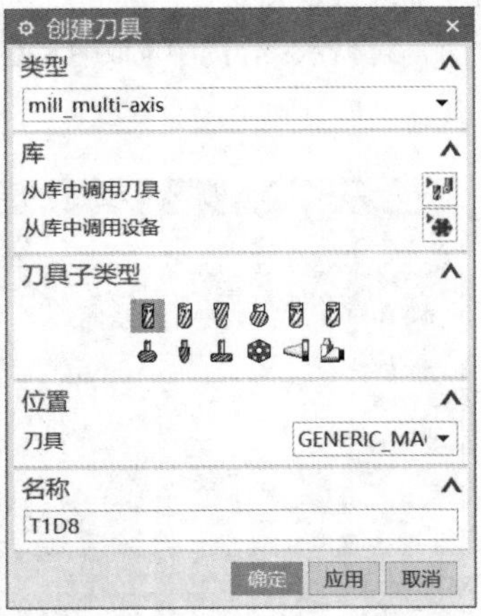

图 8-38　“创建刀具”对话框

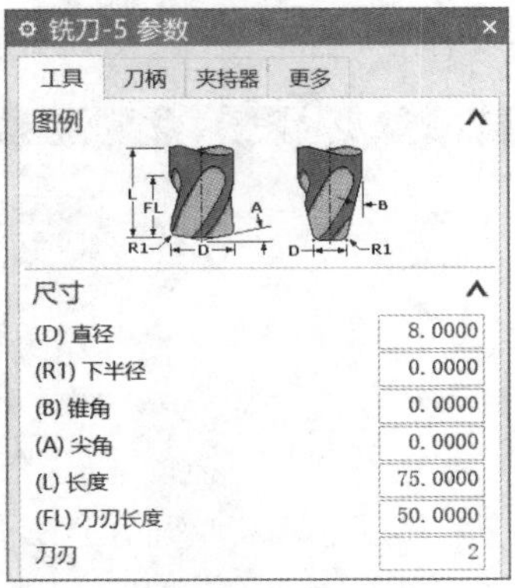

图 8-39　“铣刀-5 参数”对话框

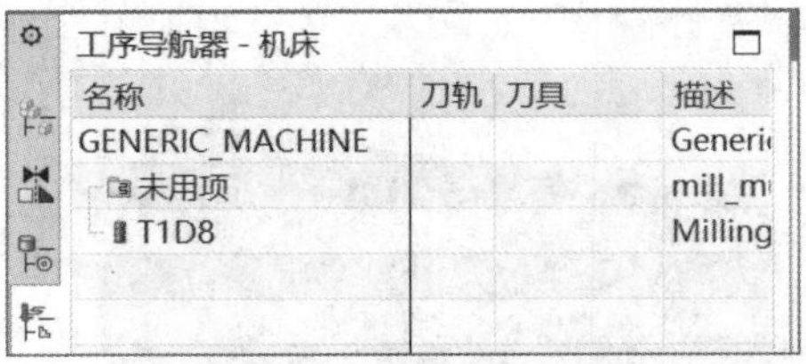

图 8-40　刀具创建结果显示

⑤ 创建加工方法。

- 单击【创建方法】图标，弹出“创建方法”对话框，完成设置后结果如图 8-41 所示。
- 创建粗加工方法 MILL_ROUGH1。【确定】后弹出“铣削方法”对话框，设置部件余量、公差、进给率等，结果如图 8-42 所示（进给率取 250mm/min）。

图 8-41　“创建方法”对话框

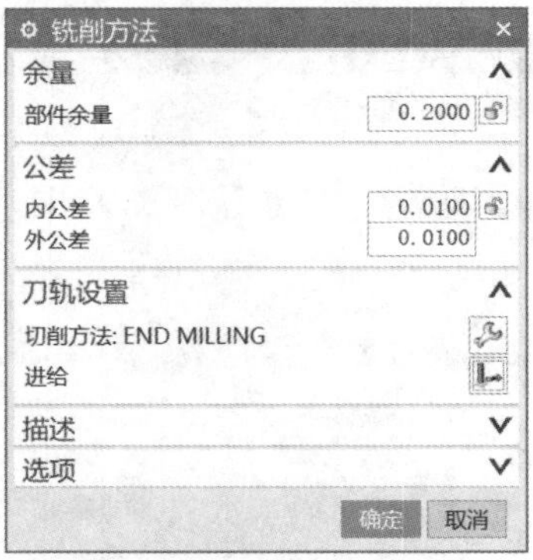

图 8-42　“铣削方法”对话框

- 创建精加工方法 MILL_FINISH1。结果如图 8-43 和图 8-44 所示（进给率取 50mm/min）。

（3）创建工序 1（槽左侧粗加工）

① 进入可变轮廓铣对话框。

- 单击【创建工序】图标，弹出“创建工序”对话框。

图 8-43 “创建方法”对话框

图 8-44 “铣削方法”对话框

- 选择可变轮廓铣工序子类型，在位置区域选取已定义的程序、刀具、几何体和方法，结果如图 8-45 所示。【确定】后弹出可变轮廓铣对话框，如图 8-46 所示。

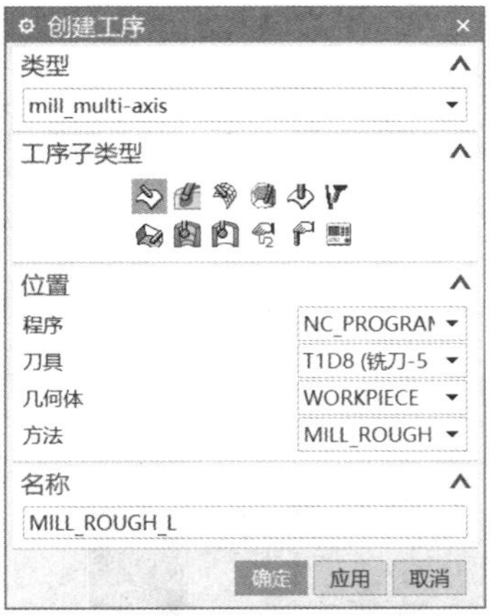

图 8-45 “创建工序”对话框

图 8-46 可变轮廓铣对话框

② 指定驱动方法。

- 在“方法”下拉列表中选择“曲线/点”。
- 单击方法编辑按钮（弹出驱动方法提示，如图 8-47 所示，【确定】即可），弹出“曲线/点驱动方法”对话框，如图 8-48 所示；在图中选择驱动曲线，结果如图 8-49 所示（注意箭头方向）。

③ 指定投影矢量。在“矢量”下拉列表中选择“刀轴”，如图 8-50 所示。

④ 设定刀轴。

- 在“轴”下拉列表中选择“远离直线”。

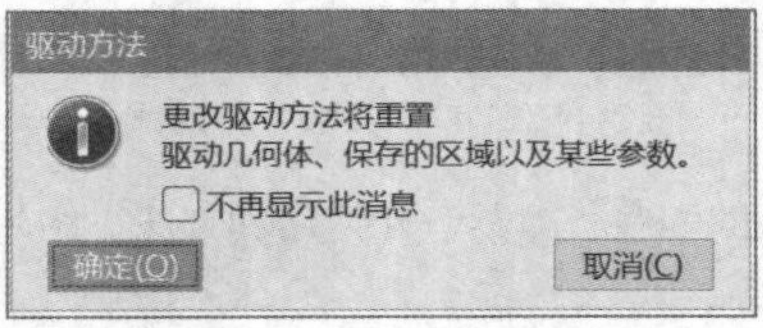

图 8-47　驱动方法提示

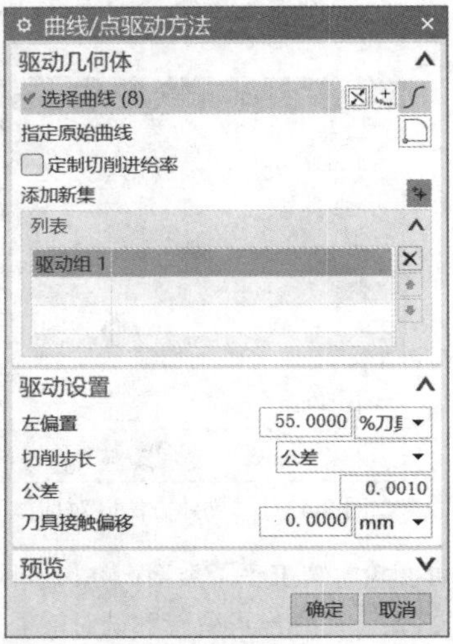

图 8-48　“曲线/点驱动方法”对话框

图 8-49　选择驱动曲线

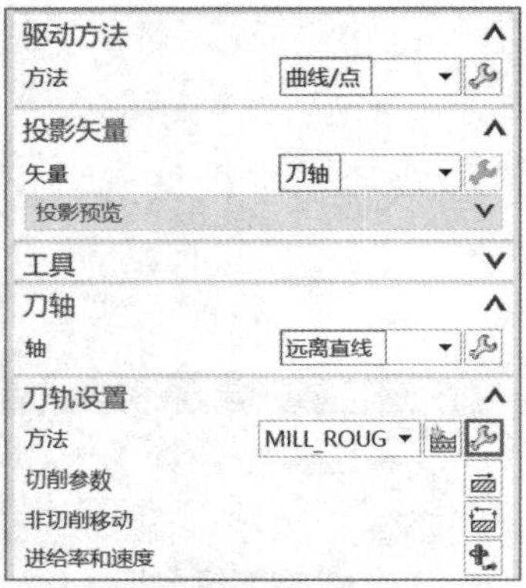

图 8-50　可变轮廓铣对话框（部分）

- 单击轴编辑按钮，弹出“远离直线”对话框，如图 8-51 所示；在图中指定矢量（轴线）和点(0,0,0)，结果如图 8-52 所示。

图 8-51　“远离直线”对话框

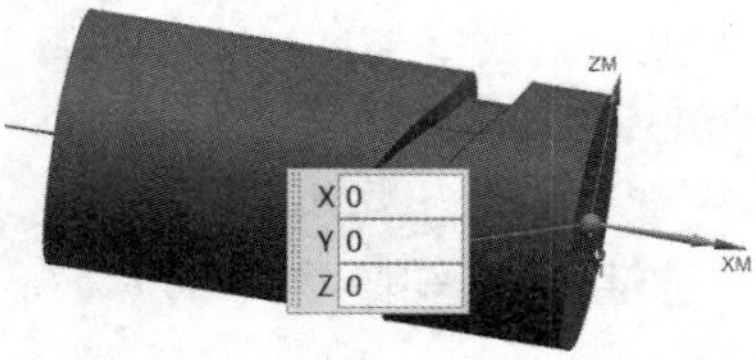

图 8-52　指定矢量与点

⑤ 设置切削参数。

- 单击切削参数按钮，弹出“切削参数”对话框。
- 切削参数设置结果如图 8-53 所示（余量在创建加工方法时已设置）。

⑥ 设置非切削移动。

- 单击非切削移动按钮，弹出“非切削移动”对话框。
- 非切削移动设置结果如图 8-54 所示。

图 8-53　“切削参数”对话框

图 8-54　“非切削移动”对话框

⑦ 确定进给率和主轴转速。

- 单击进给率和速度按钮，弹出“进给率和速度”对话框。
- 勾选“主轴速度”复选框，输入主轴速度“3000”，设置结果如图 8-55 所示（切削进给率在创建加工方法时已设置）。

⑧ 生成刀轨。

- 可变轮廓铣对话框设置结果如图 8-56 所示。

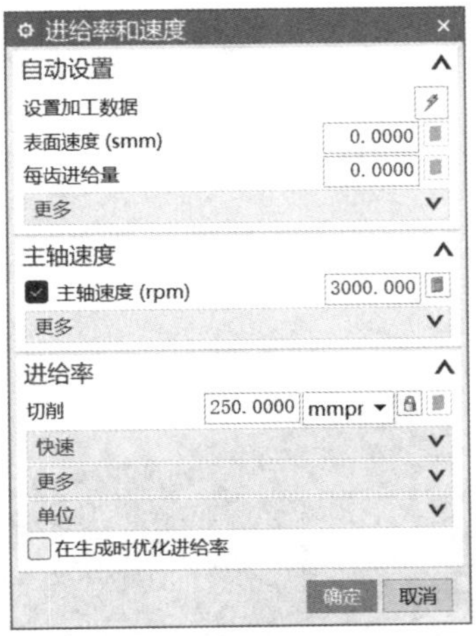

图 8-55　“进给率和速度”对话框

图 8-56　可变轮廓铣对话框设置结果

- 在“可变轮廓铣”对话框操作区单击生成按钮，生成刀轨，结果如图 8-57 所示。

图 8-57　粗铣槽左侧刀轨

⑨ 仿真加工。

- 单击操作区确认按钮，弹出“刀轨可视化”对话框，如图 8-58 所示。
- 选择 3D 动态，调整动画速度，单击播放按钮，仿真加工开始，结果如图 8-59 所示。

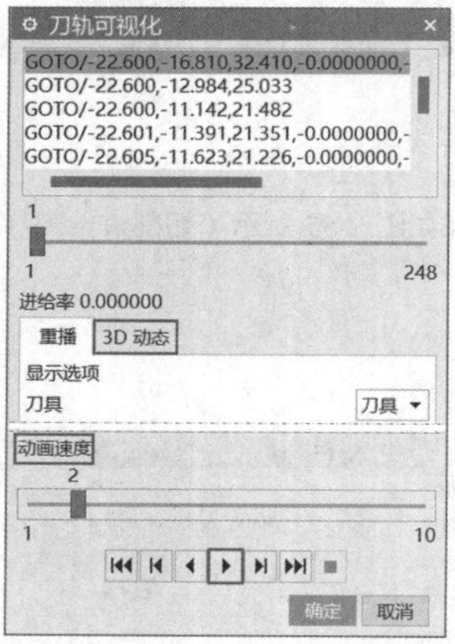

图 8-58　“刀轨可视化”对话框

图 8-59　粗铣槽左侧结果

（4）创建工序 2（槽右侧粗加工）

创建方法同工序 1，修改以下几点。

- “创建工序”对话框中“名称”为“MILL_ROUGH_R”，如图 8-60 所示。
- “曲线/点驱动方法”对话框中驱动曲线如图 8-61 所示（注意箭头方向）。

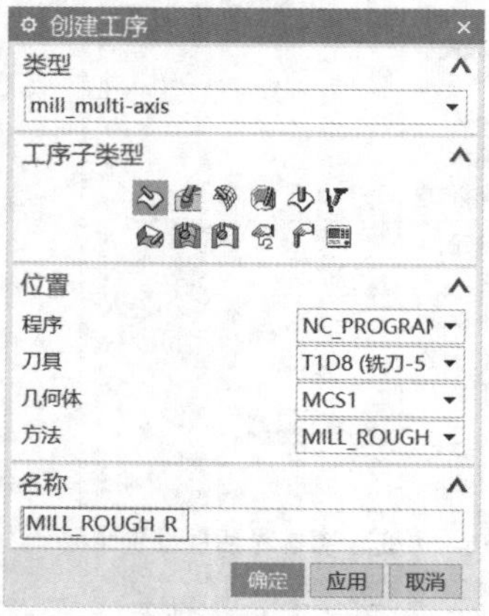

图 8-60　“创建工序”对话框

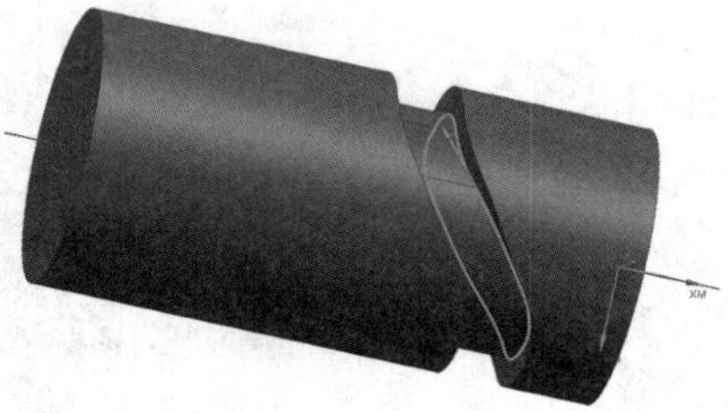

图 8-61　工序 2 驱动曲线

- 仿真加工结果如图 8-62 所示。

图 8-62　工序 1 与工序 2 仿真加工结果

也可以复制工序 1 方法创建工序 2，步骤如下。

- 选择程序顺序视图，如图 8-63 所示。
- 右击工序 1，在弹出的快捷菜单中选择【复制】。
- 右击工序 1，在弹出的快捷菜单中选择【粘贴】，结果如图 8-64 所示。

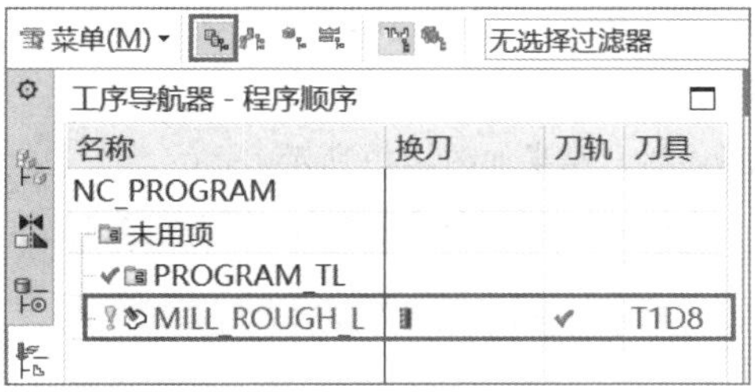

图 8-63　程序顺序视图

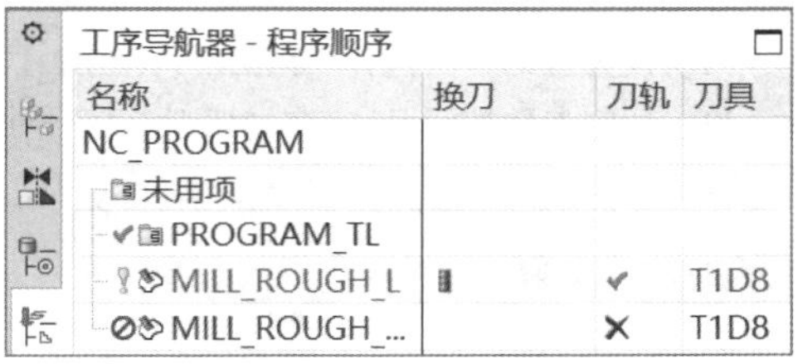

图 8-64　复制工序 1 结果

- 右击工序 2，在弹出的快捷菜单中选择【重命名】选项，重命名工序 2 为“MILL_ROUGH_R”。
- 双击工序 2 重新生成按钮，弹出“可变轮廓铣”对话框。
- 单击驱动方法编辑按钮，弹出“曲线/点驱动方法”对话框，如图 8-65 所示；删除驱动组 1，重新选择驱动曲线，结果如图 8-66 所示。

图 8-65　“曲线/点驱动方法”对话框

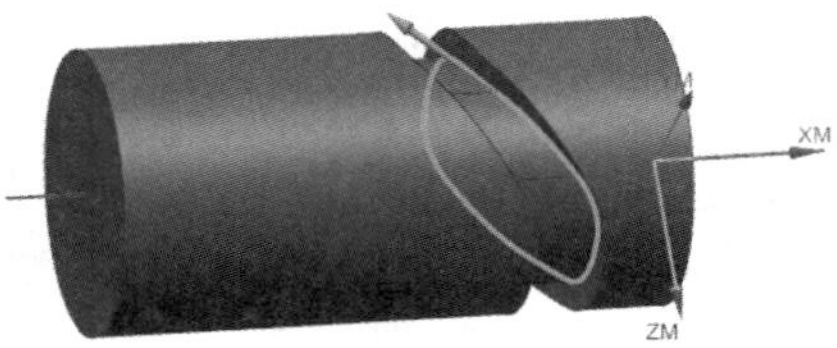

图 8-66　工序 2 驱动曲线

- 单击操作区生成按钮、确认按钮，完成工序 2 创建。

（5）创建工序 3（槽右侧精加工）

- 复制工序 2，将其重命名为“MILL_FINISH_R”，如图 8-67 所示。
- 双击工序 3 重新生成按钮，弹出“可变轮廓铣”对话框。

- 单击驱动方法编辑按钮，弹出“曲线/点驱动方法”对话框，驱动设置的左偏置值改为50%，如图8-68所示。

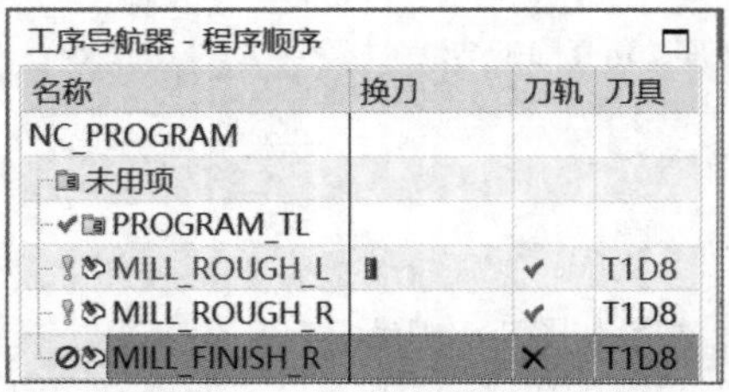

图8-67　重命名工序3

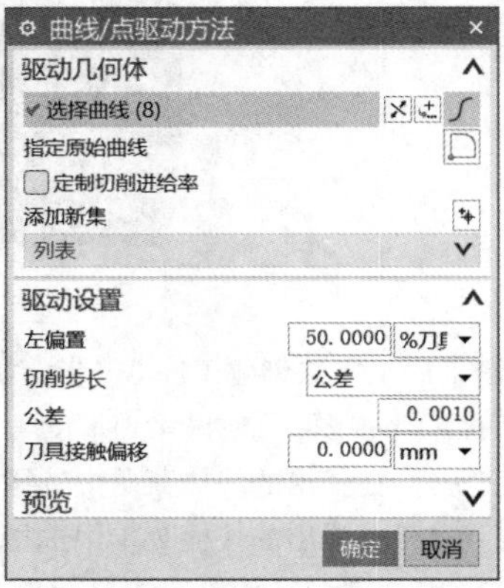

图8-68　设置工序3驱动曲线

- 刀轨设置区的方法选择“MILL_FINISH_1”，如图8-69所示。
- 单击切削参数按钮，在“切削参数”对话框中修改参数，结果如图8-70所示。

图8-69　工序3“可变轮廓铣”对话框

图8-70　工序3“切削参数”

- 单击生成按钮、确认按钮，完成工序3创建。
- 仿真加工结果如图8-71所示。

图 8-71　工序 1～工序 3 仿真加工结果

（6）创建工序 4（槽左侧精加工）

- 复制工序 3，将其重命名为“MILL_FINISH_L”。
- 双击工序 4 重新生成按钮，弹出“可变轮廓铣”对话框。
- 单击驱动方法编辑按钮，弹出“曲线/点驱动方法”对话框，删除驱动组 1，重新选择驱动曲线，结果如图 8-72 所示。
- 单击操作区生成按钮、确认按钮，完成工序 4 创建。
- 圆柱凸轮槽仿真加工结果如图 8-73 所示。

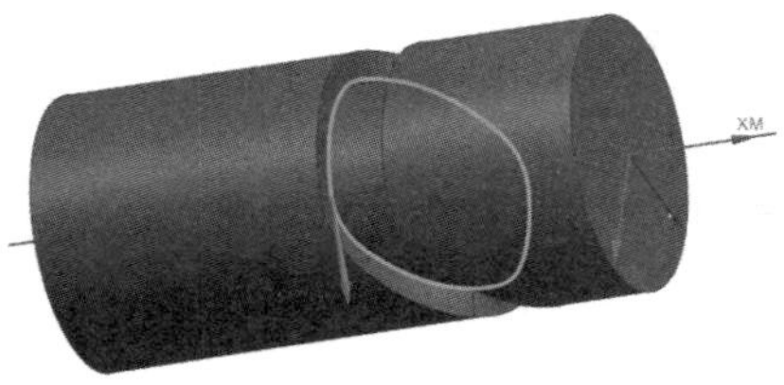

图 8-72　工序 4 驱动曲线

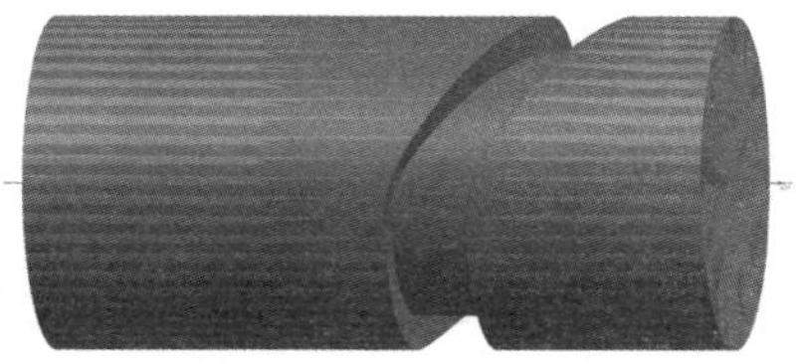

图 8-73　圆柱凸轮槽仿真加工结果

（7）后处理

- 在“工序导航器-程序顺序”框中选中程序“PROGRAM_TL”，如图 8-74 所示。
- 单击鼠标右键，在快捷菜单中选择【后处理】（或单击【后处理】工具图标，如图 8-75 所示），打开“后处理”对话框，如图 8-76 所示。

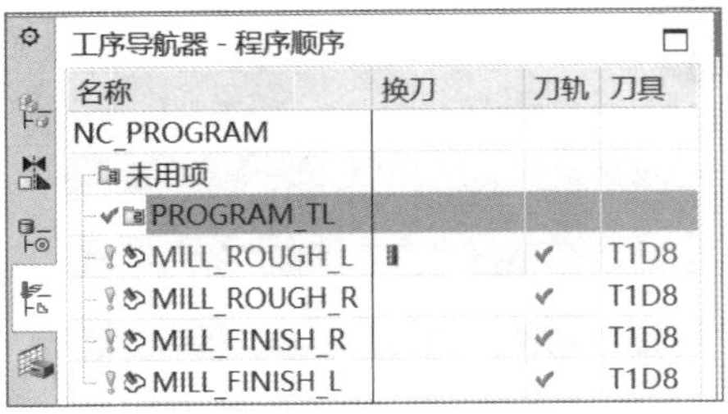

图 8-74　后处理程序顺序视图

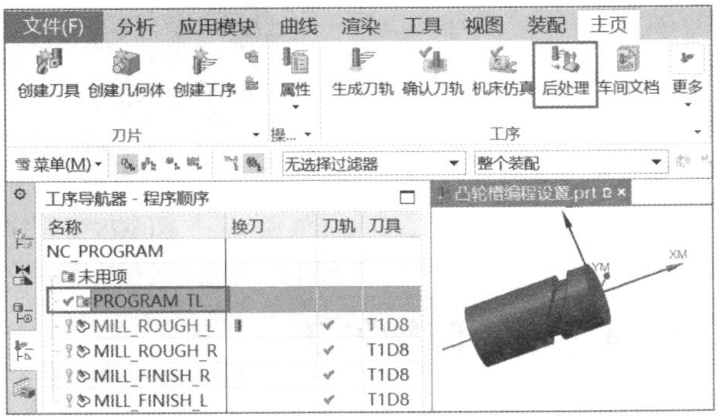

图 8-75　用工具图标后处理

- 在后处理器列表中选择“MILL_4_AXIS”，完成设置，【确定】后系统在弹出的“信息”窗口中生成被选中工序的程序，如图 8-77 所示。

（8）保存文件

选择主菜单中的【文件】→【保存】命令，保存文件。

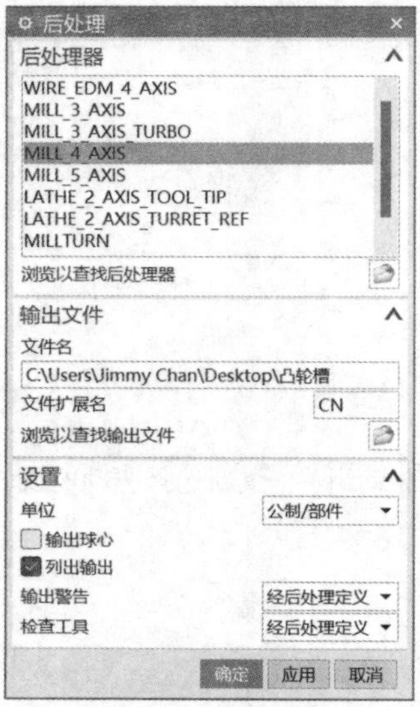

图 8-76　“后处理”对话框

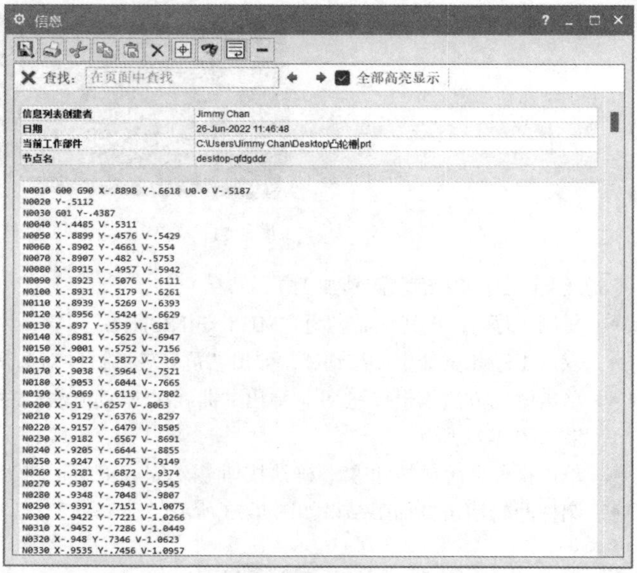

图 8-77　“信息”窗口

8.1.5　思考训练

1. 试讨论平面上铣槽与圆柱面上铣槽的异同。
2. 实施本任务时如何设置参数实现槽深度方向加工？如何控制槽宽精度？
3. 如图 8-78 所示，仿真加工圆柱凸轮槽，毛坯尺寸为 $\phi100\times100$。

图 8-78　思考训练 3

任务 8.2　叶轮加工

叶轮加工是经典的五轴加工案例，叶片之间流道相当于槽，叶片、轮毂均为曲面，流道加工空间小，叶片薄，加工易变形，用四轴机床加工难以满足加工精度要求，推荐使用五轴机床加工。

8.2.1　任务目标

（1）按加工的对象特征，能选择合适的驱动体、投影矢量和刀轴控制。
（2）掌握曲面驱动基本编程方法，并能在设置刀轴中确定最佳朝向点坐标。

（3）能独立思考，培养空间想象力。

8.2.2 任务内容

如图 8-79 所示，自动编程并仿真加工叶轮。已知叶轮底盘直径为ϕ120、高为 45，叶根圆角 R2，毛坯已车削成形。

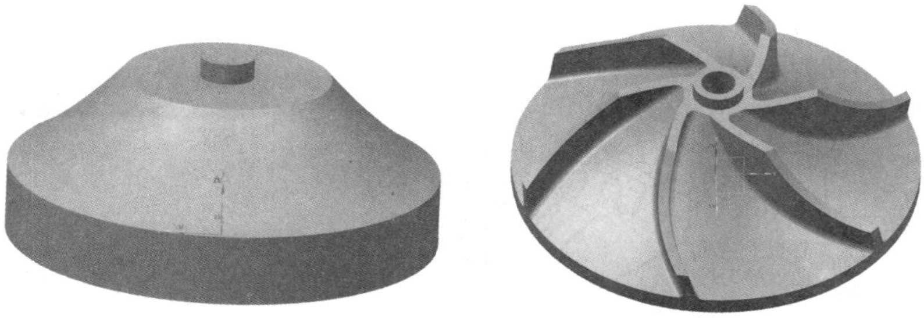

图 8-79 任务 8.2

8.2.3 相关知识

1．可变轮廓铣

可变轴曲面轮廓铣，简称可变轮廓铣，是多轴铣（mill_multi-axis）加工类型（模板）中常见的工序子类型，如图 8-80 所示。复杂曲面的加工常采用可变轮廓铣子工序，创建此工序通常需要定义合适的驱动方法、投影矢量和刀轴，以生成合适的刀轨。其中驱动方法是关键，确定了驱动方法，就决定了可以选用的投影矢量和刀轴。

2．刀位点生成机理

刀轨生成方法较多，如截面法、投影法和等残余高度法等。根据加工曲面，指定合适的刀轨生成方法，选取合适的步距、残留高度和公差等参数，先生成接触点（CC）曲线，然后由 CC 按刀具偏置计算方法生成刀位点曲线，即刀轨曲线。

可变轮廓铣中，系统将在所选驱动曲面上创建一个驱动点阵列，然后将此阵列沿设定的投影矢量投影到部件表面上，刀具定位到部件表面上的接触点（CC），再由 CC 生成刀位点曲线，因此，刀轨是按刀尖处的输出刀位点（CL）创建的，如图 8-81 所示。

图 8-80 可变轮廓铣工序

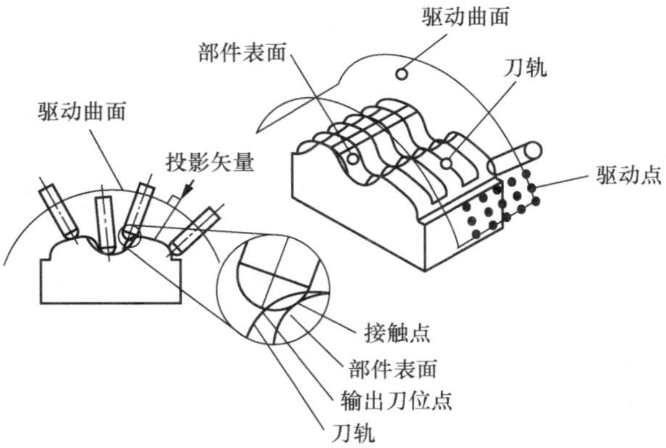

图 8-81 曲面驱动可变轮廓铣

3．驱动方法

驱动方法是产生刀轨的载体，按定义的切削方法在驱动体上产生驱动点，驱动点沿投影矢量投影到部件表面，结合刀轴控制方式，生成刀轨。

复杂曲面创建工序时需要选择合适的驱动方法和刀轴矢量，否则生成的刀轨会紊乱，甚至会发生干涉，而且会产生大量多余刀轴运动，降低加工效率，如图 8-82 所示。

在 UG NX 12.0 中，可变轮廓铣中常见的驱动方法如图 8-83 所示，具体含义如下。

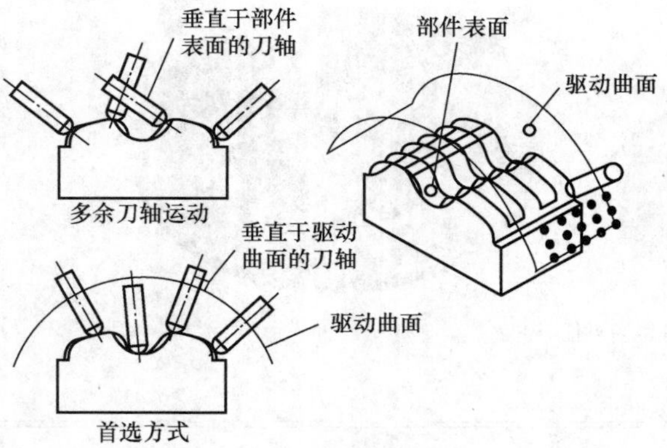

图 8-82　不同的刀轴控制方式

图 8-83　常见的驱动方法

（1）曲线/点驱动：通过指定点和曲线定义驱动几何体。指定点时，沿指定点之间的线段生成驱动点；指定曲线时，沿选定曲线生成驱动点。曲线/点驱动方法常用于曲面上雕刻图案。

（2）螺旋驱动：通过设置渐开线定义驱动几何体。从渐开线中心点沿渐开线生成驱动点，驱动点沿着投影矢量（垂直于渐开线平面）投影到部件表面上，得到光顺、逐步的向外驱动轨迹。螺旋驱动方法一般用于圆形区域的曲面加工，主要用于高速切削。

（3）边界驱动：通过指定部件边界或空间范围定义切削区域，根据边界及其圈定的区域范围，按照驱动设置产生驱动点，沿投影矢量投影到部件表面，定义刀具接触点，生成刀轨。这种驱动方法类似于曲面区域驱动方法，但是不能控制刀轴或相对于驱动曲面的投影矢量，不能用于复杂曲面的多轴加工。

（4）引导曲线驱动：通过选取或作简单引导线产生精加工刀轨，该线起引导作用，也称为逼近线，可以采用一组或两组线。此驱动方法刀轨均匀分布，刀轨纹路与形体截面轮廓线一致，残留余量均匀，精加工表面质量好，加工精度高。该驱动方法多用于加工截面轮廓线为圆形、长方形的等高面和非规则的弯管类零件。

（5）曲面区域驱动：通过指定或创建曲面定义驱动几何体。在驱动方法中指定切削区域、切削方向、材料侧矢量等，产生阵列驱动点，沿投影矢量投影到部件表面，定义刀具接触点，生成刀轨。这种驱动方法适合加工波形面，常用于复杂曲面的加工。

（6）流线驱动：以指定的流线与交叉曲线为驱动体，以其参数线来产生驱动点，沿投影矢量投影到部件表面，定义刀具接触点，生成刀轨。流线驱动可以在复杂曲面上生成相对均匀分布的刀轨，相对于曲面区域驱动，其有更强的灵活性，可以用曲线、边界定义驱动体，也可以指定切削区域，并自动以指定的切削区域边缘与交叉曲线作为驱动体。

（7）刀轨驱动：指定原有的刀轨为驱动体，沿刀轨定义驱动点，沿投影矢量投影到部件表面，定义刀具接触点，生成刀轨。原有的刀轨由刀位源文件（CLSF 文件）提供，用于创建类似的曲面轮廓铣刀轨。

（8）径向切削驱动：可以生成沿给定边界并垂直于给定边界向两侧扩展的驱动轨迹，用于创建沿一个边界向单边或双边放射的刀轨。通过指定的步距、带宽和切削类型等参数，可生成不同的驱动轨迹，其特别适用于等宽的环形区域的清角加工。

（9）外形轮廓铣驱动：可以生成使用刀侧刃来加工壁的驱动轨迹，用于创建侧刃始终与选定的壁相切、端刃与底面接触的刀轨，以加工型腔的壁或由底面和壁限定的区域，最适合用于加工倾斜壁的腔。该驱动方法需要定义切削起点、终点等参数。

（10）用户定义驱动：用户通过定义驱动体来创建驱动轨迹。

4．投影矢量

投影矢量是用来确定驱动点从驱动体投影到部件加工表面的方式，同时投影矢量的方向决定刀具要接触的部件表面侧（刀具总是沿投影矢量方向逼近部件表面）。通过投影矢量把驱动刀路投影到部件表面，再结合刀轴控制方式生成刀轨，如图 8-84 所示。投影矢量与刀轴控制直接影响零件的加工质量与加工效率，投影矢量的选择与驱动方法有关，驱动方法不同，可用的投影矢量也不同。

在 UG NX 12.0 中，可变轮廓铣中常见的投影矢量如图 8-85 所示，具体含义如下。

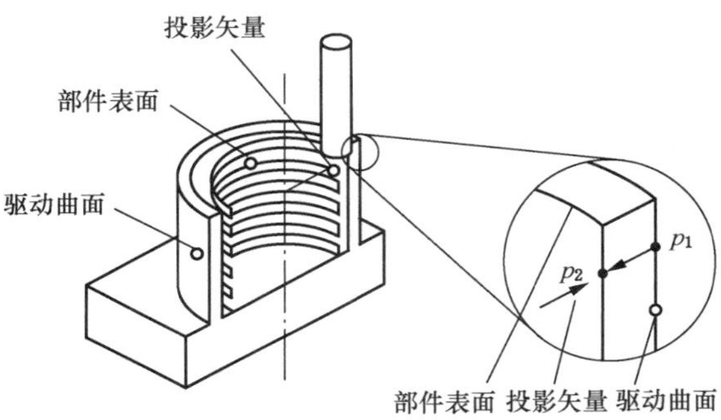

图 8-84　投影矢量原理

图 8-85　常见的投影矢量

（1）指定矢量：驱动刀路沿指定的矢量方向投影到部件表面。

（2）刀轴：定义的投影矢量与刀轴方向一致。

（3）刀轴向上：定义的投影矢量与刀轴方向一致，主要加工朝下的面。

（4）远离点：投影矢量以某点（“光源”）的发散式将驱动刀路投影到部件表面，该点位于部件加工面异侧，可放大刀路；主要用于工件外表面多轴加工。

（5）朝向点：投影矢量以聚焦式将驱动刀路投影到部件表面，再聚焦于某点，该点位于部件加工面同侧，可缩小刀路；主要用于工件内表面多轴加工。

（6）远离直线：驱动刀路以远离某直线的方向投影到部件表面；主要用于工件外凸表面四轴加工。

（7）朝向直线：驱动刀路以朝向某直线的方向投影到部件表面；主要用于工件内凹表面四轴加工。

（8）垂直于驱动体：定义的投影矢量为 “驱动曲面”的法向，投影从无限远处开始（“光源”在无限远处）。

（9）朝向驱动体：定义的投影矢量为“驱动曲面”的法向，但驱动体位于部件内；主要用于铣削零件型腔（“光源”在驱动体内，可放大刀路）。

5．刀轴控制

刀轴即刀轴线，刀轴控制是指加工时控制刀具相对工件的位置与姿态，以避免刀具与工件发生干涉、碰撞，提高切削效率与加工质量。刀轴控制采用刀轴矢量进行，刀轴矢量是立铣刀的刀位点沿轴线指向刀柄的方向（矢量）。

刀轴分为固定刀轴和可变刀轴。固定刀轴指在加工过程中刀轴线（刀轴矢量）保持与指定矢量平行，常见的如三轴数控铣削加工、五轴机床的 3+2 方式定轴加工；可变刀轴指在加工过程中刀轴线（刀轴矢量）沿刀轨移动时不断改变方向，多轴联动加工时通常采用这种方式。

在 UG NX 12.0 中，可变轴加工常见的刀轴控制方式如图 8-86 所示，具体含义如下。

（1）远离点：以“发散点”控制刀轴，刀轴矢量反向聚焦于一点，该点位于刀具和零件加工表面的另一侧。

（2）朝向点：以“聚焦点”控制刀轴，刀轴矢量方向聚焦于一点，该点位于刀具和零件加工表面的同一侧。

（3）远离直线：通过定义一条“离散直线”控制刀轴，刀轴线“沿”这条线移动，刀具矢量反向汇聚于该直线，同时与这条线保持垂直，该线位于刀具和零件加工表面的另一侧。

（4）朝向直线：通过定义一条“聚焦直线”控制刀轴，刀轴线“沿”这条线移动，刀具矢量方向汇聚于该直线，同时与这条线保持垂直，该线位于刀具和零件加工表面的同一侧。

（5）相对于矢量：通过指定矢量控制刀轴，刀轴矢量始终与指定的矢量保持一定的前倾角和侧倾角。

（6）垂直于部件：刀轴矢量在每个接触点均垂直于零件的加工面。

（7）相对于部件：通过定义前倾角和侧倾角控制刀轴，刀具矢量相对零件加工表面的法向矢量始终保持一定的前倾角和侧倾角。

（8）4 轴，垂直于部件：通过指定旋转轴（即第 4 轴）及其旋转角度来定义刀轴矢量。刀具先从零件的表面法向投影到旋转轴的法向平面，然后基于刀具运动方向朝前或朝后倾斜一个旋转角度。

（9）4 轴，相对于部件：通过指定旋转轴及其旋转角度、前倾角与侧倾角定义刀轴矢量。先使刀轴从零件表面法向、基于刀具运动方向倾斜前倾角与侧倾角，然后投影到正确的第 4 轴运动平面，最后旋转一个旋转角度。

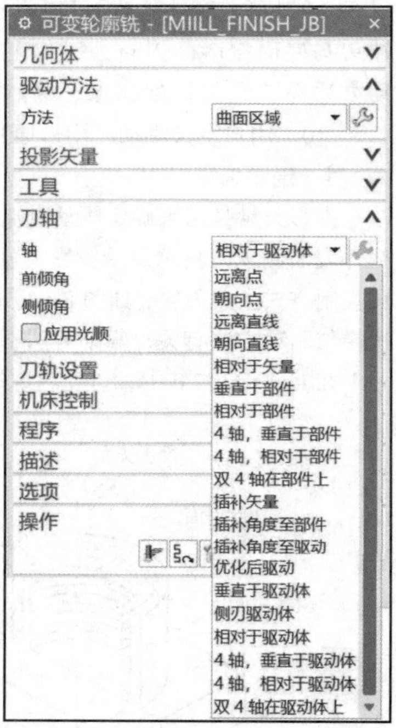

图 8-86　刀轴控制方式

（10）双 4 轴在部件上：通过指定旋转轴及其旋转角度、前倾角与侧倾角定义刀轴矢量。分别在 Zig 方向和 Zag 方向，先使刀轴从零件表面法向、基于刀具运动方向倾斜前倾角与侧倾角，然后投影到正确的第 4 轴运动平面，最后旋转一个旋转角度。该控制方式只能用于 Zig-Zag 切削方法，而且分别对 Zig 方向和 Zag 方向进行切削。

（11）插补矢量：通过在指定点定义矢量来控制刀轴。为了创建光顺刀轴运动，从驱动曲面上的指定位置处定义出任意数量的矢量，然后按所定义的矢量，在驱动体上的任意点处插补刀轴。指定的矢量越多，越容易对刀轴进行控制。

（12）插补矢量至部件：在插补矢量基础上指定前倾角与侧倾角到部件上。

（13）插补矢量至驱动：在插补矢量基础上指定前倾角与侧倾角到驱动体上。

（14）优化后驱动：在每个切触点处，刀具的前倾角与驱动几何体的曲率自动匹配，在凸起区域保持小的前倾角，以便去除更多余料；在下凹区域，自动调整前倾角，确保不过切。

（15）垂直于驱动体：在每个接触点处，创建垂直于驱动曲面的可变刀轴矢量。

（16）相对于驱动体：刀轴矢量相对驱动体保持一定的前倾角和侧倾角；用于非常复杂的部件表面的刀轴控制。

（17）侧刃驱动体：用驱动曲面的直纹线来定义刀轴矢量，这种控制方式刀具侧刃始终与驱动体相切。

（18）4 轴，垂直于驱动体：通过指定旋转轴及其旋转角度定义刀轴矢量。刀轴先从驱动曲面法向旋转到旋转轴的法向平面，然后基于刀具运动方向朝前或朝后倾斜一定角度。

（19）4 轴，相对于驱动体：通过指定旋转轴及其旋转角度、前倾角与侧倾角定义刀轴矢量。先使刀轴从驱动曲面法向、基于刀具运动方向倾斜前倾角与侧倾角，然后投影到正确的第 4 轴运动平面，最后旋转一定角度。

（20）双 4 轴在驱动体上：通过指定旋转轴及其旋转角度、前倾角与侧倾角定义刀轴矢量。分别在 Zig 方向和 Zag 方向，先使刀轴从驱动曲面法向、基于刀具运动方向倾斜前倾角与侧倾角，然后投影到正确的第 4 轴运动平面，最后旋转一定角度。

注意

① 前倾角为刀具沿刀具运动方向朝前或朝后倾斜的角度，侧倾角为刀具相对于刀具路径往外倾斜的角度。

② 垂直于部件（或驱动体）刀轴控制方式为相对于部件（或驱动体）的控制方式的特例（前倾角与侧倾角均为 0°）。

8.2.4 指导实施

1. 叶轮工艺规划与编程思路

（1）工艺规划

车削后叶轮形状如图 8-87 所示，完成上下面和侧面加工，然后用五轴数控机床加工流道。先粗加工流道槽，然后精加工槽侧面（叶背面和叶盆面），再精加工槽底面。因此一个流道加工自动编程应创建 4 个工序，详见表 8-8。

叶轮自动编程（一）

叶轮自动编程（二）

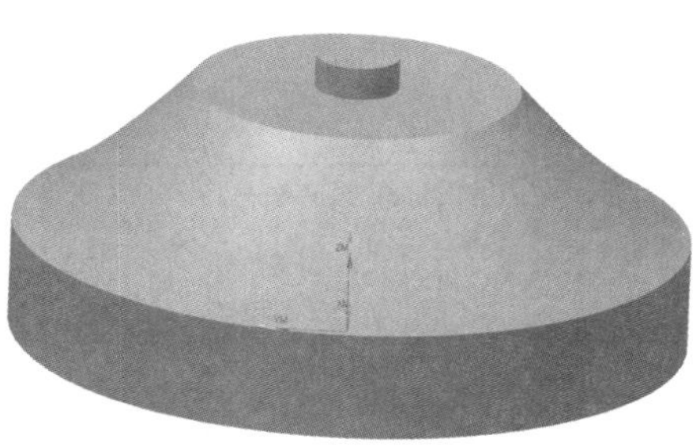

图 8-87 车削成型半成品叶轮

叶轮自动编程（三）

叶轮自动编程（四）

表 8-8 圆柱凸轮流道槽加工方案

工序	加工内容	编程方法	刀具	驱动体	投影矢量	刀轴控制	说明
1	粗铣槽（流道）	可变流线铣	T1B6	曲面	刀轴	朝向点	部件余量偏置值取 16，部件精铣余量取 0.3
2	精铣槽左侧面（叶盆面）	可变轮廓铣	T2B4	曲面	刀轴	朝向点	
3	精铣槽右侧面（叶背面）	可变轮廓铣	T2B4	曲面	刀轴	朝向点	
4	精铣槽底面（轮毂面）	可变流线铣	T2B4	曲面	刀轴	朝向点	

（2）编程思路

创建可变流线铣工序粗加工流道，创建可变轮廓铣工序精加工流道（侧面+底面）；先创建加工一个流道的工序，然后通过工序变换创建其他流道的工序。共创建 4 个程序，程序 1 粗加工流道，程序 2 精加工叶盆面，程序 3 精加工叶背面，程序 4 精加工轮毂面。精加工选用的球头铣刀半径同叶根圆弧半径，避免清根加工。可变流线铣中通过切削参数中的“部件余量偏置”实现流道深度加工。

2. 叶轮编程步骤

（1）打开 3D 模型，进入加工模块。

① 启动 UG NX 软件，打开叶轮模型文件。

② 选择【应用模块】，单击【加工】图标，进入加工应用模块，如图 8-88 所示。

（2）编程设置

① 单击工序导航器图标，打开工序导航器。

② 创建程序。

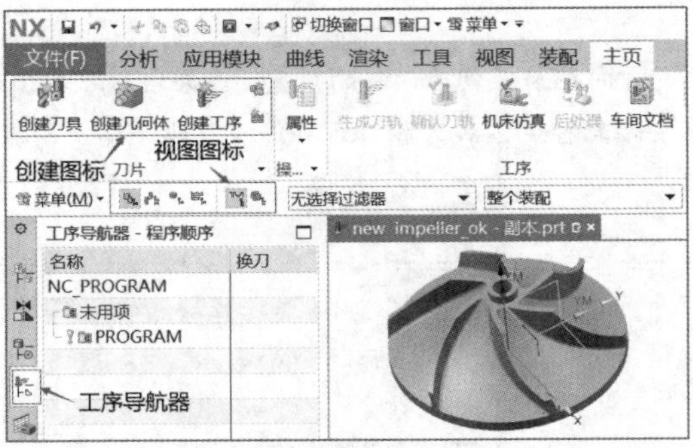

图 8-88　进入加工应用模块

- 单击【创建程序】图标，弹出“创建程序”对话框。
- 按图 8-89 完成设置，【确定】后完成程序 001 创建。
- 重复上述步骤，完成程序 002、程序 003 和程序 004 创建，结果如图 8-90 所示。

图 8-89　“创建程序”对话框

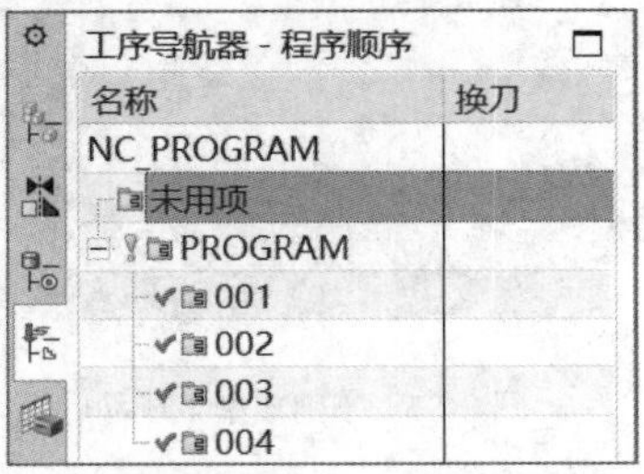

图 8-90　完成程序 001～程序 004 创建

③ 创建几何体。

- 单击【创建几何体】图标，弹出“创建几何体”对话框，完成设置后结果如图 8-91 所示。
- 【确定】后弹出“MCS”对话框，如图 8-92 所示；采用动态方式，在图中移动工件坐标系设定 MCS（Z 轴在轴线上，原点为顶面中心），结果如图 8-93 所示。

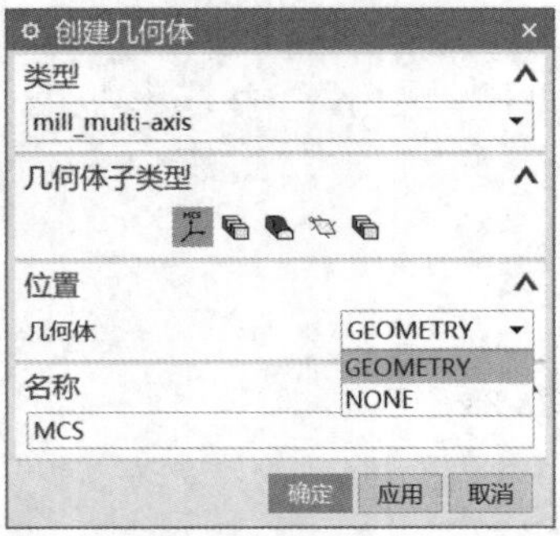

图 8-91　“创建几何体”对话框

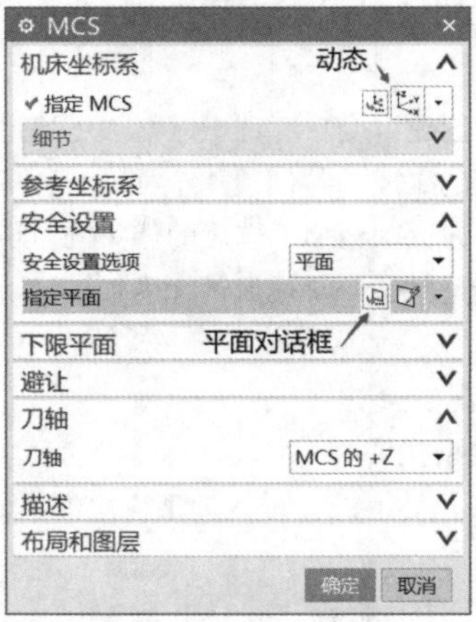

图 8-92　“MCS”对话框

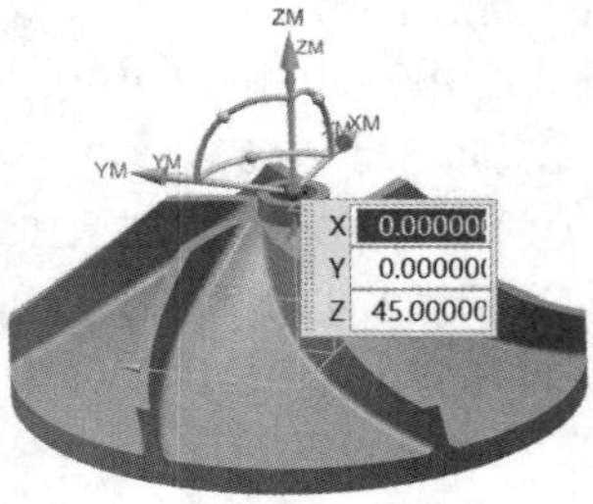

图 8-93　创建 MCS 坐标系

- 在安全设置选项下拉列表中选择“平面”，单击指定平面对话框按钮，弹出“平面”对话框，如图 8-94 所示；在图 8-95 中选择叶片顶面，输入偏置距离“30”，【确定】后完成安全平面设置，返回 MCS 对话框，【确定】后完成 MCS 设置。

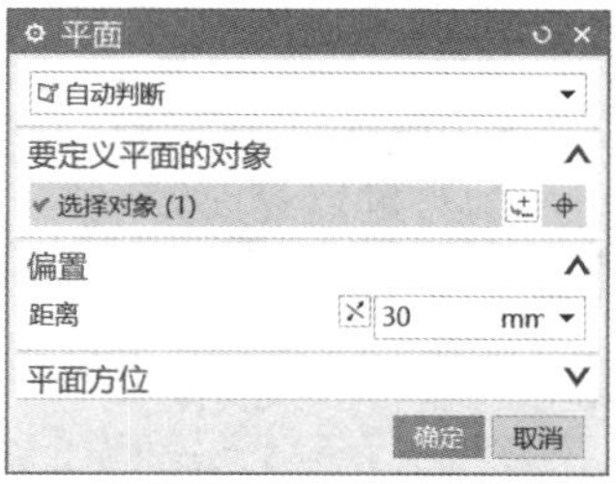

图 8-94 “平面”对话框

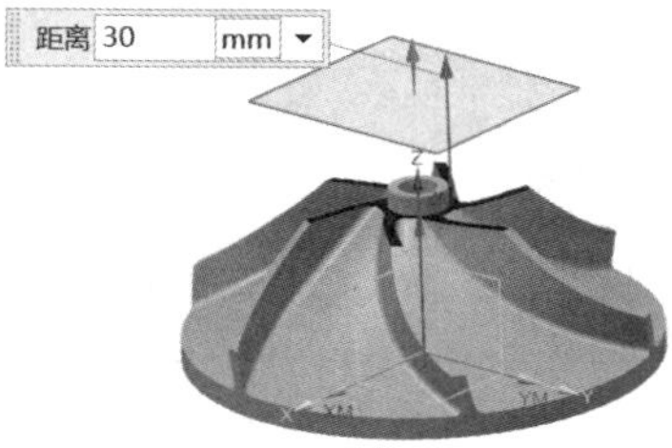

图 8-95 创建安全平面

📖 注意

坐标系动态移动方法为，选中坐标系原点，按住左键滑动鼠标移动坐标系，选中坐标系弧线中点，按住左键滑动鼠标旋转坐标系。

- 单击几何视图图标，弹出“工序导航器-几何”框，如图 8-96 所示。
- 单击 MCS 前的“+”，展开节点，如图 8-97 所示。

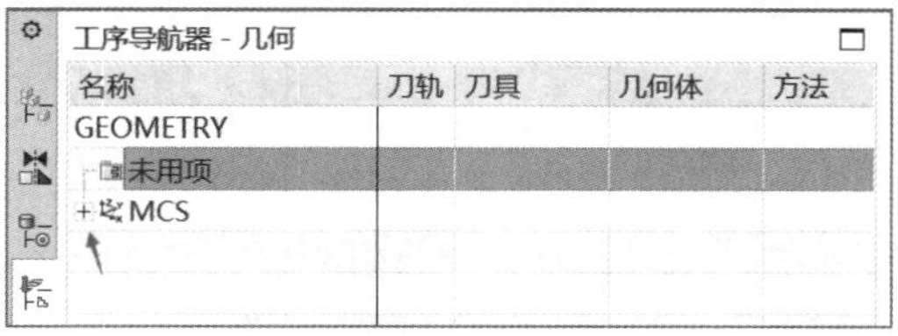

图 8-96 “工序导航器-几何”框

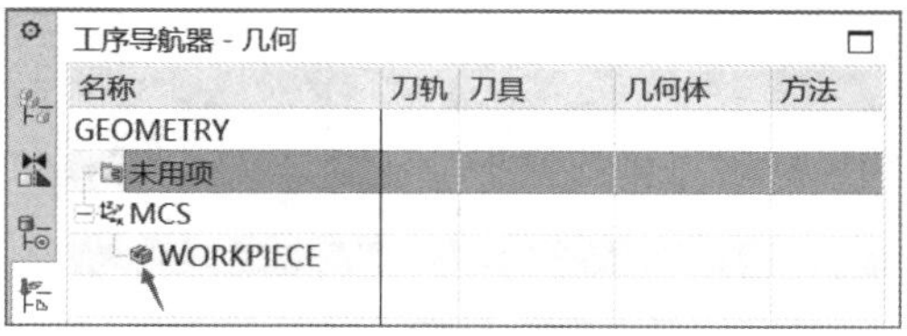

图 8-97 展开 MCS 节点

- 双击工件按钮，弹出“工件”对话框，如图 8-98 所示。
- 单击指定部件按钮，弹出“部件几何体”对话框，如图 8-99 所示；在图中选取整个叶轮，【确定】后返回工件对话框。

图 8-98 “工件”对话框

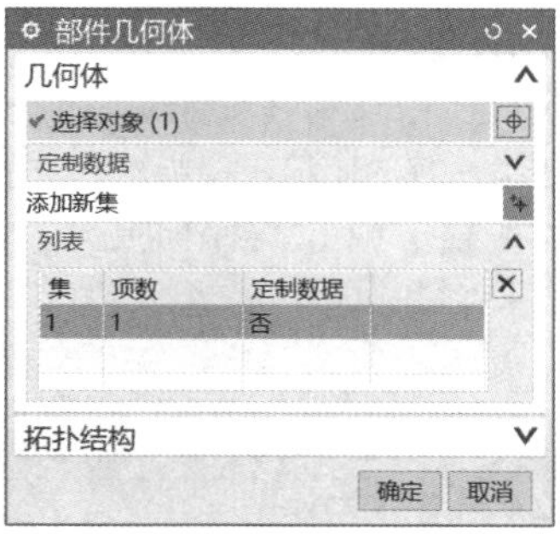

图 8-99 “部件几何体”对话框

📖 注意

选取叶轮时，宜使用快捷菜单【隐藏】毛坯。

- 单击指定毛坯按钮，弹出“毛坯几何体”对话框，如图 8-100 所示；在图中选中毛坯几何体，结果如图 8-101 所示。两次【确定】完成工件放置。

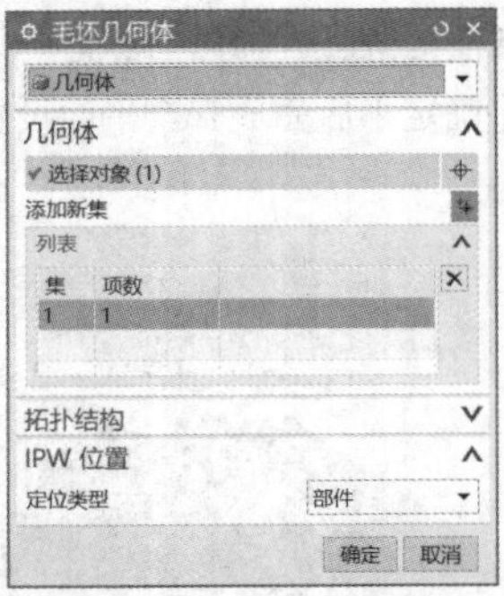

图 8-100 “毛坯几何体”对话框

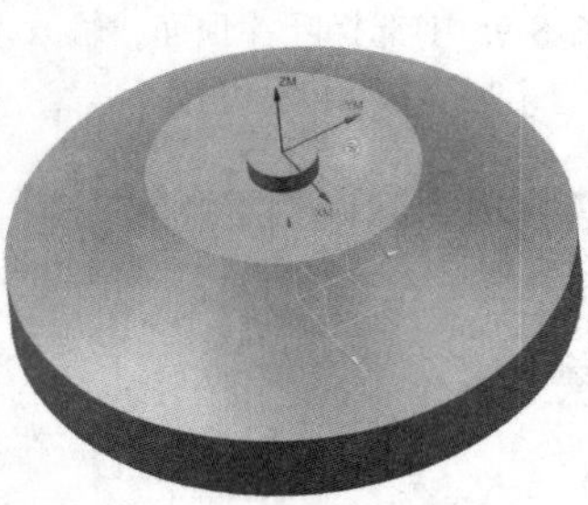
图 8-101 选中毛坯几何体

④ 创建刀具。

- 单击【创建刀具】图标，弹出“创建刀具”对话框，完成设置后结果如图 8-102 所示。
- 【确定】后弹出“铣刀-球头铣”对话框，如图 8-103 所示，输入直径 6，【确定】后完成球头铣刀 T1B6 的创建。

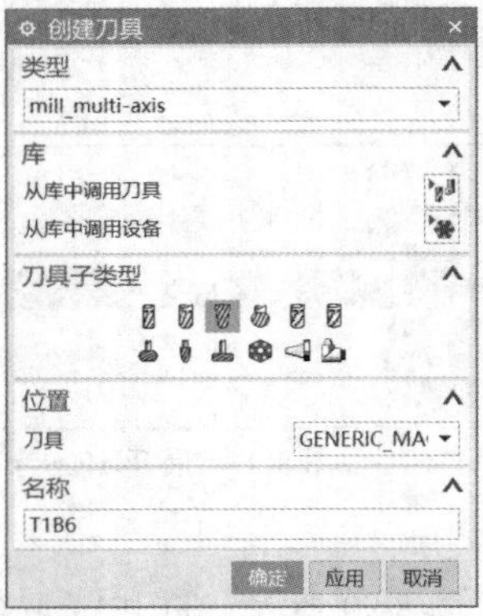

图 8-102 “创建刀具”对话框

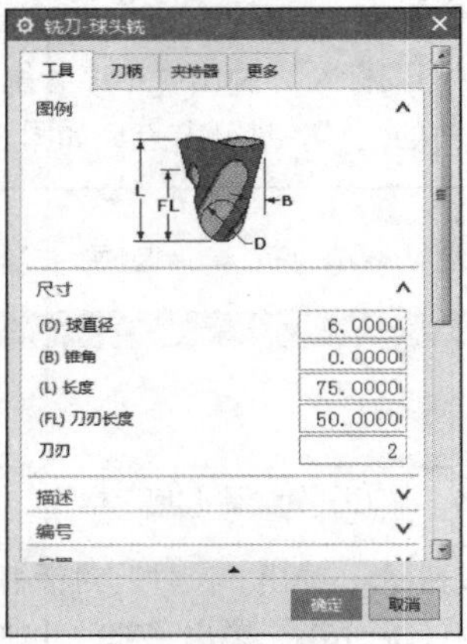

图 8-103 “铣刀-球头铣”对话框

- 重复上述步骤，创建球头铣刀 T2B4。

⑤ 创建加工方法。

通常系统已有粗铣、半精铣和精铣等加工方法，只需修改参数值即可。

- 单击加工方法视图图标，弹出“工序导航器—加工方法”框，如图 8-104 所示。双击 MILL_ROUGH 前面的按钮，弹出“铣削粗加工”对话框，设置部件余量和内、外公差，如图 8-105 所示。

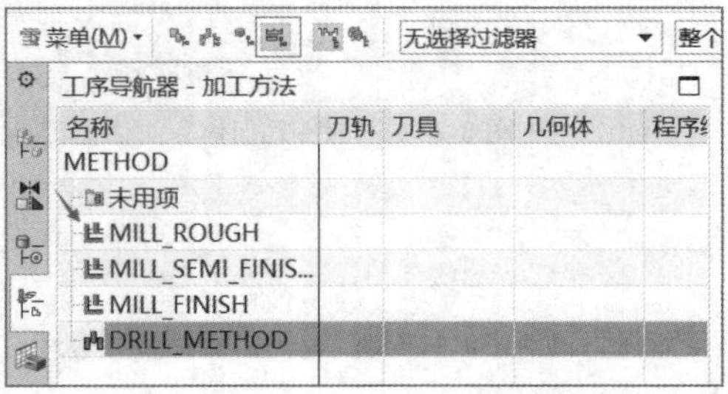

图 8-104 “工序导航器-加工方法”框

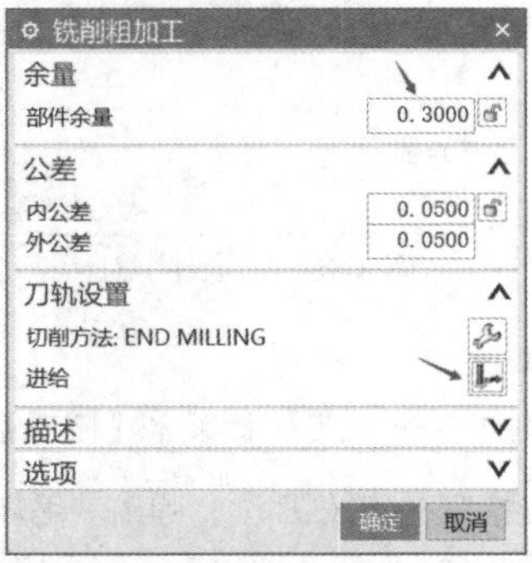

图 8-105 “铣削粗加工”对话框

- 单击进给按钮，弹出“进给”对话框，输入进给率“1000”，如图 8-106 所示；两次【确定】后完成粗铣加工方法设置。
- 同样进行 MILL_FINISH 精铣加工方法设置，结果如图 8-107 所示（进给率为 800mm/min）。

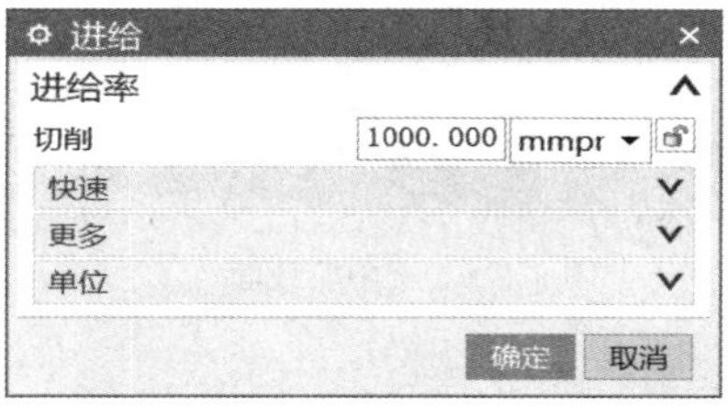

图 8-106　“进给”对话框

图 8-107　“铣削精加工”对话框

（3）创建工序 1（粗铣流道）

① 进入“可变流线铣”对话框。

- 单击创建工序图标，弹出“创建工序”对话框。
- 如图 8-108 所示，选择“mill_multi-axis”（多轴铣）类型、“ ”（可变流线铣）工序子类型，在位置区选取已定义的程序（001）、刀具（T1B6）、几何体（WORKPIECE）和方法（MILL_ROUGH），名称为 MILL_ROUGH_LD。【确定】后弹出可变流线铣对话框，如图 8-109 所示。

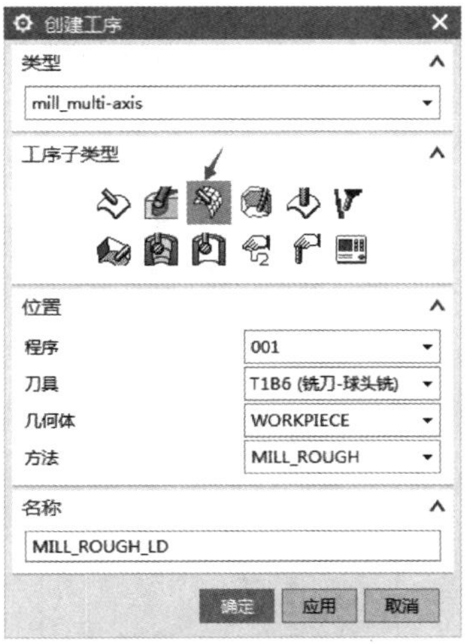

图 8-108　“创建工序”对话框

图 8-109　“可变流线铣”对话框

② 设置切削区域。

- 在几何体区单击指定切削区域按钮，弹出“切削区域”对话框，完成设置后结果如图 8-110 所示。
- 选中流道底面（轮毂面），如图 8-111 所示，【确定】后返回“可变流线铣”对话框。

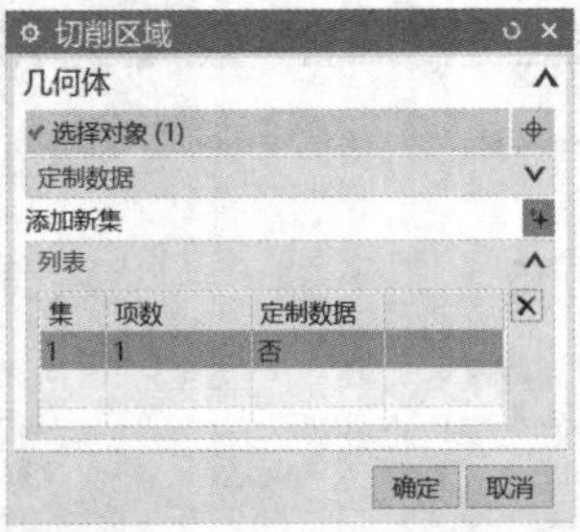

图 8-110 “切削区域”对话框

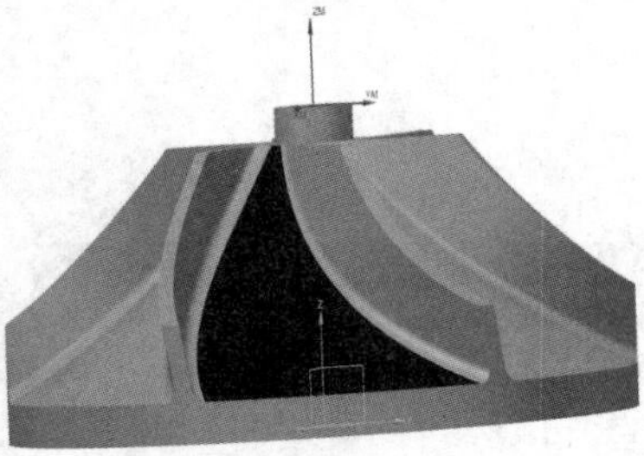

图 8-111 选中轮毂面

③ 设置检查体。

- 单击指定检查按钮，弹出“检查几何体”对话框，如图 8-112 所示。
- 选中叶盆面和叶背面，如图 8-113 所示，【确定】后返回“可变流线铣”对话框。

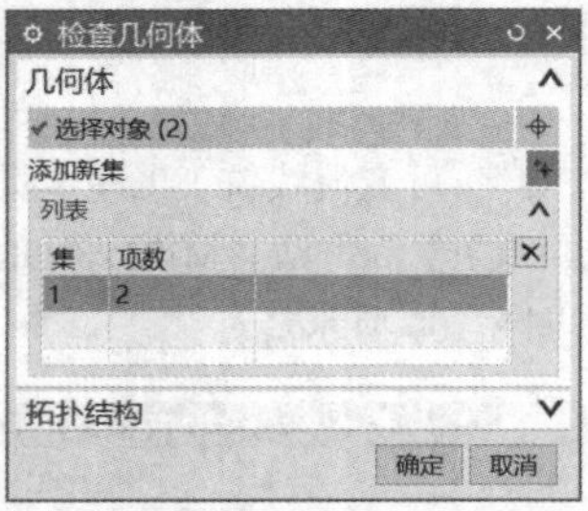

图 8-112 “检查几何体”对话框

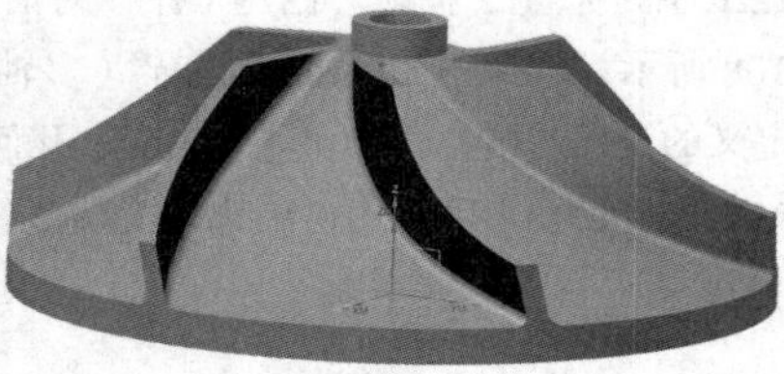

图 8-113 选中叶盆面和叶背面

④ 设置驱动方法。

- 在驱动方法区的方法下拉列表中选择“曲面区域”（如弹出“驱动方法”提示框，【确定】即可）。
- 单击方法编辑按钮，弹出“曲面区域驱动方法”对话框，如图 8-114 所示。
- 单击指定驱动几何体按钮，弹出“驱动几何体”对话框，如图 8-115 所示。在图中选择流道底面（与切削区域选择的轮毂面相同），【确定】后完成驱动几何体设置，返回“曲面区域驱动方法”对话框，如图 8-116 所示。

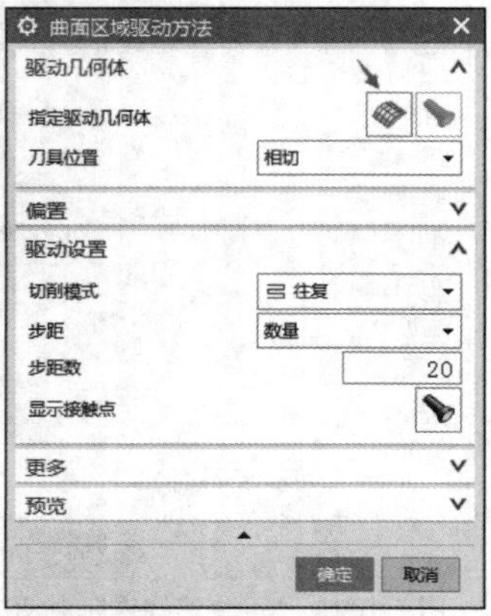

图 8-114 “曲面区域驱动方法”对话框

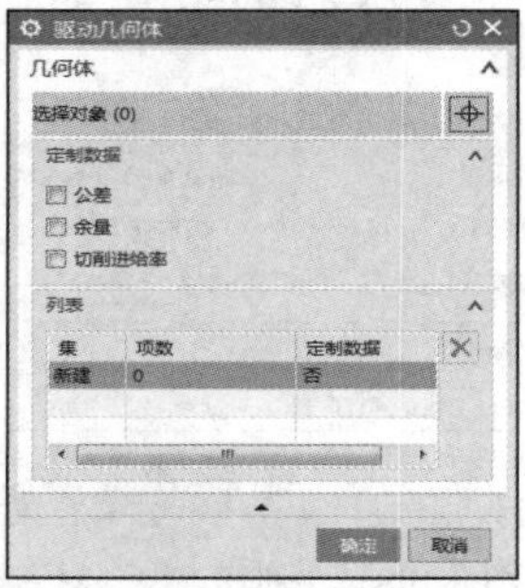

图 8-115 “驱动几何体”对话框

- 单击切削方向按钮，在图中选择切削方向，如图 8-117 所示。

图 8-116　新“曲面区域驱动方法”对话框

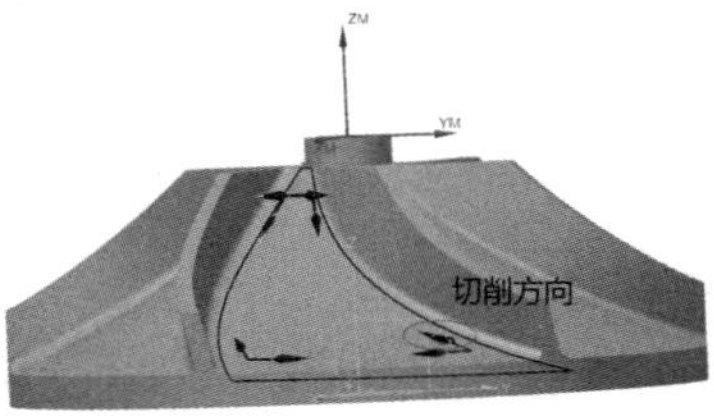

图 8-117　选择切削方向

- 循环单击材料反向按钮，选择图 8-118 所示的材料方向。
- 切削模式选择“往复”，步距选择“数量”，步距数取“20”，【确定】后返回“可变轮廓铣”对话框。

⑤ 设置投影矢量。在投影矢量区的矢量下拉列表中选择“刀轴”。

⑥ 设置刀轴。

- 在刀轴区的“轴”下拉列表中选择“朝向点”。
- 单击点对话框按钮，弹出“点”对话框，如图 8-119 所示。选择参考项为 WCS，在“XC”“YC”“ZC”文本框中分别输入 40、30、200，【确定】后系统返回“可变流线铣”对话框。

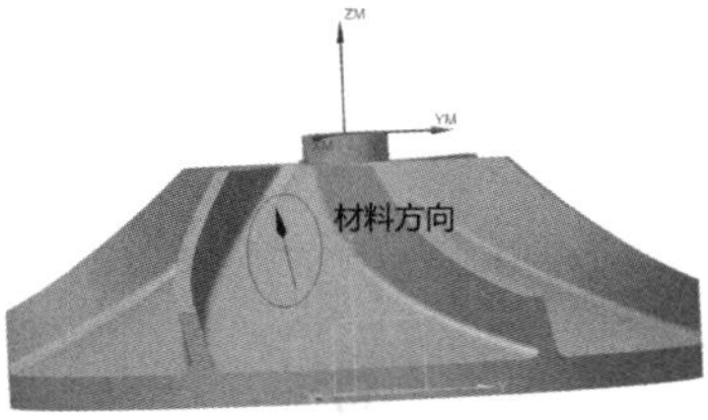

图 8-118　选择材料方向

图 8-119　“点”对话框

⑦ 设置切削参数。

- 在刀轨设置区单击切削参数按钮，弹出“切削参数”对话框。
- “多刀路”选项卡中，部件余量偏置取“15”，勾选“多重深度切削”复选框，步进方法选择“刀路数”，刀路数为“20”，如图 8-120 所示（余量 0.3 在粗加工方法中已设置）。

⑧ 设定进给率和主轴转速。

- 在刀轨设置区单击进给率和速度按钮，弹出“进给率和速度”对话框。

- 勾选“主轴速度”复选框，输入主轴速度“5000”，如图 8-121 所示（切削进给率在加工方法中已设置），【确定】后返回“可变轮廓铣”对话框。

图 8-120 “切削参数”对话框

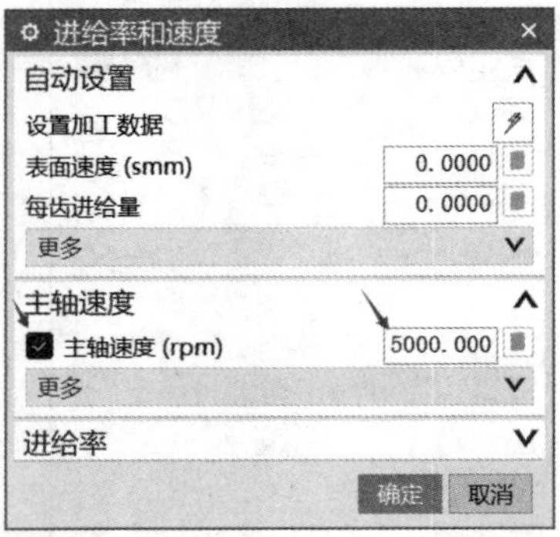

图 8-121 “进给率和速度”对话框

⑨ 生成刀轨。

- “可变流线铣”对话框设置结果如图 8-122 所示。
- 在操作区单击生成按钮，生成刀轨，结果如图 8-123 所示。

⑩ 仿真加工。

- 在操作区单击确认按钮，弹出“刀轨可视化”对话框，如图 8-124 所示。
- 选择“3D 动态”，调整动画速度，单击播放按钮▶，仿真加工开始，结果如图 8-125 所示。

图 8-122 “可变流线铣”对话框

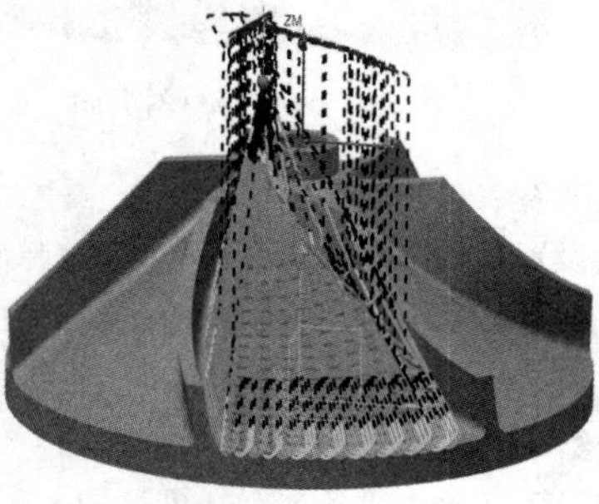
图 8-123 粗铣流道刀轨

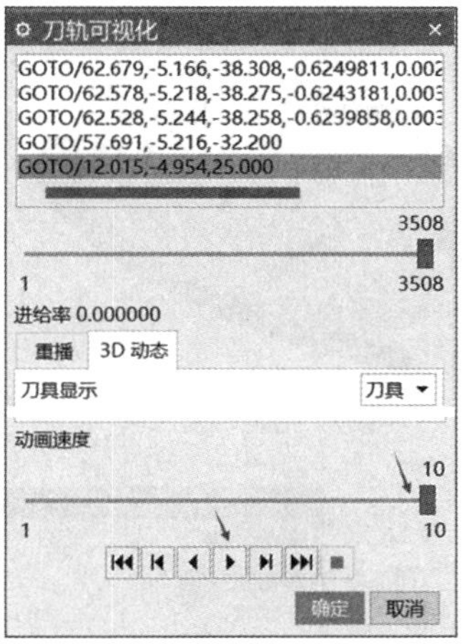

图 8-124 “刀轨可视化”对话框

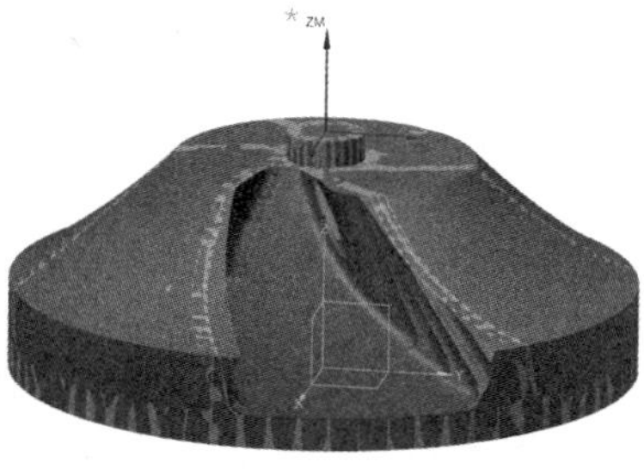

图 8-125 粗铣流道结果

- 两次【确定】后，完成工序 1 的创建。

（4）创建工序 2（精铣叶盆面）

① 进入可变轮廓铣对话框。

- 单击【创建工序】图标，弹出“创建工序”对话框。
- 类型选择“mill_multi-axis”（多轴铣），工序子类型选择“”（可变轮廓铣），在位置区选取已定义的程序（002）、刀具（T2B4）、几何体（WORKPIECE）和方法（MILL_FINISH），名称为 MILL_FINISH_YP，如图 8-126 所示。【确定】后弹出“可变轮廓铣”对话框，如图 8-127 所示。

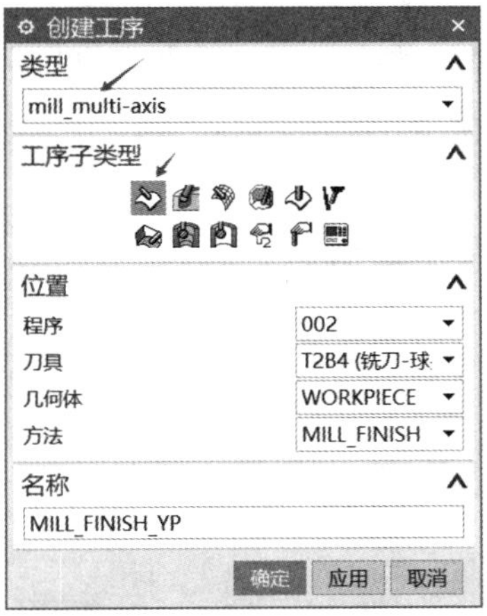

图 8-126 “创建工序”对话框

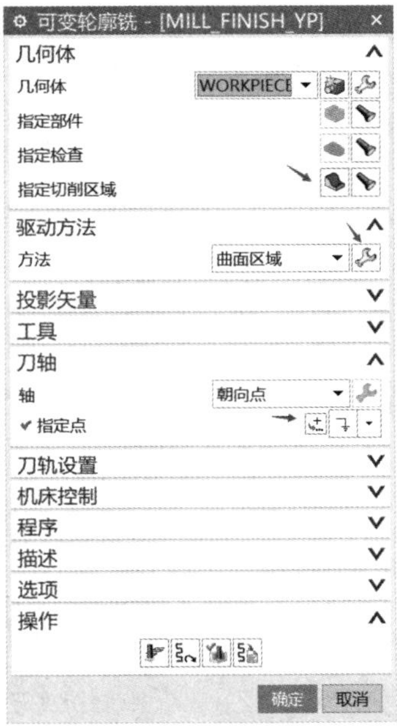

图 8-127 “可变轮廓铣”对话框

② 指定切削区域。

- 在“几何体”区单击指定切削区域按钮，弹出“切削区域”对话框，如图 8-128 所示。
- 在图中选取流道左侧面（叶盆面），如图 8-129 所示，【确定】后返回“可变轮廓铣”对话框。

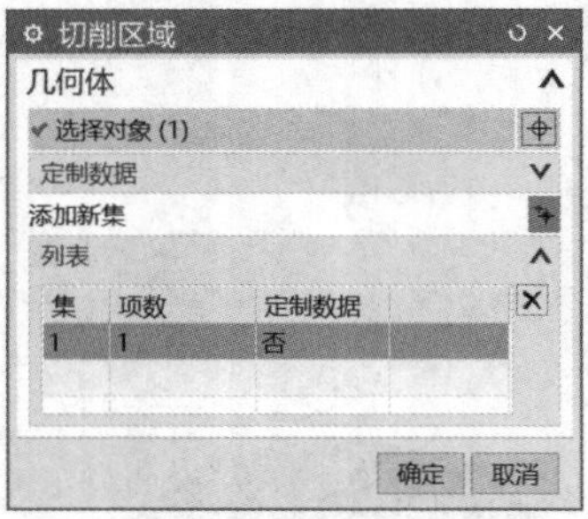

图 8-128 “切削区域”对话框

图 8-129 指定切削区域

③ 设置驱动方法。

- 在“驱动方法”区的“方法”下拉列表中选择“曲面区域”。
- 单击方法编辑按钮，弹出“曲面区域驱动方法”对话框，如图 8-130 所示。
- 单击指定驱动几何体按钮，弹出“驱动几何体”对话框，如图 8-131 所示；在图中选取叶盆面，如图 8-132 所示。【确定】后返回“曲面区域驱动方法”对话框。
- “切削区域”选择“曲面%”（弹出“曲面百分比方法”对话框，如图 8-133 所示，【确定】即可），刀具位置选择“相切”，切削模式选择“往复”，步距选择“数量”，步距数取“20”，如图 8-134 所示。

图 8-130 “曲面区域驱动方法”对话框

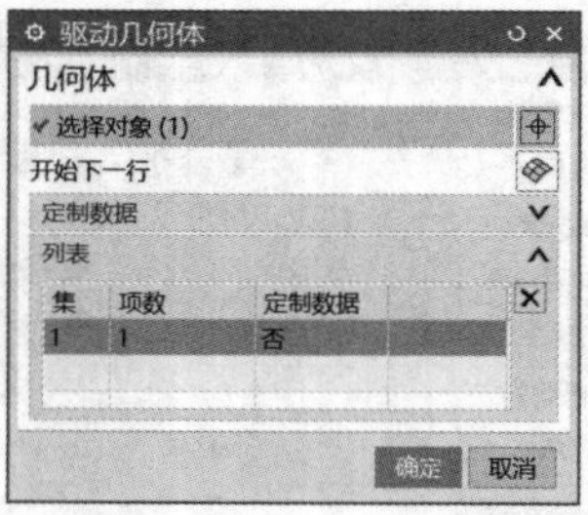

图 8-131 “驱动几何体”对话框

图 8-132 指定驱动几何体

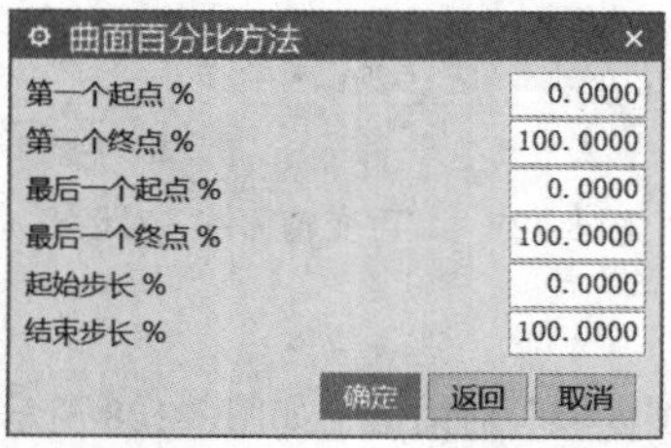

图 8-133 “曲面百分比方法”对话框

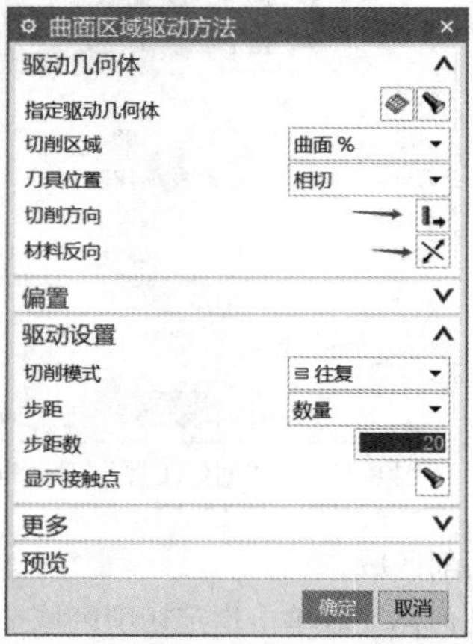

图 8-134 “曲面区域驱动方法”对话框参数设置

- 单击切削方向按钮，在图中选择图 8-135 所示的切削方向。
- 单击材料反向按钮，使箭头指向材料外，如图 8-136 所示。
- 【确定】后返回“可变轮廓铣”对话框。

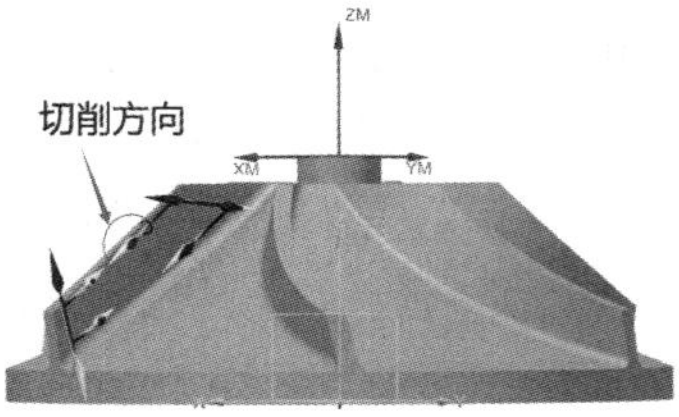

图 8-135　切削方向

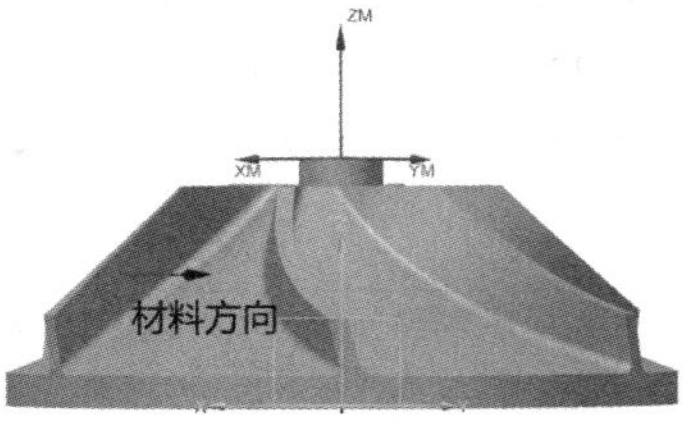

图 8-136　材料方向

④ 设置投影矢量。在“投影矢量”区的“矢量”下拉列表中选择“刀轴”。

⑤ 设置刀轴。

- 在刀轴区的“轴”下拉列表中选择“朝向点”，如图 8-137 所示。
- 单击点对话框按钮，弹出“点”对话框，在“坐标”区的“参考”下拉列表中选择“WCS”，在“XC”“YC”“ZC”文本框中分别输入 30、10、100，如图 8-138 所示。【确定】后返回“可变轮廓铣”对话框。

图 8-137　“可变轮廓铣”对话框

图 8-138　“点”对话框

⑥ 设置切削参数。

- 在“刀轨设置”区单击切削参数按钮，弹出“切削参数”对话框。
- 在“安全设置”选项卡中检查安全距离设置为“0.1”。

⑦ 设置非切削移动。采用系统默认的非切削移动参数即可。

⑧ 确定进给率和主轴转速。

- 在“刀轨设置”区单击进给率和速度按钮，弹出“进给率和速度”对话框。
- 勾选“主轴速度”复选框，输入主轴速度“8000”，如图 8-139 所示。

⑨ 生成刀轨。在操作区单击生成按钮，生成刀轨。

⑩ 仿真加工。

- 在“操作”区单击确认按钮，弹出“刀轨可视化”对话框。
- 选择“3D 动态”，调整动画速度，单击播放按钮，仿真加工开始。

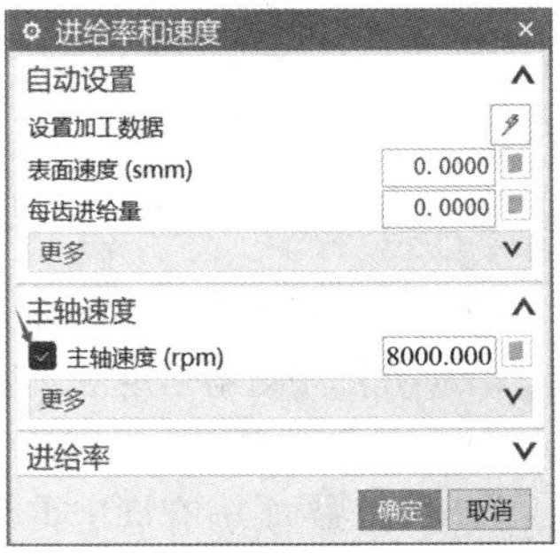

图 8-139　“进给率和速度”对话框

- 两次【确定】后完成工序 2 创建。

（5）创建工序 3（精铣叶背面）

采用复制工序 2 的方法创建工序 3，复制后重新设置切削区域几何体、驱动几何体和刀轴朝向点坐标。

- 单击程序顺序视图图标，出现“工序导航器-程序顺序”框。
- 点开程序 002 前的“+”，右击工序 2，在打开的快捷菜单中选择【复制】，如图 8-140 所示。
- 右击程序 003，【内部粘贴】（即在弹出的快捷菜单选择【内部粘贴】选项）工序 2，如图 8-141 所示。

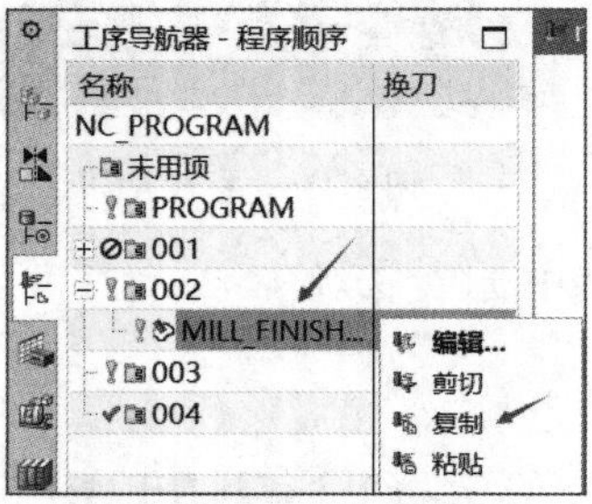

图 8-140　复制工序 2

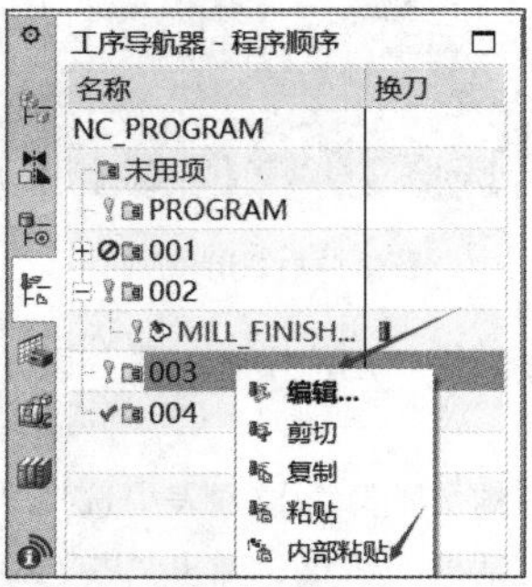

图 8-141　内部粘贴工序 2

- 右击工序 3，【重命名】工序 3 为“MILL_FINISH_YB”，如图 8-142 所示。
- 双击工序 3 重新生成按钮，弹出“可变轮廓铣”对话框，如图 8-143 所示。

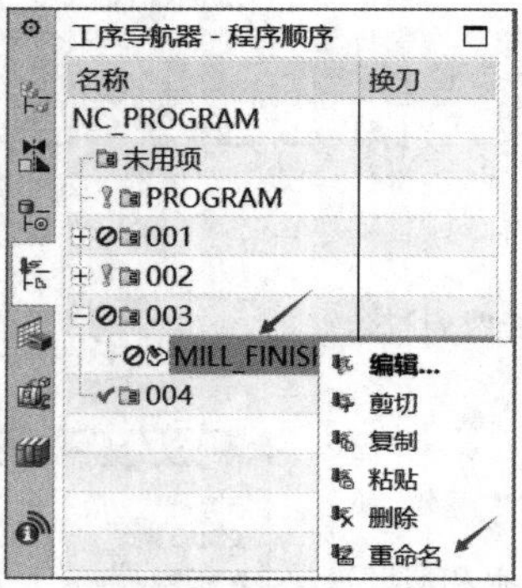

图 8-142　重命名工序 3

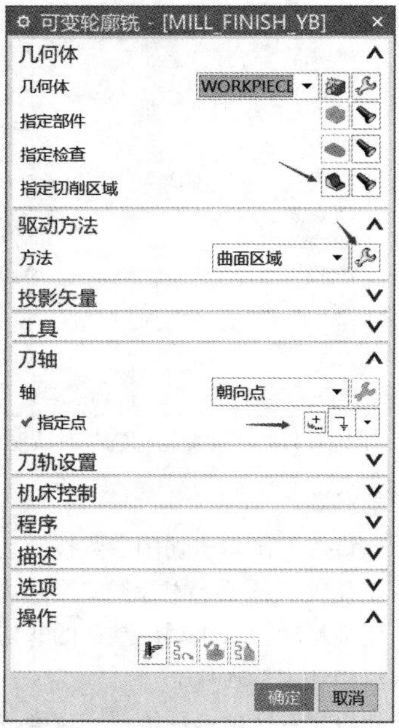

图 8-143　“可变轮廓铣”对话框

- 单击指定检查按钮，弹出“检查几何体”对话框，如图 8-144 所示；在列表中删除原检查几何体，在图中重新指定检查几何体，如图 8-145 所示。【确定】后返回“可变轮廓铣”对话框。
- 单击指定切削区域按钮，弹出“切削区域”对话框，如图 8-146 所示；在列表中删除原切削区域（叶盆面），在图中重新指定切削区域（叶背面），如图 8-147 所示。【确定】后返回“可变轮廓铣”对话框。

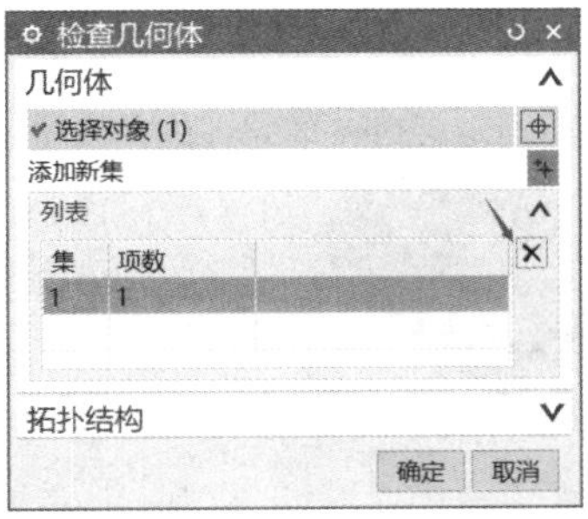

图 8-144　“检查几何体”对话框

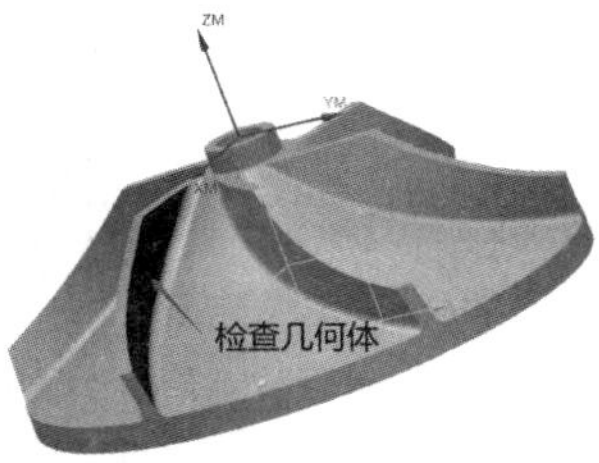

图 8-145　指定检查几何体

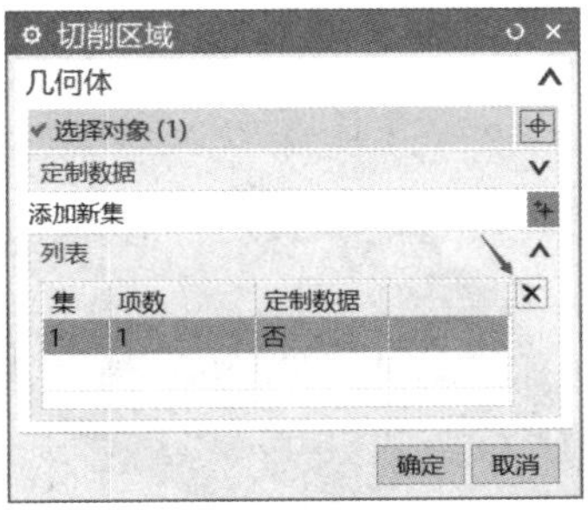

图 8-146　“切削区域”对话框

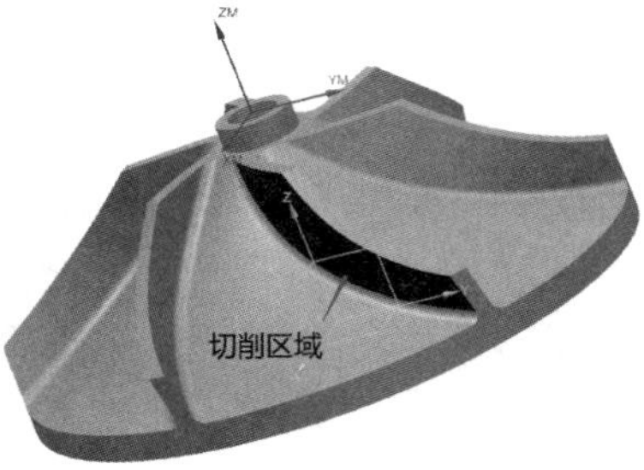

图 8-147　指定切削区域

- 单击驱动方法编辑按钮，弹出“曲面区域驱动方法”对话框，如图 8-148 所示。单击指定驱动几何体按钮，弹出“驱动几何体”对话框，如图 8-149 所示；删除列表中驱动几何体（叶盆面），在图中重新指定驱动几何体（叶背面），如图 8-150 所示。【确定】后返回“曲面区域驱动方法”对话框。

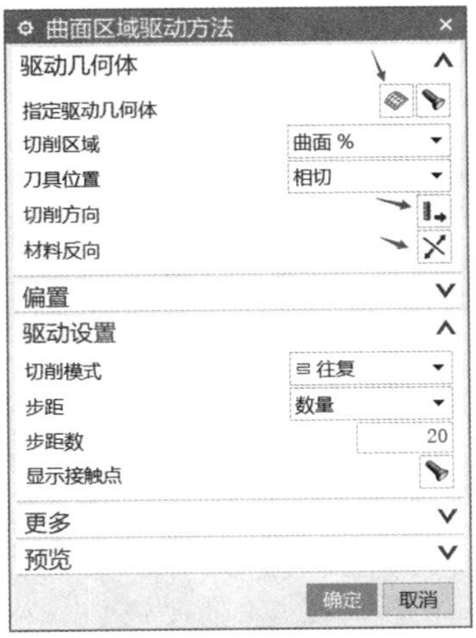

图 8-148　“曲面区域驱动方法”对话框

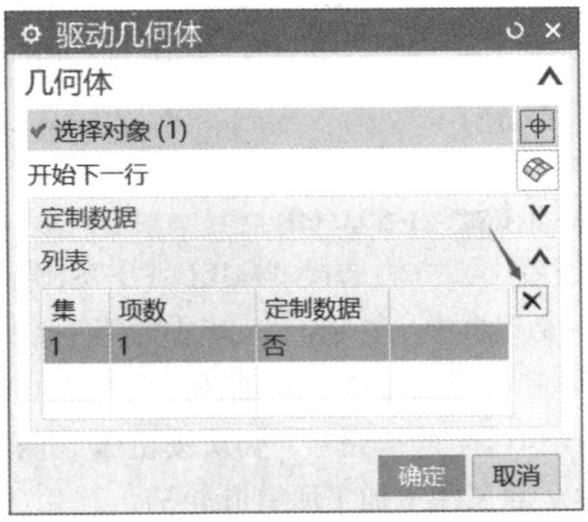

图 8-149　“驱动几何体”对话框

- 重新确定切削方向、材料方向，如图 8-151 和图 8-152 所示。【确定】后返回“可变轮廓铣”对话框。
- 在“刀轴”区单击点对话框按钮，在“点”对话框中，坐标改为 100、−20、100，【确定】后返回“可变轮廓铣”对话框。
- 单击生成按钮、确认按钮，两次【确定】后完成工序 3 创建。

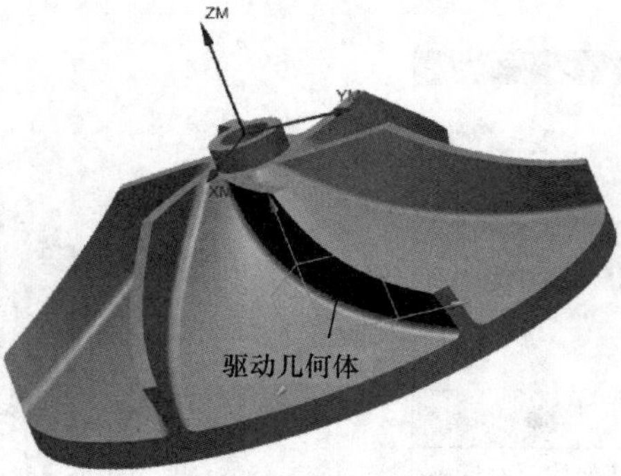

图 8-150　指定驱动几何体

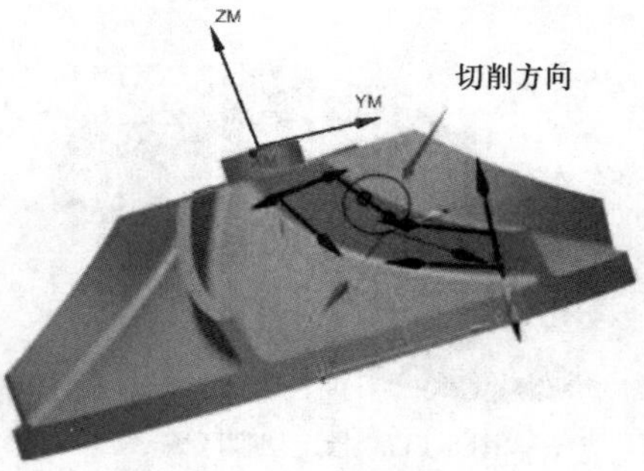

图 8-151　指定切削方向

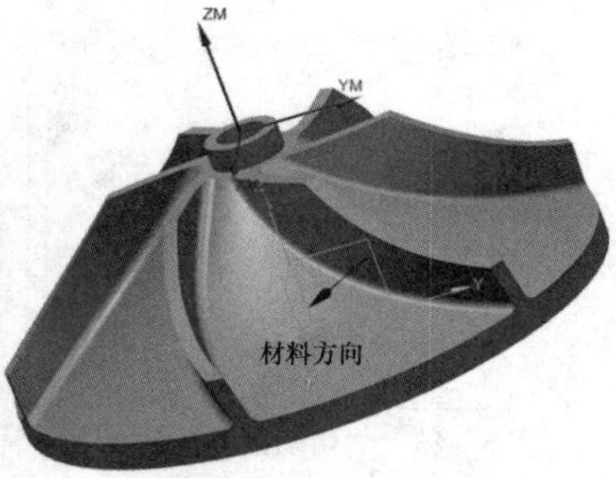

图 8-152　指定材料方向

（6）创建工序 4（精铣轮毂面）

采用复制工序 1 的方法创建，复制并粘贴后重新设置刀具、加工方法和余量。

- 单击程序顺序视图图标，出现“工序导航器-程序顺序”框。
- 点开程序 001 前的“+”，右击工序 1，在打开的快捷菜单中选择【复制】。
- 右击程序 004，【内部粘贴】工序 1，【重命名】为“MILL_FINISH_LG”。
- 双击工序 4 重新生成按钮，弹出“可变流线铣”对话框。
- 单击驱动方法编辑按钮，弹出“曲面区域驱动方法”对话框，步距选择“残余高度”，最大残余高度取“0.01”。
- 刀具选择“T2B4”。
- 指定点坐标改为(50,0,60)。
- 刀轨设置中，方法选择“MILL_FINISH”。
- 切削参数设置中，多刀路选项卡中的部件余量偏置值改为 0，去掉多重切削深度，余量选项卡中部件余量取 0。
- 进给率和速度设置中，主轴速度改为 8000r/min，切削进给率为 800mm/min。
- 单击操作区生成按钮、确认按钮，两次【确认】后完成工序 4 创建。

（7）创建全部工序（加工所有叶轮槽）

通过绕点旋转的刀轨变换方法创建其他流道加工工序，完成整个叶轮编程。

- 单击程序顺序视图图标，出现“工序导航器-程序顺序”框。
- 点开程序 001 前的“+”，然后右击工序 1，在打开的快捷菜单中选择【对象】→【变换】，如图 8-153 所示。弹出“变换”对话框，如图 8-154 所示，在类型下拉列表中选择“绕点旋转”，角度法选择“指定”，输入角度“60”，选择“实例”，实例数为“5”，同时在图中指定枢轴点（顶圆圆心），【确定】后完成所有粗铣流道工序创建。

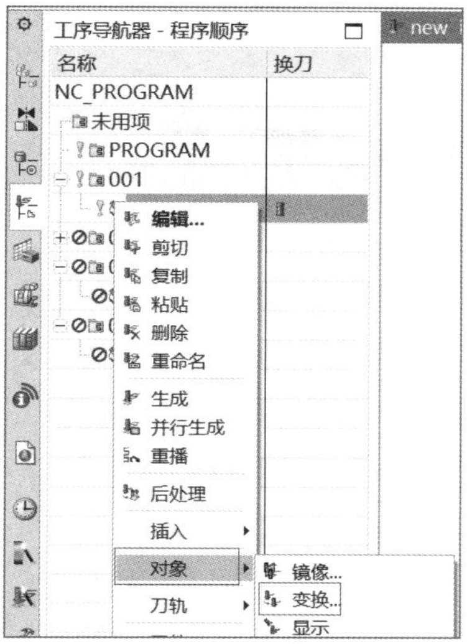

图 8-153　进入刀轨变换过程

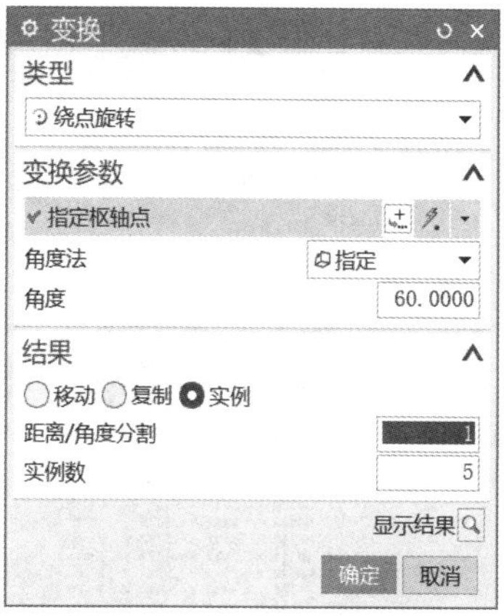

图 8-154　“变换”对话框

- 按工序 1 刀轨变换方法，进行工序 2、工序 3、工序 4 刀轨变换，分别完成所有流道精铣叶盆面工序、精铣叶背面工序和精铣轮毂面工序的创建。

工序前面状态符号含义见表 8-9。

表 8-9　工序前面状态符号含义

符号	含义
⊘	提示重新生成刀轨
💡	没有经过后处理的工序
✔	经过后处理的工序

（8）后处理

- 如图 8-155 所示，在“工序导航器-程序顺序”框中，右击“PROGRAM”，在打开的快捷菜单中选择【后处理】，打开“后处理”对话框，如图 8-156 所示。

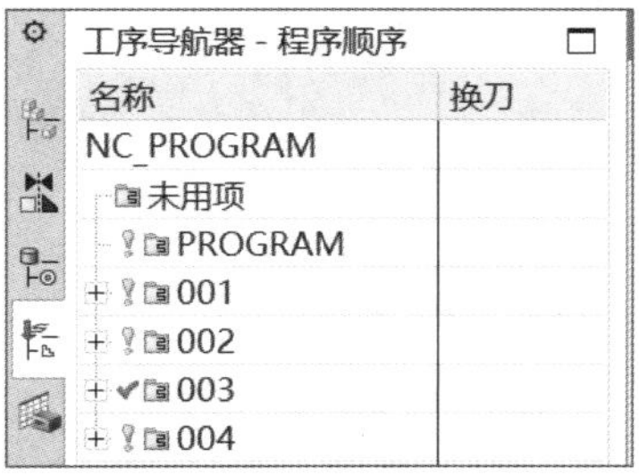

图 8-155　后处理程序顺序视图

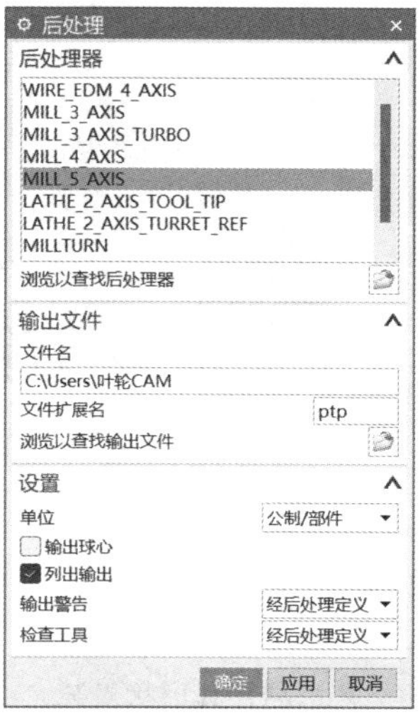

图 8-156　“后处理”对话框

- 在后处理器列表中选择“MILL_5_AXIS”，完成设置，【确定】后系统在弹出的“信息”窗口中生成数控程序，如图 8-157 所示。

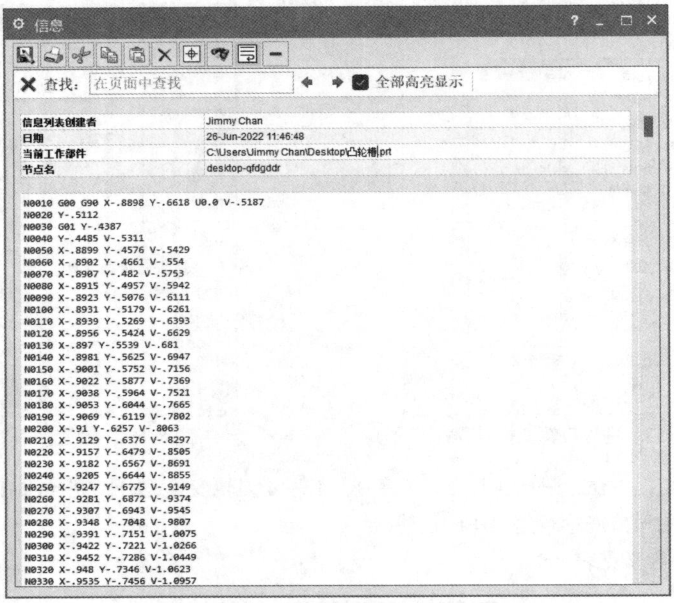

图 8-157 “信息”窗口

（9）保存文件

在主菜单中选择【文件】→【保存】命令，保存文件。

8.2.5 思考训练

1. 在 UG NX 加工模块中有专门的叶轮加工编程模块，请用这个模块编写叶轮加工程序。
2. 本任务粗铣流道工序，如用流线驱动、投影矢量垂直于驱动面，有什么缺点？
3. 如图 8-158 所示，自动编程并仿真加工叶轮流道槽（叶轮毛坯已车削成形）。

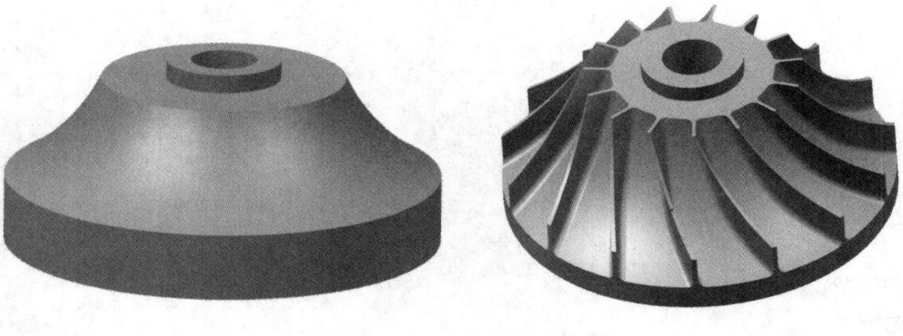

图 8-158 思考训练 3

任务 8.3 奖杯加工

奖杯是雕塑类艺术品，其形状复杂，表面光洁；毛坯为棒料，去除余料多，适合五轴加工编程。

8.3.1 任务目标

（1）学习自动编程技巧，能使用刀轨变换创建工序。
（2）掌握型腔铣和可变轮廓铣的编程方法。
（3）培养综合应用的能力与精益求精的工匠精神。

8.3.2 任务内容

如图 8-159 所示，自动编程并仿真加工奖杯。已知奖杯总体尺寸为 $\phi 64\times 200$，毛坯为铝合金棒，已车削完成。

图 8-159　任务 8.3

8.3.3 相关知识

型腔铣

cavity_mill（型腔铣）为 mill_contour（轮廓铣）加工模板中的工序子类型，通常是一种定轴等高加工方式。对零件逐层进行加工，加工过程中刀具方向不变。系统按零件在不同深度的截面形状计算各层的刀轨，根据切削层平面与毛坯和部件几何体交线来定义切削范围。

型腔铣应用广泛，几乎适于加工任意形状的零件，主要用于粗加工，可以切除大部分毛坯材料；可以完成直壁或斜度不大的侧壁精加工，也可用于清角加工。

型腔铣编程的基本流程与多轴加工编程的类似，但在“加工环境”对话框中的“要创建的 CAM 设置”中要选择“mill_contour”，在“创建工序”对话框中，工序子类型选择“型腔铣”。

型腔铣工序有多种切削模式，各种切削模式简要说明见表 8-10。

表 8-10　型腔铣工序切削模式简要说明

选项	说明
跟随部件	对指定的部件几何体进行偏置，产生刀轨，常用于凹凸模加工
跟随周边	对切削区域的边界进行偏置，产生环绕切削的刀轨，常用于型腔区域切削，抬刀次数较少
轮廓	用于创建一条或指定数量的刀轨以完成零件侧壁或轮廓切削，常用于侧壁外轮廓精加工、成形零件粗加工
摆线	通过回转小圆圈的切削，避免全刀切削时切削量过大，常用于高速加工
单向	按同一方向切削，适用于一侧开放区域
往复	沿平行线来回切削，常用于下凹的模腔加工
单向轮廓	生成与单向切削类似的线性平行“环”刀轨

型腔铣工序中部分切削参数选项设置简要说明见表 8-11。

表 8-11　型腔铣工序中部分切削参数选项设置简要说明

主选项	下拉选项	说明
策略	层优先	每次切削完工件上所有同一高度的切削层再进入下一层切削
策略	深度优先	每次将一个切削区域中的所有层切削完再进行下一个切削区域的切削
连接	标准	按切削区域创建顺序决定各切削区域的加工顺序
连接	优化	按抬刀后跨越移刀最短路径的原则决定各切削区域的加工顺序

8.3.4 指导实施

1．奖杯工艺规划与编程思路

（1）工艺规划

奖杯车削后完成底面和圆柱面加工，然后用五轴数控机床加工上部分。因为毛坯为棒料，先用平底铣刀粗铣外形，切除大部分余料；然后用球头铣刀进一步半精铣外形，切除曲面凹处平底铣刀无法切削而留下的余量，使精铣余量均匀；再精铣外形，达到精雕细刻的效果。因此，加工奖杯编程应创建 4 个工序（粗铣采用定轴加工，分为左右两部分，两个工序），详见表 8-12。

表 8-12　奖杯加工方案

工序	加工内容	编程方法	刀具	驱动体	投影矢量	刀轴控制	说明
1	粗铣右半部分	型腔铣	T1D10	—	—	指定矢量 XC 轴	因刀具直径小，采用高转速小切削
2	粗铣左半部分	型腔铣	T1D10	—	—	指定矢量 XC 轴	
3	半精铣奖杯	可变轮廓铣	T2B3	创建回转曲面	垂直于驱动体	相对于驱动体	
4	精铣奖杯	可变轮廓铣	T3B2	创建回转曲面	垂直于驱动体	相对于驱动体	

（2）编程思路

创建 mill_contour（轮廓铣）模板中的型腔铣子工序粗铣奖杯，创建 mill_multi-axis（多轴加工）模板中可变轮廓铣子工序半精铣、精铣奖杯；先创建粗铣奖杯右半部分型腔铣工序，然后通过刀轨复制变换创建奖杯左半部分粗铣工序；创建完半精铣奖杯可变轮廓铣工序后，通过刀轨复制方法创建精铣奖杯的可变轮廓铣工序。

奖杯自动编程（一）

2．奖杯编程步骤

（1）打开 3D 模型，进入加工模块

① 启动 UG NX 软件，打开奖杯模型文件。

② 选择【应用模块】，单击加工图标，进入加工应用模块，如图 8-160 所示。

（2）编程设置

① 单击工序导航器图标，打开工序导航器。

② 创建程序。创建工序时选用默认的程序名“PROGRAM”。

③ 创建几何体。

奖杯自动编程（二）

奖杯自动编程（三）

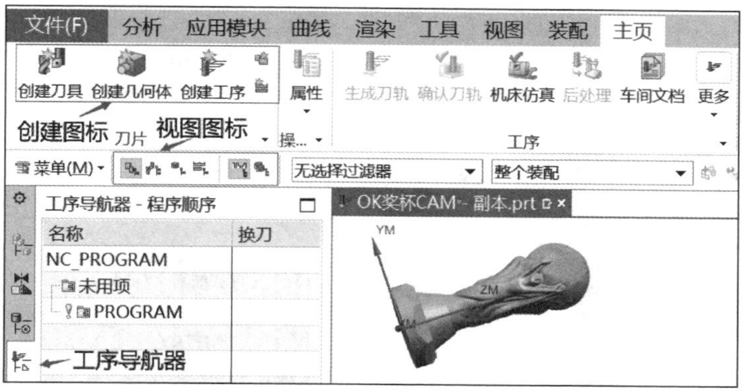

图 8-160　进入加工应用模块

- 单击【创建几何体】图标，弹出“创建几何体”对话框，完成设置后结果如图 8-161 所示。
- 【确定】后弹出“MCS”对话框，选择动态移动方式，如图 8-162 所示；在图中设定工件坐标系 MCS（先显示圆柱体毛坯，Z 轴在轴线上，原点为顶面中心），如图 8-163 所示。

图 8-161　“创建几何体”对话框

图 8-162　“MCS”对话框

注意

打开部件导航器，右击毛坯体项，在打开的快捷菜单中选择【显示】以显示毛坯。

- 安全设置选项为“圆柱”，指定点为“顶面圆心”，指定矢量为“ZC 轴”，半径取“60”，【确定】，完成 MCS 和安全面创建。
- 单击几何视图图标，弹出“工序导航器-几何”框，如图 8-164 所示。
- 单击创建几何体图标，弹出“创建几何体”对话框，完成设置后结果如图 8-165 所示。
- 【确认】后弹出“工件”对话框，如图 8-166 所示。
- 单击指定部件按钮，弹出“部件几何体”对话框，如图 8-167 所示；在图中选中奖杯，如图 8-168 所示。【确定】后返回“工件”对话框。

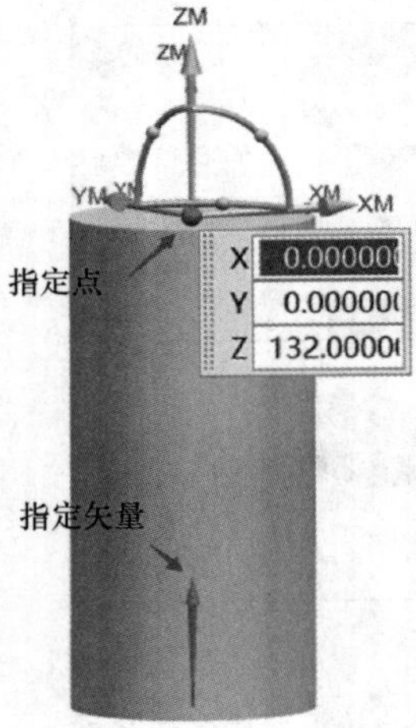

图 8-163　创建 MCS 坐标系

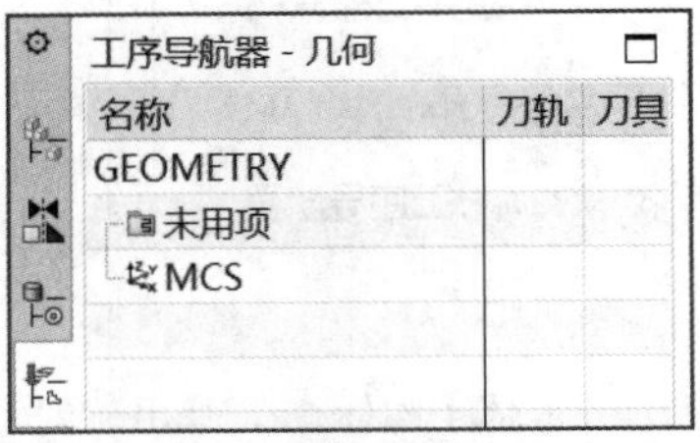

图 8-164　“工序导航器-几何”框

图 8-165　“创建几何体”对话框

图 8-166　“工件”对话框

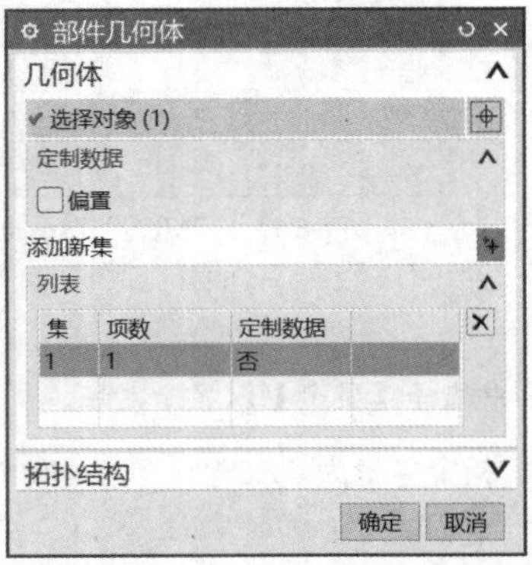

图 8-167　“部件几何体”对话框

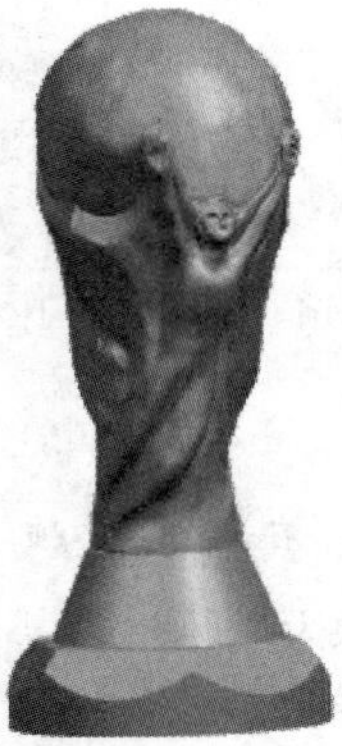

图 8-168　选中奖杯

注意

选择奖杯前，宜用快捷菜单【隐藏】毛坯，或用快捷键【Ctrl+B】选中毛坯，【确定】后隐藏。

- 单击指定毛坯按钮，弹出“毛坯几何体”对话框，如图 8-169 所示；在图中选中圆柱体，如图 8-170 所示。两次【确定】后返回“工序导航器-几何”框。

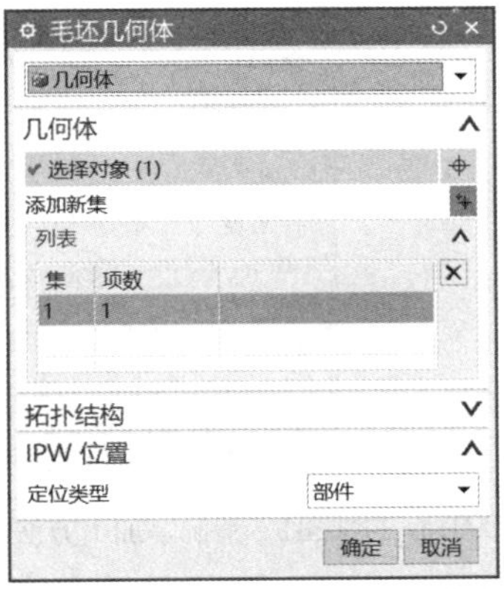

图 8-169 “毛坯几何体”对话框

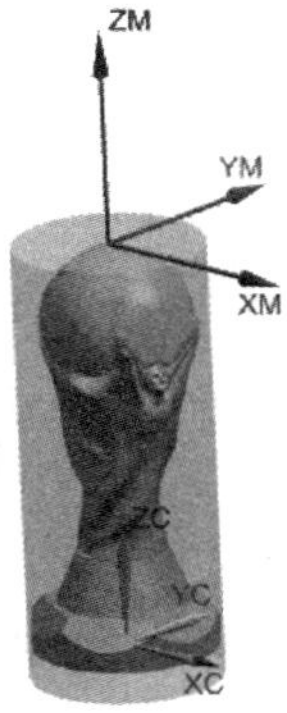

图 8-170 选中圆柱毛坯

④ 创建刀具。

- 单击创建刀具图标，弹出“创建刀具”对话框，完成设置后结果如图 8-171 所示。
- 【确定】后弹出“铣刀-5 参数”对话框，如图 8-172 所示，输入刀具直径“10”，【确定】后完成粗加工平底铣刀 T1D10 创建。

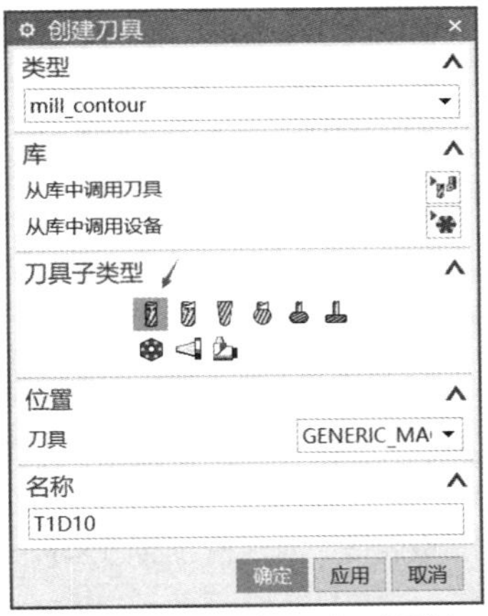

图 8-171 “创建刀具”对话框

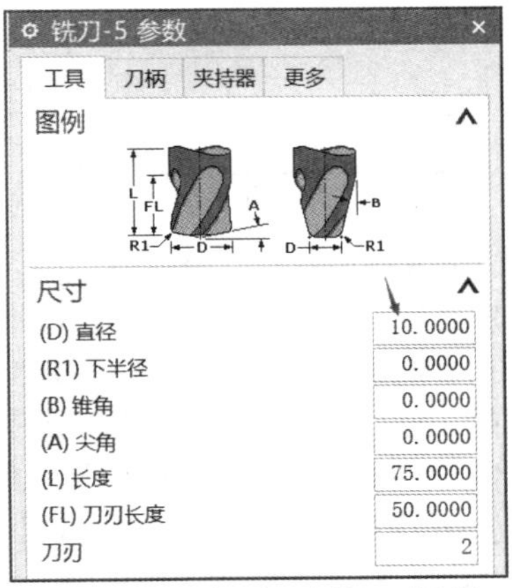

图 8-172 “铣刀-5 参数”对话框

- 重复上述步骤，创建半精铣球头铣刀 T2B3 和精铣球头铣刀 T3B2（刀具子类型选择“BALL_MILL”）。创建完全部刀具，在“工序导航器—机床”框显示如图 8-173 所示。

⑤ 创建加工方法。

通常系统已预设粗铣、半精铣和精铣等加工方法，可直接调整参数创建。如需要创建新加工方法，单击创建方法图标进行。

- 单击加工方法视图图标，弹出“工序导航器-加工方法”框，如图 8-174 所示。
- 双击 MILL_ROUGH 前面的按钮，弹出“铣削粗加工”对话框，设置部件余量和内、外公差，如图 8-175 所示。

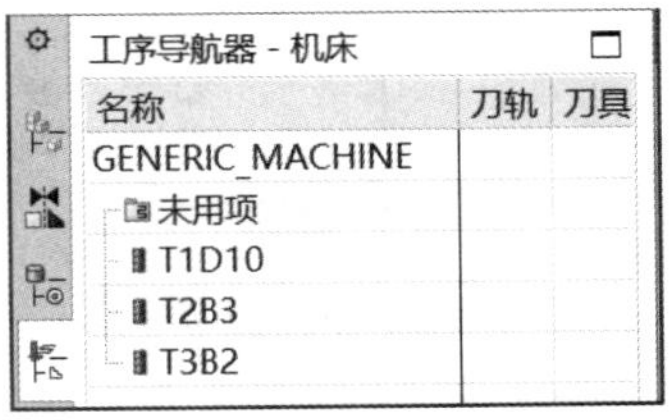

图 8-173 刀具创建结果

- 单击进给按钮，弹出“进给”对话框，输入进给率 3000mm/min，两次【确定】后完成粗铣方法参数设置。

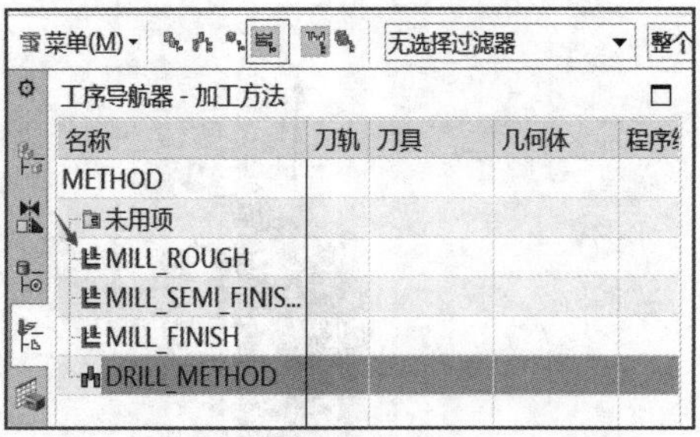

图 8-174 “工序导航器-加工方法”框

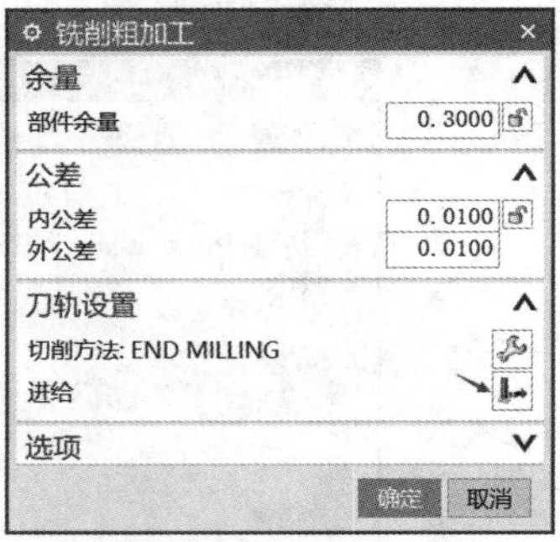

图 8-175 “铣削粗加工”对话框

- 以同样方法进行 MILL_SEMI_FINISH（半精铣）和 MILL_FINISH（精铣）加工方法参数设置，如图 8-176 和图 8-177 所示（进给率分别为 2500mm/min、2000mm/min）。

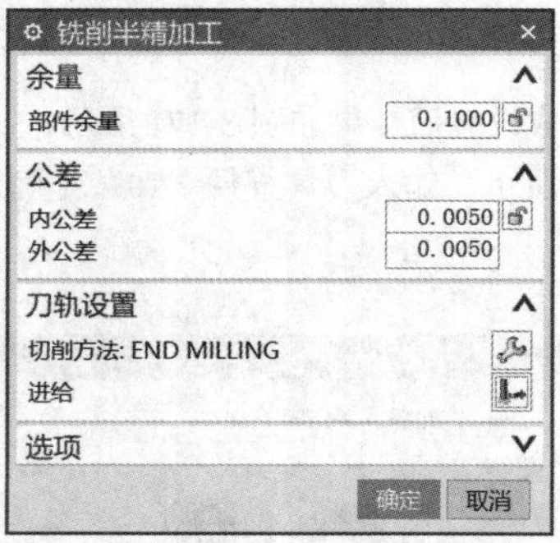

图 8-176 “铣削半精加工”对话框

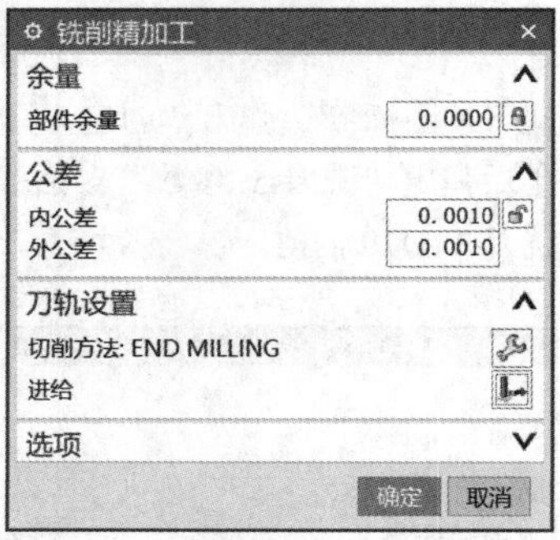

图 8-177 “铣削精加工”对话框

（3）创建工序 1（粗铣奖杯右半部分）

① 进入型腔铣对话框。

- 单击【创建工序】图标，弹出“创建工序”对话框。
- 类型选择“mill_contour”（轮廓铣），工序子类型选择“”（型腔铣），在“位置”区选取已定义的程序（PROGRAM）、刀具（T1D10）、几何体（WORKPIECE）和方法（MILL_ROUGH），输入名称（MILL_ROUGH_R），如图 8-178 所示。【确定】后弹出“型腔铣”对话框，如图 8-179 所示。

图 8-178 “创建工序”对话框

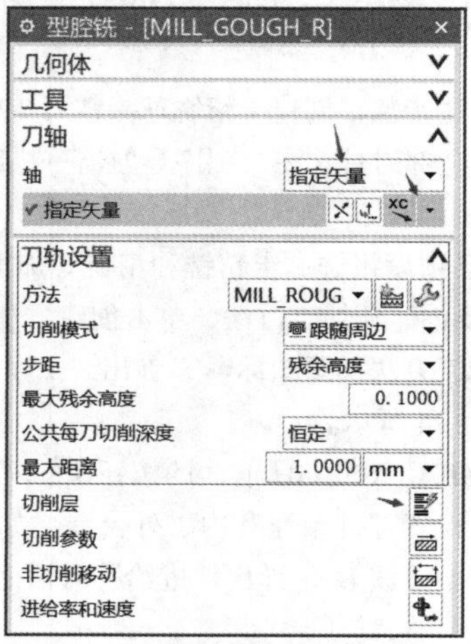

图 8-179 “型腔铣”对话框

② 设置刀轴。

- 在刀轴区的“轴”下拉列表中选择“指定矢量”。
- 在“指定矢量”选项下拉列表中选择XC，在图中显示 XC 轴，如图 8-180 所示。

③ 刀轨设置。

- “切削模式”选择“跟随周边”，“步距”选择“残余高度”，最大残余高度取“0.1”，公共每刀切削深度选择“恒定”，最大距离取“1”，如图 8-181 所示。

图 8-180　显示 XC 轴

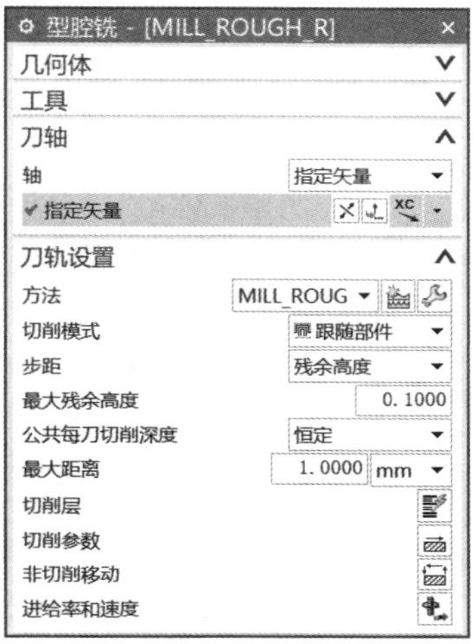

图 8-181　型腔铣刀轨设置

- 单击切削层按钮，弹出“切削层”对话框，如图 8-182 所示，“范围类型”选择“用户定义”，“范围深度”取“32.5”，图形区显示如图 8-183 所示。【确定】后返回型腔铣对话框。

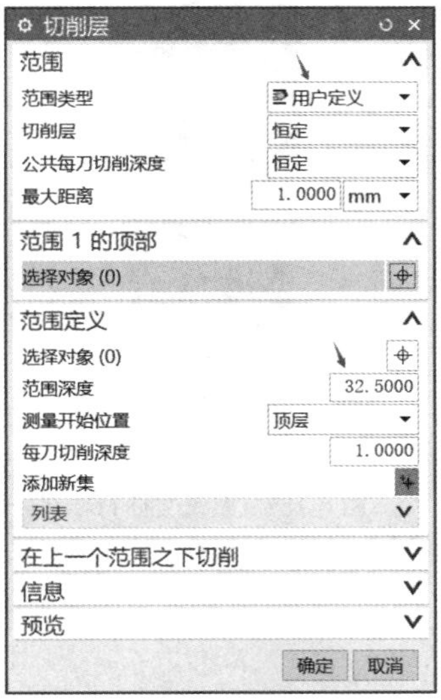

图 8-182　“切削层”对话框

图 8-183　切削层显示

- 单击进给率和速度按钮，弹出“进给率和速度”对话框，勾选“主轴速度”复选框，输入主轴速度“8000”，如图 8-184 所示（切削进给率在创建粗铣加工方法时已设置）。【确定】后返回“型腔铣”对话框。

④ 生成刀轨。在操作区单击生成按钮，生成刀轨，如图 8-185 所示。

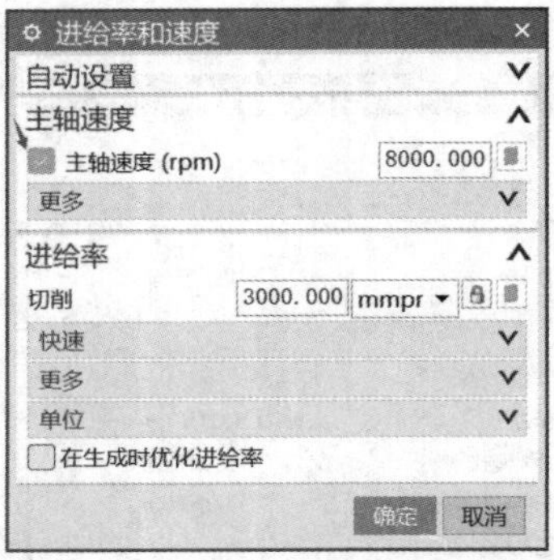

图 8-184 “进给率和速度”对话框

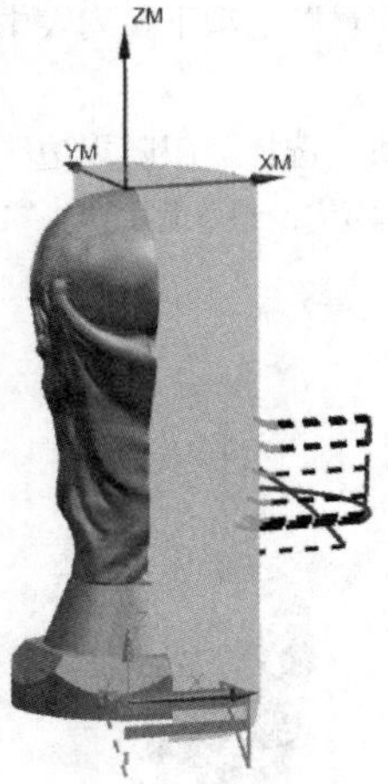

图 8-185 粗铣奖杯右半部分刀轨

⑤ 仿真加工。

- 在操作区单击确认按钮，弹出“刀轨可视化”对话框，如图 8-186 所示。
- 选择“3D 动态”，调整动画速度，单击播放按钮▶，仿真加工开始，结果如图 8-187 所示。

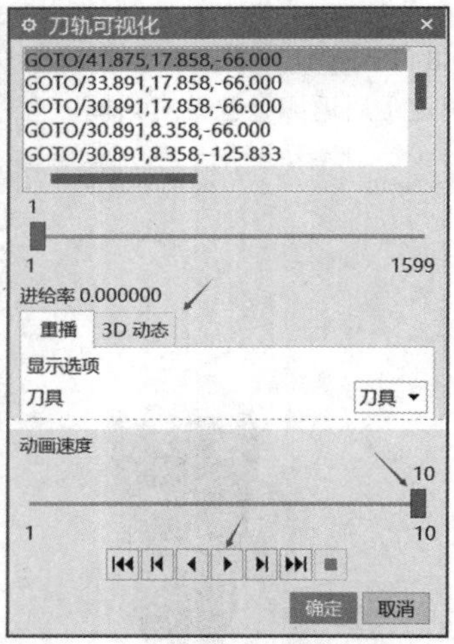

图 8-186 “刀轨可视化”对话框

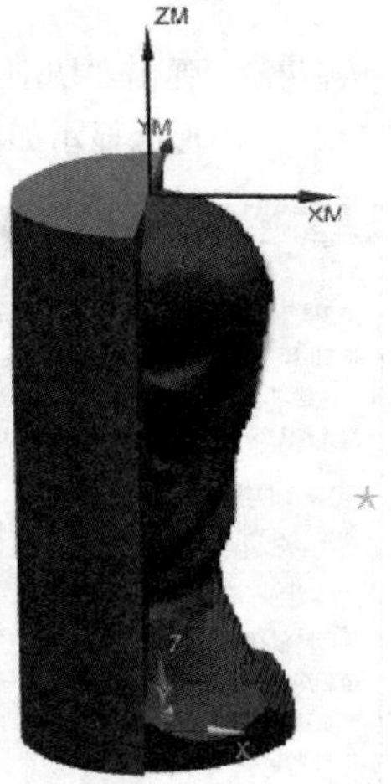

图 8-187 粗铣奖杯右半部分结果

- 两次【确定】后完成工序 1 创建。

（4）创建工序 2（粗铣奖杯左半部分）

采用复制方法创建工序 2。

- 单击程序顺序视图图标，弹出“工序导航器-程序顺序”框，如图 8-188 所示。
- 点开程序前的“+”，右击工序 1，在打开的快捷菜单中选择【复制】；再右击工序 1，在打开的快捷菜单中选择【粘贴】，结果如图 8-189 所示。
- 右击工序 2，【重命名】为“MILL_ROUGH_L”。

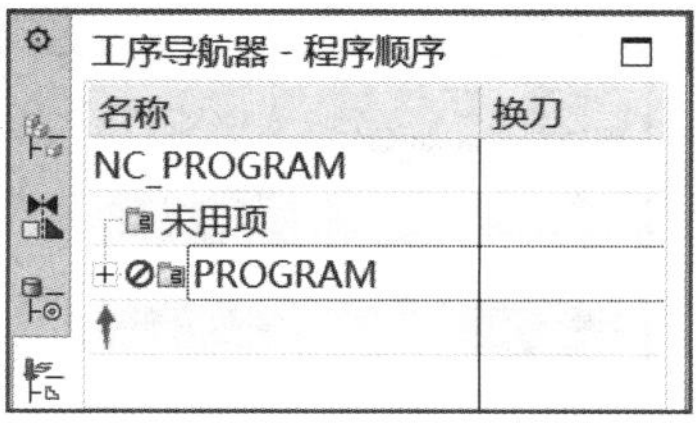

图 8-188　“工序导航器-程序顺序”框

图 8-189　粘贴工序结果

- 双击工序 2 重新生成按钮，弹出“型腔铣”对话框，指定矢量选择“-XC 轴”（弹出警告，【确定】即可），如图 8-190 所示。
- 在刀轨设置区单击切削层按钮，“切削层”对话框中“范围深度”改为 32.5。
- 单击生成按钮、确认按钮，两次【确定】后完成工序 2 创建。
- 仿真加工结果如图 8-191 所示。

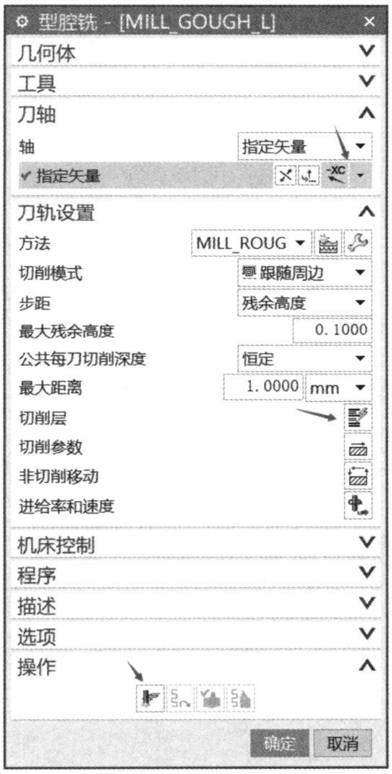

图 8-190　“型腔铣”对话框

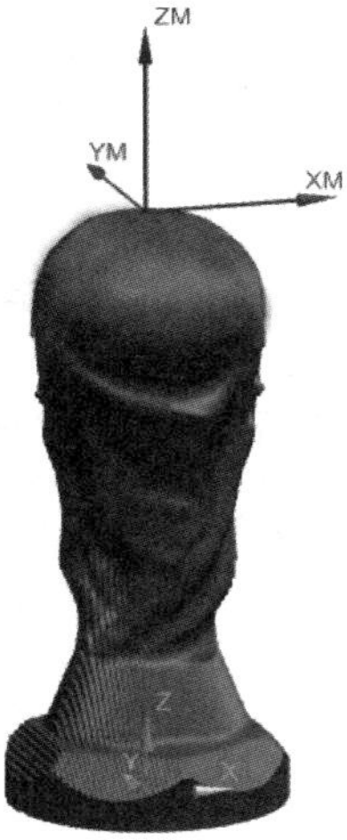

图 8-191　工序 1 和工序 2 仿真加工结果

（5）创建工序 3（半精铣桨杯）

工序 3 采用可变轮廓铣加工，为优化刀轨，创建一个按桨杯外轮廓绘制艺术样条曲线回转成型的驱动体。刀轴采用相对于驱动体，设置相同的前倾角度。

① 进入“可变轮廓铣”对话框。

- 单击【创建工序】图标，弹出“创建工序”对话框。
- 类型选择“mill_multi-axis”（多轴铣），工序子类型选择“”（可变轮廓铣），在位置区选取已定义的程序（PROGRAM）、刀具（T2B3）、几何体（WORKPIECE）和方法（MILL_SEMI_FINISH），输入名称（MILL_SEMI_FINISH_JB），如图 8-192 所示。【确定】后弹出“可变轮廓铣”对话框，如图 8-193 所示。

图 8-192 “创建工序”对话框

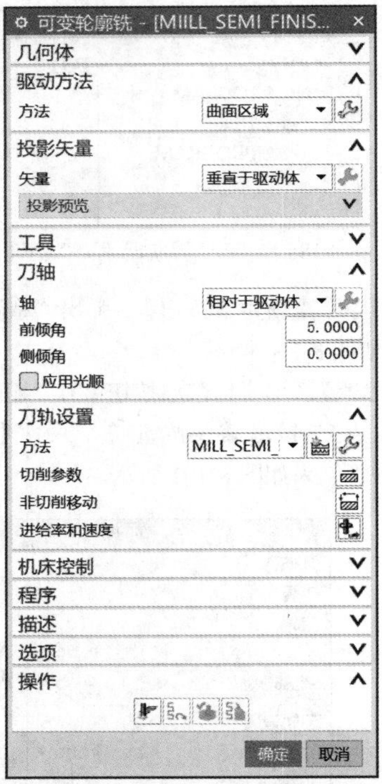

图 8-193 “可变轮廓铣”对话框

② 设置驱动方法。

- 在“驱动方法”下拉列表中选择“曲面区域”（弹出驱动方法提示框，【确定】后弹出“曲面区域驱动方法”对话框）。
- 单击方法编辑按钮，弹出“曲面区域驱动方法”对话框，如图 8-194 所示。

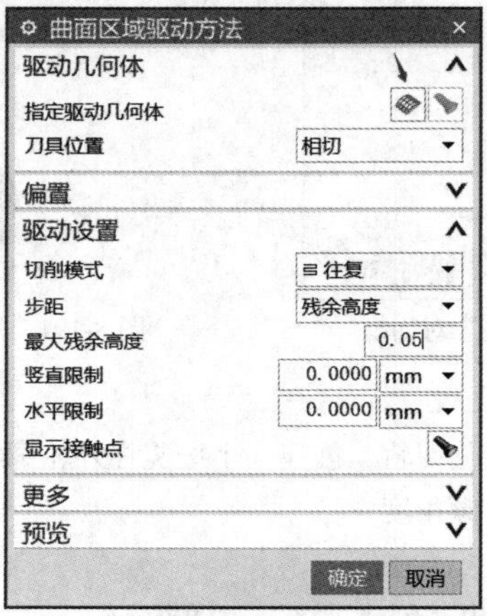

图 8-194 “曲面区域驱动方法”对话框

- 单击指定驱动几何体按钮，弹出“驱动几何体”对话框，如图 8-195 所示；在图中选中图 8-196 所示的旋转体曲面（已绘制，先显示再选取）。【确定】后返回“曲面区域驱动方法”对话框。

图 8-195　“驱动几何体”对话框

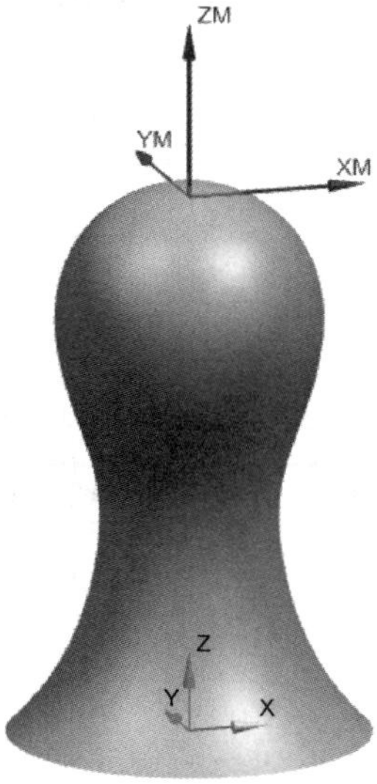

图 8-196　选择驱动体曲面

- 单击切削方向按钮，在图中选择图 8-197 所示的切削方向。
- 单击材料反向按钮，使箭头方向指向材料外，如图 8-198 所示。【确定】后返回“可变轮廓铣”对话框。

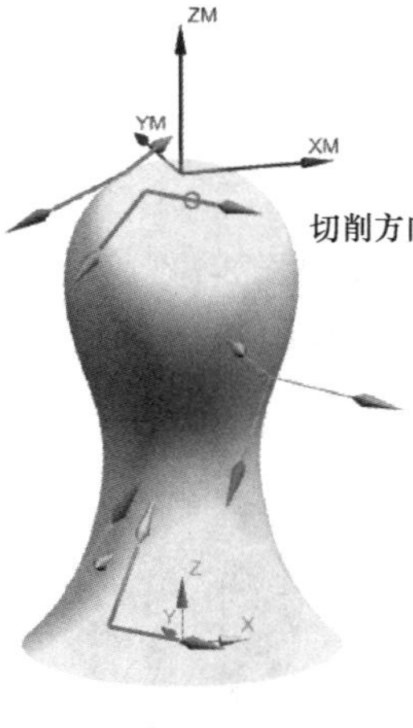

图 8-197　选择切削方向

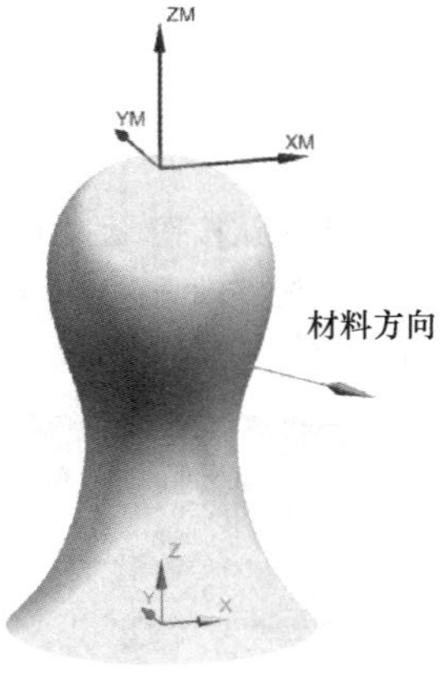

图 8-198　选择材料方向

③ 设置投影矢量。在“投影矢量”区的“矢量”下拉列表中选择“垂直于驱动体”。

④ 设置刀轴。在“刀轴”区的“轴”下拉列表中选择“相当于驱动体”，前倾角取“5”。

⑤ 确定进给率和主轴转速。

- 在“刀轨设置”区单击进给率和速度按钮，弹出“进给率和速度”对话框。
- 勾选“主轴速度”复选框，输入转速“10000”，如图 8-199 所示（切削进给率在创建加工方法时已设置）。【确定】后返回“可变轮廓铣”对话框，如图 8-200 所示。

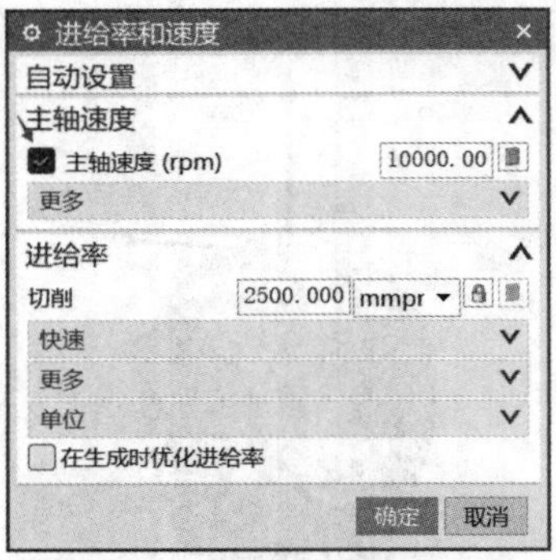

图 8-199 “进给率和速度”对话框

图 8-200 “可变轮廓铣”对话框

⑥ 生成刀轨。在操作区单击生成按钮，生成刀轨，如图 8-201 所示。

图 8-201 半精加工刀轨

⑦ 仿真加工。

- 在“操作”区单击确认按钮，弹出“刀轨可视化”对话框，如图 8-202 所示。
- 选择“3D 动态”，调整动画速度，单击播放按钮，开始仿真加工，结果如图 8-203 所示。
- 两次【确定】后完成工序 3 创建。

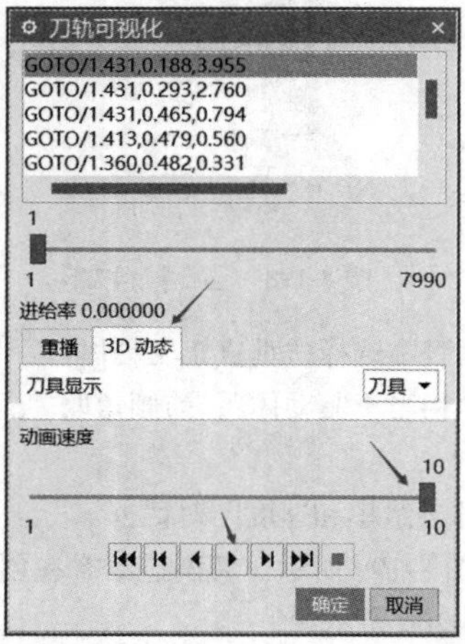

图 8-202 “刀轨可视化”对话框

图 8-203 半精加工仿真结果

（6）创建工序 4（精铣奖杯）

通过复制工序 3 创建工序 4，复制后重新设置加工方法和余量等。

- 单击程序顺序视图图标，弹出“工序导航器-程序顺序”框，如图 8-204 所示。
- 右击工序 3，在快捷菜单中选择【复制】；再右击工序 3，粘贴后出现工序 4，如图 8-205 所示。

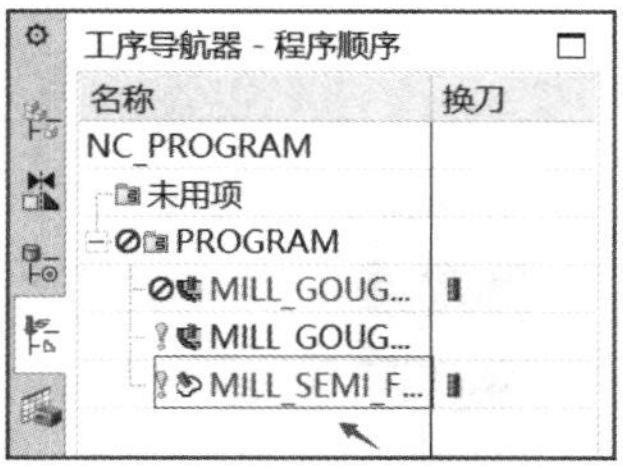

图 8-204 “工序导航器-程序顺序”框

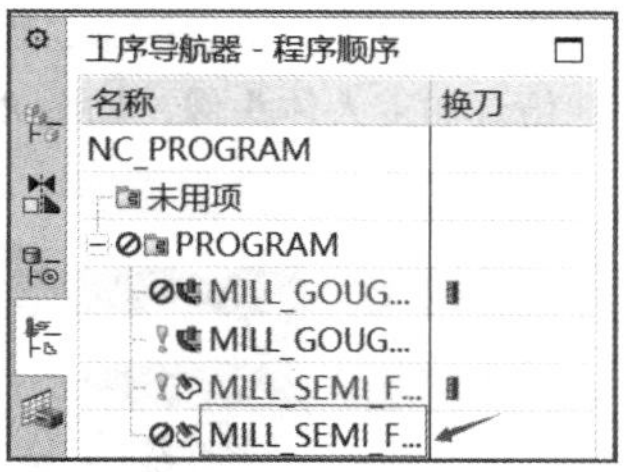

图 8-205 工序 4 粘贴完成

- 右击工序 4，【重命名】为“MILL_FINISH_JB”。
- 双击工序 4 重新生成按钮，弹出“可变轮廓铣”对话框。
- 在“驱动方法”区，单击方法编辑按钮，弹出“曲面区域驱动方法”对话框，最大残余高度设置为“0.001”，【确定】后返回“可变轮廓铣”对话框。
- 刀具选“T3B2”，加工方法选“MILL_FINISH”。
- 单击进给率和速度按钮，弹出“进给率和速度”对话框，输入主轴转速“12000”，【确定】后返回“可变轮廓铣”对话框。
- 单击“操作”区生成按钮、确认按钮，【确定】后完成工序 4 的创建。

（7）后处理

- 在“工序导航器-程序顺序”框中选中程序“PROGRAM”，右击，在打开的快捷菜单中选择【后处理】，打开“后处理”对话框，如图 8-206 所示。
- 在“后处理器”列表中选择“MILL_5_AXIS”，完成设置，【确定】后弹出“信息”窗口，生成数控程序，如图 8-207 所示。

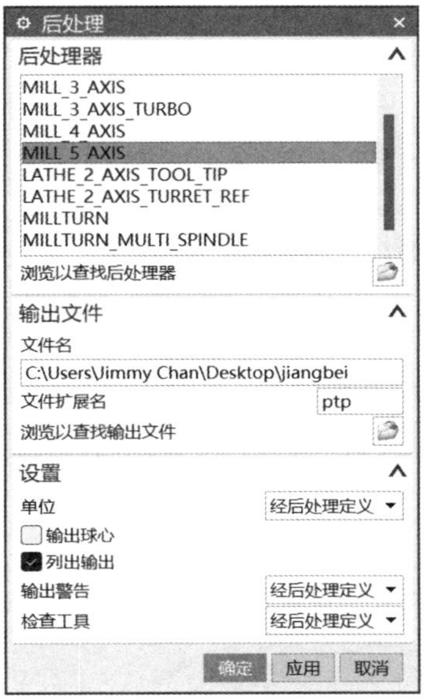

图 8-206 “后处理”对话框

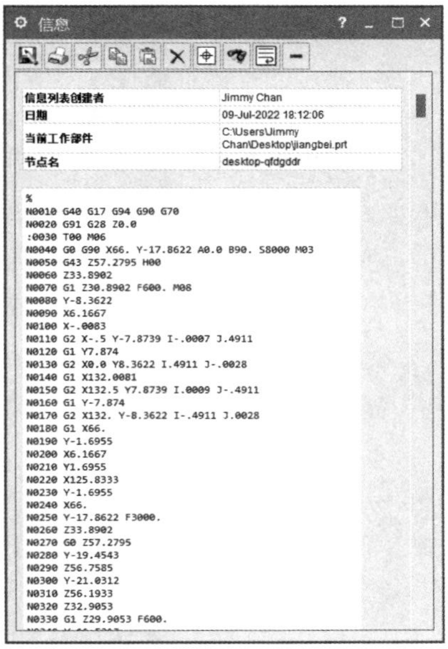

图 8-207 “信息”窗口

（8）保存文件

选择主菜单【文件】→【保存】命令，保存文件。

8.3.5 思考训练

1. 自动编程并仿真加工小猪脑袋模型，如图 8-208 所示。
2. 自动编程并仿真加工人体头像，如图 8-209 所示。

图 8-208 思考训练 1

图 8-209 思考训练 2

附录

附录 A　循环一览表

循环编号	循环名	定义生效	调用生效	说明
7	原点平移	√		
8	镜像	√		
9	停顿时间	√		
10	旋转	√		
11	缩放	√		
12	程序调用	√		
13	定向主轴停转	√		
14	轮廓定义	√		
19	倾斜面加工	√		
20	轮廓数据 SL Ⅱ	√		
21	定心钻 SL Ⅱ		√	
22	粗铣 SL Ⅱ		√	
23	精铣底面 SL Ⅱ		√	
24	精铣侧面 SL Ⅱ		√	
25	轮廓链		√	
26	特定轴缩放	√		
27	圆柱面		√	
28	圆柱面上槽		√	
29	圆柱面上凸台		√	
30	3-D 数据		√	
32	公差	√		
39	圆柱面外轮廓		√	
200	钻孔		√	
201	铰孔		√	
202	镗孔		√	
203	万能钻		√	每次钻入深度相同

续表

循环编号	循环名	定义生效	调用生效	说明
204	反向镗孔		√	
205	万能啄钻		√	每次钻入深度可递减
206	新浮动攻螺纹		√	
207	新刚性攻螺纹		√	
208	螺旋镗铣		√	
209	断屑攻螺纹		√	
210	往复切入铣槽		√	
212	精铣矩形型腔		√	
213	精铣矩形凸台		√	
214	精铣圆孔		√	圆孔型腔
215	精铣圆形凸台		√	
220	圆弧阵列	√		
221	线性阵列	√		
230	多道铣		√	用于平面铣削
231	规则表面		√	
232	端面铣		√	
240	定位钻		√	
247	原点设置	√		
251	矩形型腔		√	完整加工
252	圆孔/圆形型腔		√	完整加工
253	铣槽		√	
254	铣圆弧		√	
256	铣矩形凸台		√	完整加工
257	铣圆形凸台		√	完整加工
262	铣螺纹		√	螺旋铣削
263	铣螺纹/锪孔		√	锪孔进行螺纹倒角
264	钻铣螺纹		√	先钻孔再铣螺纹（360° 铣削）
265	攻螺纹		√	
267	螺旋钻铣螺纹		√	先钻孔再铣螺纹（螺旋铣削）

附录 B　辅助功能一览表

M 指令	功能
M0	程序暂停/主轴停转/冷却液关闭
M1	可选程序暂停
M2	程序结束/主轴停转/冷却液关闭/复位
M3/M4/M5	主轴正转/反转/停转
M6	换刀/程序暂停/主轴停转

续表

M 指令	功能
M8/M9	冷却液开/关
M13/M14	主轴正转/反转+冷却液开
M30	同 M2
M89	模态循环调用
M90	在角点处用恒定的加工速度
M91	在定位程序段内相对机床原点的坐标
M92	在定位程序段内相对机床制造商定义位置的坐标，如换刀位置
M94	将旋转轴的显示值减小到 360° 以下
M97	加工小台阶轮廓
M98	完整加工开放式轮廓
M99	循环调用
M101/M102	刀具使用寿命到期时自动用替换刀更换/取消 M101
M103	将切入时进给率降至系数 F
M104	重新激活最后定义的原点
M105/M106	用第二个 K_V 系数加工/用第一个 K_V 系数加工
M107/M108	取消替换刀的出错信息/取消 M107
M109/M110/M111	刀刃处恒定轮廓加工速度（提高或降低进给率）/只限降低进给率/取消 M109、M110
M114/M115	用倾斜轴加工时自动补偿机床几何特征/复位 M114
M116/M117	角度轴进给率（单位 mm/min）/取消 M116
M118	程序运行中用手轮叠加定位
M120	提前计算半径补偿轮廓
M124	执行无补偿的直线程序段时不包括的点
M126/M127	旋转轴上的最短路径移动/取消 M126
M128/M129	用倾斜轴定位时保持刀尖位置/复位 M128
M130	在倾斜加工面的条件下按非倾斜坐标系移至位置
M134/M135	用旋转轴定位时在非相切过渡出准确停止/复位 M134
M136/M137	转进进给率/复位 M136
M138	选择倾斜轴
M140	沿刀轴退离轮廓
M141	取消测头监视功能
M142	删除模式程序信息
M143	删除基本旋转
M144/145	补偿机床运动特性配置，用于程序段结束处的位置/复位 M144
M148/M149	在 NC 停止处刀具自动退离轮廓/取消 M148
M150	取消限位开关信息（非模态）

参 考 文 献

[1] 王卫兵．UG NX10 数控编程学习教程[M]．3 版．北京：机械工业出版社，2019.
[2] 北京兆迪科技有限公司．UG NX 12.0 数控加工教程[M]．北京：机械工业出版社，2019.
[3] 李玉炜，罗冬初．UG NX 10.0 数控多轴加工教程[M]．北京：机械工业出版社，2020.
[4] 高永祥，郭伟强．多轴加工技术[M]．北京：机械工业出版社，2017.
[5] 程豪华，陈学翔．多轴加工技术[M]．北京：机械工业出版社，2019.
[6] 徐家忠，金莹．UG NX10.0 三维建模及自动编程项目教程[M]．北京：机械工业出版社，2017.
[7] 石皋莲，季业益．数控多轴编程与加工案例教程[M]．北京：机械工业出版社，2013.
[8] 张喜江．数控多轴加工中心编程与加工技术[M]．北京：化学工业出版社，2014.
[9] 沈建峰，朱勤惠．数控加工生产实例[M]．北京：化学工业出版社，2007.
[10] 陈宏钧，方向明，马素敏．典型零件机械加工生产实例[M]．北京：机械工业出版社，2009.
[11] 孙学强．机械加工技术[M]．北京：机械工业出版社，2007.
[12] 宋放之．数控工艺培训教程(数控车部分)[M]．北京：清华大学出版社，2003.
[13] 人力资源和社会保障部教材办公室. 数控机床编程与操作[M]. 北京：中国劳动社会保障出版社，2005.
[14] Smid P. CNC Programming Handbook：A Comprehensive Guide to Practical CNC Programming[M]．3rd ed. New York：Industrial Press Inc.，2011.
[15] 张定华．数控加工手册(第 3 卷)[M]．北京：化学工业出版社，2013.
[16] 陈小红，等．刀具补偿与数控工艺分析[J]．组合机床与自动化加工技术，2008(3).
[17] 陈小红，等．刀具补偿应用研究[J]．现代制造工程，2009(3).
[18] 陈小红，等．子程序在数控铣削加工中的应用[J]．机床与液压，2014(2).
[19] 陈小红，等．基于工艺特征的数控编程方法研究[J]．组合机床与自动化加工技术，2016(3).

参 考 文 献

[1] [illegible]
[2] [illegible]
[3] [illegible]
[4] [illegible]
[5] [illegible]
[6] [illegible]
[7] [illegible]
[8] [illegible]
[9] [illegible]
[10] [illegible]
[11] [illegible]
[12] [illegible]
[13] [illegible]
[14] [illegible]
[15] [illegible]
[16] [illegible]
[17] [illegible]
[18] [illegible]